"信毅教材大系"编委会

主　　任	卢福财
副 主 任	邓　辉　王秋石　刘子馨
秘 书 长	廖国琼
副秘书长	宋朝阳
编　　委	刘满凤　杨　慧　袁红林　胡宇辰　李春根
	章卫东　吴朝阳　张利国　汪　洋　罗世华
	毛小兵　邹勇文　杨德敏　白耀辉　叶卫华
	尹忠海　包礼祥　郑志强　陈始发
联络秘书	方毅超　刘素卿

信毅教材大系·通识系列

文科微积分

Calculus for the Liberal Arts

聂高辉 编著

复旦大学出版社

总 序

世界高等教育的起源可以追溯到1088年意大利建立的博洛尼亚大学,它运用社会化组织成批量培养社会所需要的人才,改变了知识、技能主要在师徒间、个体间传授的教育方式,满足了大家获取知识的需要,史称"博洛尼亚传统".

19世纪初期,德国教育家洪堡提出"教学与研究相统一"和"学术自由"的原则,并指出大学的主要职能是追求真理,学术研究在大学应当具有第一位的重要性,即"洪堡理念",强调大学对学术研究人才的培养.

在洪堡理念广为传播和接受之际,英国教育家纽曼发表了《大学的理想》的著名演说,旗帜鲜明地指出"从本质上讲,大学是教育的场所","我们不能借口履行大学的使命职责,而把它引向不属于它本身的目标".强调培养人才是大学的唯一职能.纽曼关于"大学的理想"的演说让人们重新审视和思考大学为何而设、为谁而设的问题.

19世纪后期到20世纪初,美国威斯康星大学查尔斯·范海斯校长提出"大学必须为社会发展服务"的办学理念,更加关注大学与社会需求的结合,从而使大学走出了象牙塔.

2011年4月24日,胡锦涛总书记在清华大学百年校庆庆典上指出,高等教育是优秀文化传承的重要载体和思想文化创新的重要源泉,强调要充分发挥大学文化育人和文化传承创新的职能.

总而言之,随着社会的进步与变革,高等教育不断发展,大学的功能不断扩展,但始终都在围绕着人才培养这一大学的根本使命,致力于不断提高人才培养的质量和水平.

对大学而言,优秀人才的培养,离不开一些必要的物质条件保障,但更重要的是高效的执行体系.高效的执行体系应该体现在三个方面:一是科学合理的学科专业结构;二是能洞悉学科前沿的优秀的师资队伍;三是作为知识载体和传播媒介的优秀教材.教材是体现教学内容与教学方法的知识载体,是进行教学的基本工具,也是深化教育教学改革,提高人才培养质量的重要保证.

一本好的教材,要能反映该学科领域的学术水平和科研成就,能引导学生沿着正确的学术方向步入所向往的科学殿堂.因此,加强高校教材建设,对于提高教育质量、稳定教学秩序、实现高等教育人才培养目标起着重要的作用.正是基于这样的考虑,江西财经大学与复旦大学出版社达成共识,准备通过编写出版一套高质量的教材系列,以期进一步锻炼学校教师队伍,提高教师素质和教学水平,最终将学校的学科、师资等优势转化为人才培养优势,提升人才培养质量.为凸显江财特色,我们取校训"信敏廉毅"中一前一尾两个字,将这个系列的教材命名为"信毅教材大系".

"信毅教材大系"将分期分批出版问世,江西财经大学教师将积极参与这一具有重大意义的学术事业,精益求精地不断提高写作质量,力争将"信毅教材大系"打造成业内有影响力的高端品牌."信毅教材大系"的出版,得到了复旦大学出版社的大力支持,没有他们的卓越视野和精心组织,就不可能有这套系列教材的问世.作为"信毅教材大系"的合作方和复旦大学出版社的一位多年的合作者,对他们的敬业精神和远见卓识,我感到由衷的钦佩.

王 乔

2012 年 9 月 19 日

前言

20世纪80年代末,江西财经大学为非经管类的经济文秘、商务英语及经济法等文科专业开设了"微积分",但自1998年教育部颁布《普通高等学校本科专业目录和专业介绍》后,文科专业"微积分"的教学时断时续. 直到2020年秋季,我校人文学院、外国语言学院等学院的文科专业重新开设了"文科微积分",为一学期48学时,但是适合这样要求的相关《微积分》教材很少. 在教育部实施新文科专业建设战略下,相关院系领导一致认为编写这样一本《文科微积分》教材具有实践意义. 于是作者将自己的讲义整理成现书并得到学校资助出版.

微积分的一个基本观点是变化的观点,包含极为丰富的辩证思想,如恩格斯说,"变数的数学,其中最重要的部分是辩证法——本质上不外是辩证法在数学方面的运用". 国内大多数学者认为微积分源于欧洲,而我国的微积分是舶来的,但基于辩证法的角度,我国也有微积分的思想文化,例如"割圆术". 公元3世纪,我国古代数学家刘徽对"割圆术"的描述是:"割之弥细,所失弥少,割之又割,以至于不可割,则与圆周合体而无所失矣."尽管描述中的后一半不准确,但将静止的、不变的圆面积视为一系列圆内接正多边形面积的动态过程的结果无疑是对的,而且是难能可贵的. 因为这正是静止是相对的、运动是绝对的、事物总可一分为二、量变质变规律、矛盾规律等唯物辩证法与认识论的主要思想. 如恩格斯所论述的那样,这种唯物辩证思想与认识论也正是微积分的核心思想. 基于此,我国的"割圆术"所承载的微积分思想远远早于微积分的诞生. 与此同时,作者认为文科学生学习微积分最重要的是要掌握唯物辩证法的思想与认识论,增强文化自信,而不只是单纯的计算. 另外,现阶段我国文科专业招生不同于20世纪八九十年代的只招文科考生,而是文理兼招,因此,学生的初等数学基础较好. 基于此,本书具有两个鲜明的特点:一是基于我国古代的"割圆术"展开微积分相关概念的讨论,讨论中突出辩证、逻辑和分析的思想,内容叙述上不同于以往的教材,强化微分,突出微积分的微分和积分属性;二是基于学生后续发展所需,将有些内容以例题和习题的形式编在章节中,作为微积分内容完整性的补充,如无穷级数和反常积分中的收敛性判定定理等.

全书包括了微积分的基本内容,共分五章:第 1 章函数;第 2 章极限与连续;第 3 章微分;第 4 章微分中值定理与原函数;第 5 章积分.在各章节中配了练习和习题,且在书末给出了提示或答案.

本书星号标记的供选学. 本书也便于教和学,具有可读性.

对于本书的出版,作者要感谢江西财经大学教务处领导及相关工作人员、信息管理学院领导、数学系领导和同事以及对此书出版付出艰辛劳动的编辑和出版社领导.

由于成书仓促,本书定有许多不妥之处,敬请读者批评指正!

聂高辉

2022 年 12 月

目　录

第1章　函数 ……………………………………………………………… 1
  1.1　割圆术与微积分 ……………………………………………………… 1
  1.2　变量与实数集 ………………………………………………………… 7
  1.3　数列与函数 …………………………………………………………… 11
  1.4　初等函数 ……………………………………………………………… 19

第2章　极限与连续 …………………………………………………… 31
  2.1　数列的极限 …………………………………………………………… 31
  2.2　函数的极限 …………………………………………………………… 48
  2.3　函数的连续性 ………………………………………………………… 64

第3章　微分 …………………………………………………………… 78
  3.1　微分与导数的基本概念 ……………………………………………… 78
  3.2　微分、导数运算法则 ………………………………………………… 82
  3.3　多变量函数的微分与偏导数 ………………………………………… 92
  3.4　自然科学与社会科学中的变化率 …………………………………… 101

第4章　微分中值定理与原函数 ……………………………………… 109
  4.1　中值定理 ……………………………………………………………… 109
  4.2　洛必达法则与极限计算 ……………………………………………… 116
  4.3　函数的单调性、极值与凹凸性 ……………………………………… 119
  4.4　原函数与不定积分 …………………………………………………… 129
  4.5　不定积分计算举例 …………………………………………………… 135

第5章　积分 …………………………………………………………… 146
  5.1　累积问题与积分定义 ………………………………………………… 146
  5.2　定积分性质、定理与计算 …………………………………………… 150

5.3　重积分性质、定理与计算 …………………………………………… 156
5.4　积分应用举例 …………………………………………………………… 161
5.5　反常积分 ………………………………………………………………… 164

参考文献 ………………………………………………………………………… 179

参考答案 ………………………………………………………………………… 180

第1章 函　　数

【学习概要】 本章学习微积分研究的对象——函数:用"割圆术"处理"曲"与"变"问题的4个例子中的正 n 边形的面积、割线的斜率等都是依赖于正整数 n 而变化的序列数(数列),并据此引出了变数与函数,在这一章中对一元函数、二元函数都给出了定义.分析函数首先必须掌握被依赖的自由变化的变数(自变量)的变化范围(定义域或变域),然后必须掌握依赖变量(函数或因变量)的关系式.认识一些自变量与因变量的初等函数关系式与常见的经济函数关系式并掌握它们的各种性质和运算对学习微积分是很重要的;各种函数关系有较详细的介绍,函数的一些初等性质也得到了讨论,同时介绍了函数的四则运算、复合运算以及逆运算.在对初等函数进行分析和总结的同时也介绍了需求函数、供给函数、收益函数、成本函数及利润函数等经济函数.用数学模型或函数关系描述了一些实际问题,以示建立数学模型的一般过程.标有星号 * 的为选学内容.每节都附有练习题,章末附有习题,书末附有这些题的答案或提示.

1.1　割圆术与微积分

我们从小学起就会求由直线段围成的平面多边形的面积,办法是将多边形割成三角形、矩形、梯形等分别求其面积,然后相加即求出多边形面积.曲边所围成的平面几何图形不如多边形那么幸运地能割成三边形或四边形分别求面积再加总,比如圆.幸运的是,在公元3世纪我国数学家刘徽就给出了计算方法,即所谓的"割圆术".他说:"割之弥细,所失弥少,割之又割,以至于不可割,则与圆周合体而无所失矣."割圆术是求圆面积的近似值的一种算术,其做法是将圆周割成 n 等份,依次连接割点,便得到一个圆内接正 n 边形(图1-1).这个正 n 边形的面积 A_n 是可求的,且 $A_n = \frac{1}{2} l_n r_n$,其中,$l_n$,$r_n$ 分别为正 n 边形的周长和边心距.割之又割,即割点不断增加,正 n 边形的边数不断增多,且边长接近所对应的圆弧长,多边形的周长 l_n 也接近圆周长了,割去的面积也越来越少了,边心距 r_n 也接近圆半径.于是,他视圆面积为 A_n,这意味着圆面积应为圆周长与半径的积的倍数.他还计算了圆内接正六边形、正十二边形、正二十四边

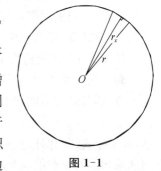

图 1-1

形、正九十六边形的边长,直至正一百九十二边形的边长,得出圆周率的近似值为 $3.14=\dfrac{157}{50}$,即徽率. 他还用圆内接正多边形接近圆面积的思想,得出圆面积的估计式 $S_{2n}<S<2S_{2n}-S_n$,其中, S_n, S_{2n}, S 分别为圆内接正 n 边形的面积、圆内接正 $2n$ 边形的面积,以及圆的面积. 他也通过计算圆内接正 3072 边形的面积得到圆周率约为 $\dfrac{3\,927}{1\,250}=3.141\,6$. 显然,对圆还可作出一个圆外切正多边形,这样可用圆内接正多边形与圆外切正多边形的边长和面积相挟来实现求圆的周长和面积. 割之弥细,即正多边形的边数不断增加;所失弥少,即被割掉的圆的面积不断减少,也就是圆内接正多边形面积不断增大,接近圆面积.

刘徽所描述的"割圆术"中的"割之又割,以至于不可割,则与圆周合体而无所失矣"则是不对的,因为永远不会出现"不可割",也永远不可能出现"与圆周合体无所失矣". 我国春秋战国时期的《庄子·天下》中也有类似于"割圆术"的描述:"一尺之棰,日取其半,万世不竭."就是说,这种"取"是无限可"取"的,永远不会出现无所取. 我国古代的"割术"体现了微积分的理论基础——极限. 割圆术中的圆内接正 n 边形的面积 A_n、周长 l_n 是随 n 的增大而不断接近圆面积和圆周长的变数. 我们常称这种随整数 n 的变化而变化的变数为数列. 同样日取其半中所获的长度为 $\dfrac{1}{2}$, $\dfrac{1}{4}$, $\dfrac{1}{8}$, $\cdots$, $\dfrac{1}{2^n}$, $\cdots$,这也是一个数列. 一般地,我们定义**依赖于正整数编号 n 而变化的数(变数)为数列**,如割圆术中的 A_n、圆内接正 n 边形的边长 a_n 等都是数列. 还有,圆内接正 n 边形的周长 $l_n=\sum_{i=1}^{n}a_i=a_1+a_2+\cdots+a_n$,这一和式常称为数列 a_n 的前 n 项和.

割圆术中的"割之弥细,所失弥少"思想,体现了微积分中将一个量表示为另一个变量与一个无限小的变量的和的微分思想,即把圆面积割成系列变化的多边形的面积 A_n 与割去的无限小的面积的和. 将圆的面积视为割出的随着边数不断增加的正多边形的面积 A_n 的结果. 这些也正是辩证法中的"量变质变规律"、"运动与静止规律"、"事物总是无限可分"以及"矛盾规律",即圆周长这一曲线的长可用直线段的和来代替,也就是以"直"代"曲","曲"与"直"这对矛盾在一定条件下是可以转化的. 同样,圆周长这一静止的事物便成了一系列变化的直线段的和的事物,等价地说,圆周长是变量直线段的和 l_n 随 n 不断增大这一过程的结果. 变量 A_n 和 l_n 是随 n 不断增大而无限变化的最终结果. 圆面积和圆周长则是有限的,因此,割圆术也是化有限事物为无限事物之术. 唯物史观认为客观世界中没有绝对的有限,也无绝对的无限,有限可割成无限,无限可聚成有限. 下面我们再看几个用割圆术处理与"曲"和"变"相关的例子.

例 1.1.1 求抛物线 $y=x^2$ 在任意点 $M_0(x_0, y_0)$ 处的切线方程.

解 在此点的切线是过这点的直线,记为 M_0T,且 M_0T 与抛物线相交的点有且只有这一点. 倘若还知道曲线上的另一点 $M'(x_1, y_1)$,如果此曲线是直线,那么我们很容易地求出切线的方程,这是因为切线与直线有共同的斜率. 但问题的实际情况是曲线是一条抛物线,而不是直线. 此外,只知所求切线上的一点 M_0 且已知抛物线也过点 M_0. 这是已知曲线与所求切线的仅有的一个联系. 若孤立地专注于此点而不顾及曲线上的其他点,则问题还是很棘手的. 注意到曲线上的其他点 $M(x,y)$, 因曲线已知而已知. 连接点 M_0 和点 M 得割线 M_0M, 因这两点已知, 故此割线的方程是可求的. 于是, 我们用割圆术可得到一系列割线, 即用平行于 y 轴的直线 $x_i = x_0 + \dfrac{i}{n}$ 去割曲线得到割点 $M_i(x_i, y_i)$, 连接 M_0, M_i 得割线 M_0M_i, 如图 1-2 所示. 易求得 M_0M_i 的斜率 S_n 为

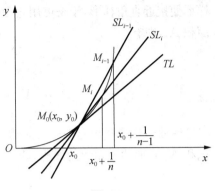

图 1-2

$$S_n = \frac{y_i - y_0}{x_i - x_0} = \frac{\left(x_0 + \dfrac{i}{n}\right)^2 - x_0^2}{\dfrac{i}{n}} = 2x_0 + \dfrac{i}{n},$$

而在"割之弥细"的过程中, 割点 M_i 弥接近 M_0. 此时, 割线 M_0M_i 弥接近切线 M_0T. 也就是割线的斜率接近切线的斜率, 当 n 无限增大时, 割线的斜率

$$S_i = \frac{y_i - y_0}{x_i - x_0} = \frac{\left(x_0 + \dfrac{i}{n}\right)^2 - x_0^2}{\dfrac{i}{n}} = 2x_0 + \dfrac{i}{n}$$

接近 $2x_0$. 换句话说, $2x_0$ 为切线的斜率. 于是, 可得切线方程

$$y = y_0 + 2x_0(x - x_0).$$

例 1.1.2 求由 $y = x^2$, $y = 0$, $x = 0$, $x = 1$ 所围的曲边三角形 OAB 的面积, 其中, OA 线段是点 $O(0, 0)$ 与点 $A(1, 0)$ 的连线直线段, AB 是点 $A(1, 0)$ 与点 $B(1, 1)$ 的连线直线段, 三角形的另一边是曲线段 OB (图 1-3).

解 求此三角形面积最不好处理的是边 OB, 其是曲线 $y = x^2$ 上的一段, 但仍可用割圆术来求它.

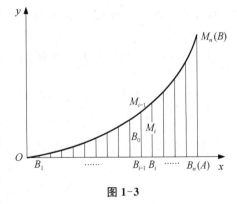

图 1-3

先将线段 OA 分成 n 等份, 此时曲线分成了 n 小段, 整个曲边三角形便割成了 n 个曲边梯形 $B_{i-1}B_iM_iM_{i-1}$. 其中, 曲边梯形的四个顶点分别为 $B_{i-1}\left(\dfrac{i-1}{n}, 0\right)$, $B_i\left(\dfrac{i}{n}, 0\right)$, $M_{i-1}\left(\dfrac{i-1}{n}, \left(\dfrac{i-1}{n}\right)^2\right)$ 和 $M_i\left(\dfrac{i}{n}, \left(\dfrac{i}{n}\right)^2\right)$, 而且在"割之弥细"时, 曲边上的点 $M_{i-1}\left(\dfrac{i-1}{n}, \left(\dfrac{i-1}{n}\right)^2\right)$ 与点 $M_i\left(\dfrac{i}{n}, \left(\dfrac{i}{n}\right)^2\right)$ 的曲线段接近这两点的直线段, 从而这个曲边

梯形便接近直角梯形,于是可用直角梯形 $B_{i-1}B_iM_iM_{i-1}$ 的面积作为这个曲边梯形的近似面积 A_i,即有

$$A_i = \frac{\left(\frac{i-1}{n}\right)^2 + \left(\frac{i}{n}\right)^2}{2} \cdot \frac{1}{n}.$$

将这些曲边梯形累积起来便与曲边三角形近似"合体". 也就是说,这些曲边梯形的近似面积和 $\hat{A}_n$ 是曲边三角形的面积,即

$$\hat{A}_n = \sum_{i=1}^{n} A_i = \frac{(n-1)n(2n-1) + n(n+1)(2n+1)}{12n^2} \cdot \frac{1}{n}$$

$$= \frac{1}{12}\left(1 - \frac{1}{n}\right)\left(2 - \frac{1}{n}\right) + \frac{1}{12}\left(1 + \frac{1}{n}\right)\left(2 + \frac{1}{n}\right).$$

在"割之弥细",即 n 不断增大的这一过程中,$\frac{1}{n}$ 不断地接近零,进而曲边梯形的面积和 $\hat{A}_n$ 不断地接近 $\frac{1}{3}$. 于是,这个 $\frac{1}{3}$ 便是所求曲边三角形的面积.

此外,也可从点 $M_{i-1}\left(\frac{i-1}{n}, \left(\frac{i-1}{n}\right)^2\right)$ 作一条平行于 x 轴的直线交直线 B_iM_i 于 B_0,从曲边梯形中割出一个曲边三角形 $M_{i-1}B_0M_i$ 和一个矩形 $B_{i-1}B_iB_0M_{i-1}$,而直线段 B_0M_i 的长度为 $\left(\frac{i}{n}\right)^2 - \left(\frac{i-1}{n}\right)^2$,在"割之弥细"的过程中,曲线 $M_{i-1}M_i$ 也弥直,近似直线段. 于是,曲边梯形 $B_{i-1}B_iM_iM_{i-1}$ 的面积 A_i 为曲边三角形 $M_{i-1}B_0M_i$ 的面积近似值 $\frac{1}{2} \cdot \frac{1}{n} \cdot \left[\left(\frac{i}{n}\right)^2 - \left(\frac{i-1}{n}\right)^2\right]$ 与矩形 $B_{i-1}B_iB_0M_{i-1}$ 的面积近似值 $\frac{1}{n} \cdot \left(\frac{i-1}{n}\right)^2$ 的和,即

$$A_i = \frac{1}{n} \cdot \left(\frac{i-1}{n}\right)^2 + \frac{1}{2} \cdot \frac{1}{n} \cdot \left[\left(\frac{i}{n}\right)^2 - \left(\frac{i-1}{n}\right)^2\right] = \frac{1}{2} \cdot \frac{1}{n} \cdot \left[\left(\frac{i}{n}\right)^2 + \left(\frac{i-1}{n}\right)^2\right].$$

从而,整个曲边三角形的面积近似式为

$$\hat{A}_n = \sum_{i=1}^{n} A_i = \sum_{i=1}^{n} \left\{\frac{1}{2} \cdot \frac{1}{n} \cdot \left[\left(\frac{i}{n}\right)^2 + \left(\frac{i-1}{n}\right)^2\right]\right\}$$

$$= \frac{1}{12}\left(1 + \frac{1}{n}\right)\left(2 + \frac{1}{n}\right) + \frac{1}{12}\left(1 - \frac{1}{n}\right)\left(2 - \frac{1}{n}\right),$$

且随 n 的不断增大接近 $\frac{1}{3}$,即曲边三角形的面积为 $\frac{1}{3}$.

例 1.1.3 求由曲面 $z = xy$ 与长方体 $\{(x, y) \mid 0 \leq x \leq 1, 0 \leq y \leq 1\}$ 所截成的 xOy 平面上方的曲顶柱体(图 1-4a)的体积.

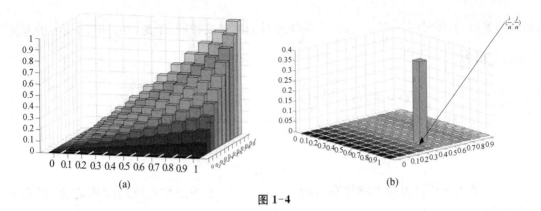

图 1-4

解 这个柱体的顶面是一曲面,不能用长方体的体积公式来计算. 于是,仍用割圆术的思想来求之. 先用分别平行于 x 轴和 y 轴的直线割出 $n\times n$ 个底面长为 $\dfrac{1}{n}$、宽也为 $\dfrac{1}{n}$ 的曲顶"长方体",在"割之弥细"的过程中,这 $n\times n$ 个曲顶柱体中的第 ij 个小曲顶柱体的顶面弥平,其体积记为 V_{ij},弥接近底面长为 $\dfrac{1}{n}$、宽为 $\dfrac{1}{n}$、高为 $z_{ij}=\dfrac{ij}{n^2}$ 的长方体(图 1-4b)的体积 $\dfrac{ij}{n^4}$,即 $V_{ij}\approx\dfrac{ij}{n^4}$. 这第 ij 个小曲顶柱体如图 1-4b 累积起来便与曲顶柱体"合体",也就是小曲顶柱的体积之和 $\hat{V}_n$ 弥接近所求曲顶柱体的体积,即

$$\hat{V}_n=\sum_{ij}^n V_{ij}\approx\sum_j^n\sum_i^n\dfrac{ij}{n^4}=\dfrac{n(n+1)n(n+1)}{4n^4}=\dfrac{1}{4}\left(1+\dfrac{1}{n}\right)\left(1+\dfrac{1}{n}\right).$$

在"割之弥细"即 n 无限增大的过程中,$\hat{V}_n$ 无限接近 $\dfrac{1}{4}$. 因此,这个 $\dfrac{1}{4}$ 是所求曲顶柱体的体积.

例 1.1.4 设物体运动到 t 时刻的位移为 $s(t)=t^2+t$,试求物体在时刻 t_0 的速度 $v(t_0)$.

解 求速度取决于物体的运动是匀速的还是变速的,匀速运动的快慢在任何时刻都是不变的,若是此类运动,则时刻 t_0 的速度为 $v(t_0)=\dfrac{s(t_0)}{t_0}$. 若物体的运动时快时慢,即速度在不同的时刻不一样,这类运动被称为变速运动,那么,求变速运动物体在时刻 t_0 的速度就不是那么简单的路程除以时间了,但也可用割圆术来求. 为此,将 t_0 分割成 n 等份得到一系列时刻,$0<\dfrac{t_0}{n}<\dfrac{2t_0}{n}<\cdots<\dfrac{nt_0}{n}=t_0$,如图 1-5 所示.

在"割之弥细"的过程中,时间 $\left[\dfrac{n-1}{n}t_0,t_0\right]$ 上的运动弥

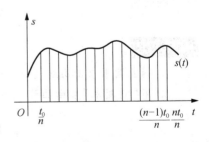

图 1-5

接近匀速运动,即时间 $\left[\dfrac{n-1}{n}t_0, t_0\right]$ 上的任意时刻的速度相同. 于是, 在此时间段上的速度 $\bar{v}(t_0)$ 近似为

$$\bar{v}(t_0) = \dfrac{s(t_0) - s\left(t_0 - \dfrac{t_0}{n}\right)}{\dfrac{t_0}{n}} = \dfrac{2t_0\dfrac{1}{n} - \dfrac{t_0}{n^2} + \dfrac{1}{n}}{\dfrac{1}{n}} = (2t_0 + 1) - \dfrac{t_0}{n}.$$

这个速度 $\bar{v}(t_0)$ 也称为物体在时间 $\left[\dfrac{n-1}{n}t_0, t_0\right]$ 上的平均速度. 在"割之弥细"即 n 无限增大的过程中, $\bar{v}(t_0)$ 无限接近 $2t_0 + 1$, 故 $2t_0 + 1$ 应该就是所求时刻 t_0 的速度 $v(t_0)$.

前面我们讨论的圆的面积问题、曲线斜率问题、曲边三角形的面积问题、曲顶柱体的体积问题(都是"曲"而非"直"的几何问题)以及变速运动的物体速度问题不同于我们在初等数学中所研究的"直"的几何问题和"匀速"的物体运动问题,而是"曲"的几何问题和"变速"的物体运动问题. 这些"曲"和"变"的问题正是微积分研究的问题. 这些问题中的圆面积、曲边三角形面积、曲顶柱体体积及变速运动的物体在时刻 t_0 的速度(即时速度)采用我国的"割圆术"得以解决了. 在解决过程中,我们看到了"曲"与"直"、"变"与"常"、"有限"与"无限"是可以相互转化的,这正是"割圆术"的核心辩证思想,而其核心技术则是"以直代曲""以常代变". 割圆术的思想和技术正是唯物史观中的辩证思想和认识论. 用割圆术计算这些"曲"的几何问题和"变"的运动问题产生了新的变量,例如圆内接正 n 边形中的整数变量 n 和依赖它而变化的多边形面积 A_n 及周长 l_n. 变量间的这种依赖关系习惯上叫**函数**,而依赖于整数变化的变量也叫**数列**. 恩格斯曾经说过,变量数学——最重要的部分是微积分——本质上无外乎是辩证法在数学方面的运用. 综上所述,微积分研究的对象是变量及变量与变量间的相互关系,而初等数学研究的是常量. 至此,我们能够区分初等数学与微积分了. 从"辩证思想"的角度来看,微积分思想早在 3 世纪就出现于我国的"割圆术"中,这要比 16、17 世纪欧洲的力学、航海和天文学中运动和射程问题中的算术早好几个世纪,更是比微积分的理论出现早许多. 由此,我们学习微积分的初心之一是要学会用唯物史观中的辩证法和认识论去认识自然、改造自然. 用辩证法中"对立统一"的观点、"一分为二"的观点和"量变质变"的观点去分析和解决问题不仅是理工类专业所需,而且是文科各专业学生的必备.

练习 1.1

1. 用割圆术求由曲线段 $y = x^3$ 和直线 $x = 0, x = 1$ 及 x 轴围成的曲边三角形的面积.
2. 用"割圆术"求由曲线 $y = e^x$ 和直线 $x = 0, x = 1$ 及 $y = 1$ 围成的曲边三角形的面积.

1.2 变量与实数集

1.2.1 变量与实数集

变量就是在某一过程中可以取不同的数的量,在一个过程中始终只取一个数的量称为**常量**.变量取到的这些数的集合称为**变域**.1.1 节例题中出现的 n 便是一个变量,它的变域是正整数集.因理论和实践的需要自然数已扩展到了整数,而整数又扩展到了有理数和无理数.有理数和无理数的全体便构成了实数集.实数也正是应这些"曲"的、"变"的问题之所需而出现的.前面几个例子中所出现的数列是实数数列,面积、体积、斜率和速度也都是实数.

实数集中任意不为零的有理数 r 都能唯一地表示为最简分数 $\dfrac{q}{p}$,其中 q,p 是正整数且 p 不为零,p 与 q 是互质的.整数 q,p 互质意指两者没有大于 1 的公因数.

任意两个实数满足以下三个关系之一:

$$a < b, \ a = b, \ a > b.$$

任意三个实数 a,b,c 满足传递性:若 $a < b$,$b < c$,则 $a < c$.

实数 x 都有绝对值,记为 $|x|$,它被定义为

$$|x| = \begin{cases} x, & x > 0, \\ 0, & x = 0, \\ -x, & x < 0. \end{cases}$$

由此定义,我们有

$$|x| \geqslant \pm x; \ |ab| = |a| \cdot |b|; \ \left|\dfrac{b}{a}\right| = \dfrac{|b|}{|a|} \ (a \neq 0).$$

三角不等式 $|a| - |b| \leqslant |a \pm b| \leqslant |a| + |b|$.

实数轴是一条带有原点的射线,如图 1-6 所示,实数集中的数总能在实数轴上找到一点表示它,如有理数 -2,-1,0,$+1$,$+2$ 的点是 x_1,x_2,O,x_3,x_4,而无理数 $\sqrt{2}$ 的点是 x_5.实数轴上的点 a 也对应了实数集中的某个数,这个数的大小

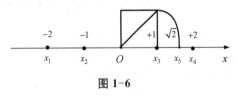

图 1-6

是 a 与原点的距离,即 $|a|$,符号则取决于点 a 处在原点的哪一侧.若这个点在原点的右侧,则这个实数是正的;若点 a 在原点的左侧,则这个实数是负的.这样实数集中的数与实数轴上的点是一一对应的.

此外,实数集中的任意两个有理数之间有无穷多个无理数,任意两个无理数之间也有无穷多个有理数.这是实数的稠密性,这一性质我们不加证明,但可从实数轴上的点的稠密

性来理解. 此性质在初等数学中不常用到, 现在请读者特别加以重视.

实数集合 A 是由一些实数构成的集合, 简称集, 集合中的数也称为集合的元素. 若实数 a 在集合 A 中, 则称 a 属于 A, 记为 $a \in A$, 否则称 a 不属于 A, 记为 $a \notin A$.

集合 A 与集合 B 之间存在两种主要关系: 包含关系 "⊂" (若集合 A 中的元素也是集合 B 中的元素, 则说 A 包含于 B, 记为 $A \subset B$) 和相等关系 "=" (若 $A \subset B$ 且 $B \subset A$, 则说两集合是相等的, 记为 $A = B$).

正整数集记为 **N**, 整数集记为 **I**, 有理数集记为 **Q**, 实数集记为 **R**, 这四个集合的关系是 $\mathbf{N} \subset \mathbf{I} \subset \mathbf{Q} \subset \mathbf{R}$. 在没有特别声明时, 凡数集均指实数集. 集合是可做和、差、积运算的. 为此, 再引入两个特殊的集合, **全集** Ω (即所论数集的最大数集) 和**空集** $\varnothing$ (不含任何元素的集).

对于集合的和、差、积的运算, 具体地说, A, B 两个集的和 (也称为并) 记为 $A \cup B$, 它是一个由集 A 或集 B 的元素构成的新集合; A, B 两个集的差记为 $A - B$, 它是一个由集 A 但不由集 B 的元素构成的新集合; A, B 两个集的积 (也称为交) 记为 $A \cap B$, 它是一个由集 A 和集 B 的公共元素构成的新集合. 两个集合的另一积, 则是所谓的**直积**或**笛卡儿积**, 记为 $A \times B$. 笛卡儿积的具体定义是 $A \times B = \{(x, y) \mid x \in A, y \in B\}$, 其元素是数对 (x, y), 这样 xOy 坐标系也是笛卡儿坐标系, 或说是笛卡儿积, 记为

$$\mathbf{R}^2 = \mathbf{R} \times \mathbf{R} = \{(x, y) \mid -\infty < x < +\infty, -\infty < y < +\infty\}.$$

这意味着 xOy 坐标平面上的点是一数对 (x, y). 集合的笛卡儿积也可推广到多个集合的情形, 例如, 由三条数轴 Ox, Oy, Oz 垂直于点 O, 三数轴的方向满足右手法则 (即用右手握住 Oz 轴, 四指伸直指向 Ox 轴, 将四指逆时针旋转 $90°$ 指向 Oy 轴方向, 拇指所指方向为 Oz 轴的正方向) 所构成的空间直角坐标系 $Oxyz$ 如图 1-7 所示.

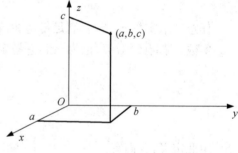

图 1-7

空间直角坐标系也是笛卡儿积

$$\mathbf{R}^3 = \mathbf{R} \times \mathbf{R} \times \mathbf{R} = \{(x, y, z) \mid -\infty < x < +\infty, -\infty < y < +\infty, -\infty < z < +\infty\}.$$

换句话说, 空间 $Oxyz$ 中的点也是三元数对 (x, y, z). 设 $P_1(x_1, y_1, z_1), P_2(x_2, y_2, z_2)$ 是空间直角坐标系中的任意两点, 那么这两点间的距离是

$$|P_1 P_2| = \sqrt{(x_2 - x_1)^2 + (y_2 - y_1)^2 + (z_2 - z_1)^2}.$$

1.2.2 区间与区域

在元素为实数的各种各样的数集中, 最为重要的是各式各样的区间 (即为实数轴上的一段). 具体地说, 设 $a, b \in \mathbf{R}$, 且 $a < b$, 那么, 称数集 $\{x \mid a < x < b, x \in \mathbf{R}\}$ 是左端点为 a、右端点为 b 的开区间, 记为 (a, b); 称数集 $\{x \mid a \leqslant x \leqslant b, x \in \mathbf{R}\}$ 是左端点为 a、右端点为 b 的闭区间, 记为 $[a, b]$; 称数集 $\{x \mid a \leqslant x < b, x \in \mathbf{R}\}$ 是左端点为 a、右端点为 b 的左闭右开的区间, 记为 $[a, b)$; 称数集 $\{x \mid a < x \leqslant b, x \in \mathbf{R}\}$ 是左端点为 a、右端点为 b 的左开右闭的区间, 记为 $(a, b]$. 这四个区间左右受实数 a, b 所限, 是数轴上的一段, 左右不受限的区间记

为$(-\infty, +\infty)$,是实数轴;左受限、右不受限的区间记为$(a, +\infty)$或$[a, +\infty)$;左不受限、右受限的区间记为$(-\infty, b)$或$(-\infty, b]$.这些区间也可做笛卡儿积,如

$$[a, b] \times [c, d] = \{(x, y) \mid a \leqslant x \leqslant b, c \leqslant y \leqslant d\},$$
$$(a, b) \times (c, +\infty) = \{(x, y) \mid a < x < b, c < y < +\infty\}.$$

这种集也称为平面点集,记为D,其元素即为坐标平面的一部分,有时也称**区域**(即集D中的任意两点的连接折线都在D中).与实数的绝对值一样,笛卡儿积的元素(x, y)也有绝对值,常称为数对的模,记为$|(x, y)|$,被定义为$|(x, y)| = \sqrt{x^2 + y^2}$.这实际是平面上的点$(x, y)$与原点的距离.一般地,平面上的任意两点$P_1(x_1, y_1)$和$P_2(x_2, y_2)$的距离公式为$P_1 P_2 = \sqrt{(x_2 - x_1)^2 + (y_2 - y_1)^2}$.和区间一样,区域$D$也有**闭区域**(区域与其边界点的合称)、**有界闭区域**(即闭区域中的任意点的模是有限数)之分.

设a为实数,δ为一正实数,称数集$\{x \mid |x - a| < \delta, x \in \mathbf{R}\}$是以$a$为心、$\delta$为半径的$\delta$邻域,记为$N_a(\delta)$,而数集$\{x \mid 0 < |x - a| < \delta, x \in \mathbf{R}\}$则被称为以$a$为心、$\delta$为半径的$\delta$的空心邻域,记为$\overset{\circ}{N}_a(\delta)$.

又设$(x_0, y_0) \in \mathbf{R}^2$,$\delta$为一正实数,称区域$\{(x, y) \mid \sqrt{(x - x_0)^2 + (y - y_0)^2} < \delta\}$为以$(x_0, y_0)$为心、$\delta$为半径的$\delta$邻域,记为$N_{(x_0, y_0)}(\delta)$,而区域

$$\{(x, y) \mid 0 < \sqrt{(x - x_0)^2 + (y - y_0)^2} < \delta\}$$

则被称为以点(x_0, y_0)为心、δ为半径的空心邻域,记为$\overset{\circ}{N}_{(x_0, y_0)}(\delta)$.

1.2.3 集运算与不等式举例

例 1.2.1 设集合$A = \{x \mid -2 \leqslant x \leqslant 2\}$,集合$B = \{x \mid -2 \leqslant x < b\}$.(1)$x = 10$属于哪个集合?(2)这两个集合的关系是什么?(3)计算$A \cup B$,$A - B$,$A \cap B$.

解 (1) 由$x = 10 > 2$,知$x \notin A$.若$b > 10$,则$x = 10 \in B$.

(2) 当$b > 2$时,$A \subset B$;当$b \leqslant 2$时,$B \subset A$.

(3) 当$b > 2$时,$A \cup B = \{x \mid -2 \leqslant x < b\}$,$A - B = \varnothing$,$A \cap B = A$.
当$b \leqslant 2$时,$A \cup B = \{x \mid -2 \leqslant x \leqslant 2\}$,$A - B = \{x \mid b \leqslant x \leqslant 2\}$,$A \cap B = \{x \mid -2 \leqslant x < b\}$.

例 1.2.2 求解不等式$|x + 1| + |x - 1| \leqslant 4$.

解 当$x \geqslant 1$时,不等式为$2x \leqslant 4$,求得$x \leqslant 2$;当$-1 < x < 1$时,不等式恒成立;当$x \leqslant -1$时,不等式为$-2x \leqslant 4$,求得$x \geqslant -2$.因此,不等式的解集为$[-2, 2]$.

例 1.2.3 证明:当$|x - 1| \leqslant 1$时,$|x^2 - 1| \leqslant 3|x - 1|$.

证明 $|x^2 - 1| = |(x + 1)(x - 1)| = |x + 1| |x - 1| = |x - 1 + 2| |x - 1|$,而由三角不等式有

$$|x - 1 + 2| \leqslant 2 + |x - 1| \leqslant 3,$$

因此有

$$|x^2 - 1| = |x - 1 + 2| |x - 1| \leqslant 3|x - 1|.$$

例 1.2.4 证明对任意 n 个正实数 $a_1, a_2, \cdots, a_n$,如果 $a_1 \cdot a_2 \cdot \cdots \cdot a_n = 1$,则有
$$a_1 + a_2 + \cdots + a_n \geqslant n.$$

证明 当 $n=1$ 时,不等式显然成立.

当 $n=2$ 时,从 $a_1 \cdot a_2 = 1$,易知 $a_2 = \dfrac{1}{a_1}$,

由
$$(\sqrt{a_1} - \sqrt{a_2})^2 = a_1 + a_2 - 2 \geqslant 0$$

知不等式成立.

现设 $n=k$ 时不等式成立,即有
$$a_1 + a_2 + \cdots + a_k \geqslant k,$$

下面在这一假设下证明 $n=k+1$ 时不等式也成立.

当 $n=k+1$ 时,若 $a_1 = a_2 = \cdots = a_k = a_{k+1}$,则由题设知,这 $k+1$ 个数均等于 1,故有
$$a_1 + a_2 + \cdots + a_{k+1} = k+1,$$

此时,不等式成立. 若这 $k+1$ 个数不全为 1,则这些数中必有大于 1 也有小于 1 的数,不妨设为 $a_1 > 1$,$a_{k+1} < 1$,于是,令 $b_1 = a_1 a_{k+1}$,则有
$$b_1 \cdot a_2 \cdot \cdots \cdot a_k = 1,$$

故由归纳法假设知
$$b_1 + a_2 + \cdots + a_k \geqslant k,$$

且有
$$a_1 + a_2 + \cdots + a_{k+1} - b_1 + b_1$$
$$= b_1 + a_2 + \cdots + a_k - b_1 + a_1 + a_{k+1}$$
$$\geqslant k + a_{k+1} + a_1 - b_1$$
$$= k + 1 + a_{k+1} + a_1 - b_1 - 1$$
$$= k + 1 + (a_1 - 1)(1 - a_{k+1})$$
$$> k + 1 + 0 = k + 1.$$

即
$$a_1 + a_2 + \cdots + a_{k+1} \geqslant k+1.$$

因此,由数学归纳法知所证不等式成立.

数学归纳法是一种用来证明与正整数有关的命题的方法. 数学归纳法说的是:如果 $n=1, 2$ 时,命题成立,假设 $n=k$ 时,命题成立(归纳法假设),则有 $n=k+1$ 时,命题成立,那么,所证命题成立.

例 1.2.5* 证明以下平均值不等式对任意 n 个正实数 $a_1, a_2, \cdots, a_n$ 恒成立.

$$\frac{n}{\dfrac{1}{a_1}+\dfrac{1}{a_2}+\cdots+\dfrac{1}{a_n}} \leqslant \sqrt[n]{a_1 a_2 \cdots a_n} \leqslant \frac{a_1+a_2+\cdots+a_n}{n}.$$

证明 先证 $\sqrt[n]{a_1 a_2 \cdots a_n} \leqslant \dfrac{a_1+a_2+\cdots+a_n}{n}$.

令 $x = \dfrac{a_1+a_2+\cdots+a_n}{n}$，$y = \sqrt[n]{a_1 a_2 \cdots a_n}$，$b_i = \dfrac{a_i}{y}$ $(i=1, 2, \cdots, n)$，则有 $b_1 b_2 \cdots b_n = 1$. 于是，由例 1.2.4 有 $b_1 + b_2 + \cdots + b_n \geqslant n$，进而有

$$\sqrt[n]{a_1 a_2 \cdots a_n} \leqslant \frac{a_1+a_2+\cdots+a_n}{n}.$$

现由此证不等式左边成立，即 $\dfrac{n}{\dfrac{1}{a_1}+\dfrac{1}{a_2}+\cdots+\dfrac{1}{a_n}} \leqslant \sqrt[n]{a_1 a_2 \cdots a_n}$.

由于 $\dfrac{1}{a_i} > 0 (i=1, 2, \cdots, n)$，故由已证的结论有

$$\sqrt[n]{\frac{1}{a_1} \cdot \frac{1}{a_2} \cdot \cdots \cdot \frac{1}{a_n}} \leqslant \frac{\dfrac{1}{a_1}+\dfrac{1}{a_2}+\cdots+\dfrac{1}{a_n}}{n},$$

即有

$$\frac{n}{\dfrac{1}{a_1}+\dfrac{1}{a_2}+\cdots+\dfrac{1}{a_n}} \leqslant \sqrt[n]{a_1 \cdot a_2 \cdot \cdots \cdot a_n}.$$

至此完成了例 1.2.5 的证明. 注意例 1.2.5 这个不等式的左边的项称为调和平均，中间的项称为几何平均，右边的项称为算术平均.

练习 1.2

1. 设 $A = \{x \mid |x| \leqslant 2\}$，$B = \{x \mid |x| \geqslant 3\}$，求 $A \cup B$，$A - B$，$A \cap B$.
2. 解不等式 $|x| > |x+1|$.
3. 证明：当 $|x-1| < \dfrac{1}{2}$ 时，$|x+2| < \dfrac{7}{2}$.

1.3 数列与函数

1.3.1 数列

在 1.1 节例题中出现的依赖于整数变量 n 的变量，现称之为数列并记为 y_n，如圆内接

多边形的周长 l_n、面积 S_n、曲边三角形的近似面积 $A_n = \dfrac{1}{12}\left(1-\dfrac{1}{n}\right)\left(2-\dfrac{1}{n}\right) + \dfrac{1}{12}\left(1+\dfrac{1}{n}\right)\left(2+\dfrac{1}{n}\right)$，以及曲顶柱体的近似体积 $V_n = \dfrac{1}{4}\left(1+\dfrac{1}{n}\right)\left(1+\dfrac{1}{n}\right)$、时刻 t_0 速度的近似值 $v(t_0) = (2t_0+1) - \dfrac{t_0}{n}$ 都是数列.事实上,圆内接多边形的周长是边长(每段弦长) a_n 的和,即 $l_n = \sum\limits_{i=1}^{n} a_i$,而弦长 a_n 也是一个数列,周长则是弦长数列 a_n 的前 n 项和.如果将数列 a_n 的各项用"+"连接起来,则形成的式子 $a_1+a_2+\cdots+a_n+\cdots$ 常常被称为**无穷级数(简称级数)**,记为 $\sum\limits_{n=1}^{\infty} a_n$.数列 a_n 又被称为**级数的通项**,数列 $\sum\limits_{i=1}^{n} a_i$ 称为无穷级数的**部分和**,记为 S_n,即 $S_n = \sum\limits_{i=1}^{n} a_i$.它是随 n 的变化而变化的,因而也是一个数列.

在前文中,物体运动位移 $s(t)$ 是依赖于时间 t 的变量,称为因变量.这种因变量有时不只依赖某个变量而依赖于多个变量,如长方体的体积 V 的变化随长、宽、高的变化而变化,因长 a、宽 b、高 h 可取不同的实数,故而也是因变量.习惯上,s 为时间 t 的单变量函数,而 V 为长 a、宽 b、高 h 的多变量函数.下面我们给出单变量函数和多变量函数(以二元函数为例)的一般定义.

1.3.2 函数与数学建模

定义1.3.1 设有两个变量 x 和 y,变量 x 的变化范围为 $D \subset \mathbf{R}$,如果变量 x 在 D 中任取一数,在某种对应规则 f 下,都有唯一的变量 y 的实数值与之对应,那么,称变量 y 是变量 x 的一元函数,记为 $y = f(x)$, $x \in D$.其中,x 称为自变量,y 称为因变量,f 称为函数关系.D 称为函数 $f(x)$ 的定义域,常记为 $D(f)$;y 的对应实数值称为函数在 x 处的函数值,记为 $f(x)$;函数值的集合称为函数的值域,记为 $R(f)$.

定义1.3.2 设有变量 z 及变量 x,y,设 x,y 的变化范围为 $D \subset \mathbf{R}^2$,如果变量 x,y 在 D 中任取数对 (x,y),在某种对应规则 f 下,都有唯一的变量 z 的实数值与之对应,那么,称 z 是 x,y 的二元函数,记为 $z = f(x,y)$,$(x,y) \in D$.其中,x,y 称为自变量,x 称为第一自变量,y 称为称第二自变量,z 称为因变量.z 的对应实数值也称为函数 $z = f(x,y)$ 在数对 (x,y) 处的函数值.函数值的集合称为函数的值域,记为 $R(f)$.

函数定义中强调的实数、实数值,表明 x,y,z 都是取值为实数的变量,简称实变量.从定义也易知,确定一个函数主要是函数关系和定义域这两个要素.至于用什么字母来表示自变量,因变量是无关紧要的.一般地说,如果 $y = f(x)$,$x \in D$ 是一个函数,那么在 xOy 坐标平面中,对 D 中的每一个值 x 都确定了坐标平面上的一个点 (x,y),随着 x 取遍 D 中所有值,动点 (x,y) 便形成了坐标平面上的一个图形,称为函数 $y = f(x)$ 的图象.又对 D 中的每一数对 (x,y) 与函数 $z = f(x,y)$ 确定了空间中的一个动点 (x,y,z),我们称动点 (x,y,z) 的轨迹为函数 $z = f(x,y)$ 的图象.一般来说,一元函数的图象是平面上的一条曲线(图1-8),二元函数的图象是空间中的一张曲面(图1-9).

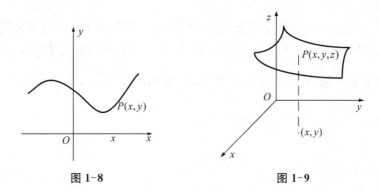

图 1-8　　　　　　　　　图 1-9

此外,函数关系 f 通常有四种表达形式:语言形式、数值形式、可视形式和代数形式.以一元函数为例分别说明之.例如,生产某一产品的成本 C 与产量 x 成正比,比例系数为 k,这便是一个正比例函数的语言形式;此函数也可用代数式 $C(x)=kx$ 来表示,这是函数的代数形式.又如,家庭人均可支配收入 I(元)与商品房平均价格 p(元)的关系如表 1-1 所示.这张表便是家庭人均可支配收入 I 与商品房平均价格 p 的数值型函数关系,也叫表格形式.再如,某地自动记录仪记录到每天的温度 $T(d)$(℃)与天数 (d) 的关系如图 1-10 所示.图 1-10 中曲线确定的函数 $T(d)$ 便是函数的可视形式.

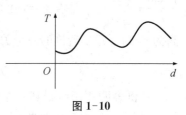

图 1-10

表 1-1　家庭人均可支配收入与商品房平均价格表

家庭人均可支配收入(I)	6 680	8 766	8 906	9 428	9 862	10 728
商品房平均价格(p)	2 806	3 930	4 037	4 509	4 420	4 874

1.1 节中例 1.1.4 的位移关于 t 的函数 $s(t)=t^2+t$ 便是代数形式.代数表达形式的优势是便于进行代数形式上的各种分析.可视形式能直观地观察因变量的变化状态.但多变量函数涉及高维空间,用可视形式观察因变量变化状态并不直观,即便是二元函数的可视形式也不是很直观.函数关系式也称**数学模型**,建立函数关系也称**数学建模**.

例 1.3.1　某厂商生产某产品,产量为 x 时,每件售价 400 元,当年产量在 1 000 件以内时可全部售出,当年产量超过 1 000 件时产品会积压.采用广告策略,策略实施后可再多出售 200 件,但每件需广告费 40 元,生产再多当年就售不出去.试建立此产品当年的收益 R 与产量 x 的关系式,即函数关系.

解　由题意,有收益产量函数

$$R(x)=\begin{cases}400x, & 0\leqslant x<1\,000,\\ 400\,000+360(x-1\,000), & 1\,000\leqslant x\leqslant 1\,200,\\ 472\,000, & x>1\,200.\end{cases}$$

这个例子说明函数的代数形式不仅可用一个代数式来表达,有时也用多个代数式来表达.这类由多个代数式来表达的函数称为**分段函数**.此例建立的函数便是一个分段函数.

例 1.3.2 要造一个底面是长宽比为 2∶1 的矩形、容积为 600 立方米的长方体无盖蓄水池,假设水池四壁和底面造价均为 1 000 元/平方米.试建立造价与宽的函数关系式.

解 造价设为 p 元,矩形的宽为 x,依题意,矩形的长为 $2x$,长方体的高为 $h=\dfrac{600}{2x^2}=\dfrac{300}{x^2}$,侧面面积为 $\dfrac{1\,200}{x}+\dfrac{600}{x}$,底面积为 $2x^2$,故造价

$$p=1\,000\left(\dfrac{1\,200}{x}+\dfrac{600}{x}+2x^2\right)=\dfrac{1\,200\,000}{x}+\dfrac{600\,000}{x}+2\,000x^2,\ x\in(0,+\infty).$$

这个例子的函数关系则是由一个代数式表达的.对此例我们也可建立一个造价与长和宽的函数关系,设长为 x,宽为 y,则水池的底面面积为 xy,高为 $h=\dfrac{600}{xy}$,此时侧面面积为 $\dfrac{1\,200}{x}+\dfrac{1\,200}{y}$,于是有 $p=1\,000\left(xy+\dfrac{1\,200}{x}+\dfrac{1\,200}{y}\right)$(此为二元函数);若设长为 x,宽为 y,高为 z,则可建立造价的一个关于长、宽、高的三元函数

$$p=1\,000(xy+2xz+2yz).$$

此例表明用函数描述一个问题,形式不是唯一的.一般来说,引入的变量越多,建模越简单,但求解相对较困难些;引入的变量越少,建模相对困难,但求解则要简便些.不仅是变量的多寡影响建模及求解,代数式的多寡也会影响建模及求解.下面给出的几个特殊的函数便是由多个代数式来表达的.

例 1.3.3(符号函数) $y=\text{sgn}(x)$ 定义如下:

$$y=\text{sgn}(x)=\begin{cases}1,&x>0,\\0,&x=0,\\-1,&x<0.\end{cases}$$

显然有 $|x|=\text{sgn}(x)\cdot x$,从此式易知此函数名称的缘由.这个函数的定义域为实数集,值域为 $\{-1,0,1\}$.

例 1.3.4 取整函数 $y=[x]$.这个函数的定义域是整个实数集,与 x 对应的是 x 的整数部分,即不大于 x 的整数中的最大者,即满足不等式 $[x]\leqslant x<[x]+1$ 的整数.

1.3.3 函数性质与运算

我们在下面给出一元函数的部分性质与运算(多元函数也有些类似的性质与运算,在此省略).

性质 1.3.1(有界性) 设 $y=f(x)$,$x\in D(f)$,如果存在数 $M>0$,使得对任意的 $x\in D(f)$ 恒有 $|f(x)|\leqslant M$,则说函数是有界的,也称函数是有界函数.

性质 1.3.2(单调性) 设 $y=f(x)$,$x\in D(f)$,如果对任意的 $x_1,x_2\in D(f)$,且 $x_1<x_2$ 都有 $f(x_1)<f(x_2)$,或 $f(x_1)\leqslant f(x_2)$,或 $f(x_1)>f(x_2)$,或 $f(x_1)\geqslant f(x_2)$,那么,我

们称函数为递增函数,或非减函数,或递减函数,或非增函数. 递增函数、非减函数、递减函数和非增函数统称为单调函数. 单调函数在其定义域上是递增的,或是不减的,或是递减的,或是不增的.

性质 1.3.3(对称性) 设 $y=f(x)$, $x\in D(f)$, 如果对任意的 $x\in D(f)$ 恒有 $f(-x)=f(x)$ 或 $f(-x)=-f(x)$, 那么称函数是偶函数或奇函数.

从定义可知,不论奇函数还是偶函数,其定义域都是关于原点 O 对称的. 偶函数的图象是关于 y 轴对称的,奇函数的图象是关于原点 $(0,0)$ 对称的.

性质 1.3.4(周期性) 设 $y=f(x)$, $x\in D(f)$, 如果存在常数 $T>0$, 使得对任意的 $x\in D(f)$ 恒有 $f(x\pm T)=f(x)$, 则称函数为周期函数,T 称为周期,最小的 T 称为函数的基本周期(也称最小正周期).

由定义知,有的周期函数有基本周期,有的没有基本周期. 例如函数 $f(x)=\sin x$ 是周期函数,基本周期为 2π, 函数 $f(x)=x-[x]$ 也是周期函数,基本周期为 1; 周期函数 $f(x)=C$ 没有基本周期,周期函数 $D(x)=\begin{cases}1, & x \text{ 为有理数} \\ 0, & x \text{ 为无理数}\end{cases}$ 也是没有基本周期的.

事实上,对常函数而言,任意正实数都是其周期,正实数中没有最小的. 对于函数 $D(x)$, 任意大于零、小于等于 1 的有理数都是它的周期,但同样因为正有理数中没有最小的,所以 $D(x)$ 是周期函数,但没有基本周期.

函数是变数也是一个代数,因此函数有类似于数和代数的运算. 这种运算一方面能合成一些有用的新函数,另一方面也方便求一些较为复杂的函数的定义域. 为此,我们给出下列函数的运算.

定义 1.3.3(函数的四则运算) 设 $f(x)$, $x\in D(f)$, $g(x)$, $x\in D(g)$ 是两个给定的函数,那么,

(1) 称 $f(x)\pm g(x)$, $x\in D(f)\cap D(g)$ 为函数 $f(x)$ 与 $g(x)$ 的和;

(2) 称 $f(x)\cdot g(x)$, $x\in D(f)\cap D(g)$ 为函数 $f(x)$ 与 $g(x)$ 的积;

(3) 称 $\dfrac{f(x)}{g(x)}$, $x\in D(f)\cap D(g)-\{x\mid g(x)=0\}$ 为函数 $f(x)$ 与 $g(x)$ 的商.

定义 1.3.4 设 $y=f(x)$, $x\in D(f)$ 和 $u=g(x)$, $x\in D(g)$ 是两个函数,那么称 $f(u)=f[g(x)]$, $x\in\{x\mid g(x)\in D(f), x\in D(g)\}\neq\varnothing$ 为函数 $y=f(x)$ 与 $u=g(x)$ 的复合函数,复合函数常记为 $f\circ g$. 复合函数是说变量 x 影响变量 y 是通过影响中间变量 u, 再由中间变量 u 影响因变量 y, 或说变量 y 依赖于变量 x 是借助中间变量 u 来实现的. 在一些因素影响机制的实际问题中,中间变量也称为中介. 其中,复合函数 $y=f\circ g(x)$ 中的"f"称为外层函数,$u=g(x)$ 称为内层函数. 例如 $y=\sin e^x$ 就是一个复合函数,正弦函数 $\sin u$ 为外层函数,$u=e^x$ 为内层函数(或说中间变量). 再如,$y=\sqrt{1-\sin x}$ 也是一个复合函数,中间变量是 $u=1-\sin x$. 由两个函数复合成一个新的函数的过程也说是复合运算. 比如说函数 $f(x)=\cos x$ 与 $g(x)=\arctan x$ 的复合运算结果是 $\cos(\arctan x)$.

定义 1.3.5 设 $y=f(x)$, $x\in D(f)$, $y\in R(f)$ 是一个给定的函数,如果对任意的 $y\in R(f)$ 在对应规则"f"下能唯一确定 $D(f)$ 中的 x, 由函数的定义知 x 是 y 的函数,记为

$x = f^{-1}(y)$,这个函数称为 $y = f(x)$ 的反函数,此时,也称 $y = f(x)$ 为 $x = f^{-1}(y)$ 的初始函数.习惯上,把反函数 $x = f^{-1}(y)$ 仍写成 $y = f^{-1}(x)$ 的形式.从定义知道,$y = f(x)$ 是一一对应函数,反函数 $f^{-1}(x)$ 的反函数是 $f(x)$,且初始函数与反函数互为反函数,图象是关于直线 $y = x$ 对称的.

如果视函数关系为一种运算关系,则有:

定理 1.3.1(反函数存在定理) 函数 $f(x)$ 存在反函数的充分必要条件为函数 $f(x)$ 是一一对应函数.由此知函数存在反函数的充分条件是函数为单调增函数或减函数.

定理 1.3.2(函数的逆运算) 如果 f^{-1} 是函数 f 的反函数,那么

$$f^{-1}[f(x)] = x, x \in D(f), f[f^{-1}(y)] = y = f(x), x \in D(f).$$

例 1.3.5 $y = x^3$ 是单调增函数,故存在反函数.于是从方程 $y = x^3$ 解出 x,即得到反函数 $x = \sqrt[3]{y}$,按照习惯将反函数中的 x, y 互换便得到反函数 $y = \sqrt[3]{x}$.

这就是说求一个函数 $y = f(x)$ 的反函数,只要在方程 $y = f(x)$ 中解出 x 关于 y 的表达式,然后将表达式中的 y 和 x 互换即可.

例 1.3.6 $y = \dfrac{x-1}{x+1} (x \neq 1)$ 是单调函数,故可求得反函数是 $y = \dfrac{x+1}{1-x} (x \neq 1)$.

例 1.3.7 $y = x^2$ 不是单调函数,因而反函数是不存在的.但此函数在 $[0, +\infty)$ 上是有反函数的,且反函数为 $y = \sqrt{x}$;在 $(-\infty, 0]$ 上也有反函数且为 $y = -\sqrt{x}$.

例 1.3.8 正弦函数 $y = \sin x$ 非单调函数,故而没有反函数,但正弦函数在 $\left[-\dfrac{\pi}{2}, \dfrac{\pi}{2}\right]$ 上是单调增函数,从而有反函数,记为 $y = \arcsin x, x \in [-1, 1]$,并称此函数为正弦函数的反函数.值得注意的是正弦函数没有反函数,这个反函数是正弦函数在 $\left[-\dfrac{\pi}{2}, \dfrac{\pi}{2}\right]$ 上的反函数,习惯上,这个反函数称为正弦函数 $\sin x$ 的反函数.类似地还有其他反三角函数.

有了函数的概念,数列 y_n 被定义为正整数集上的函数,定义域为 $\mathbf{N}$,于是数列也有有界数列、单调数列之说,这里不再一一叙述了.

下面看一些有关函数概念的例子.

1.3.4 函数概念举例

例 1.3.9 已知 $f(x) = \sqrt{\dfrac{1-3x}{4-x}}$,求 $f(0), f(5), D(f)$.

解 求 $f(0)$ 只要将 $x = 0$ 代入函数式即可求之,即 $f(0) = \sqrt{\dfrac{1}{4}} = \dfrac{1}{2}$,同理 $f(5) = \sqrt{14}$.首先,函数 $\dfrac{1-3x}{4-x}$ 的定义域为 $x \neq 4$ 的一切实数,函数 $\sqrt{x}$ 的定义域为 $x \geqslant 0$ 的实数,故所求函数的定义域为 $\left\{x \mid x \neq 4, \dfrac{1-3x}{4-x} \geqslant 0, x \in \mathbf{R}\right\}$,即可得函数的定义域为 $D(f) =$

$\left(-\infty, \dfrac{1}{3}\right] \cup (4, +\infty).$

例 1.3.10 求 $f(x, y) = \dfrac{1}{1-x^2}\sqrt{4-y^2} + \ln(4-y) + \arcsin x$ 的定义域 $D(f)$，并计算 $f\left(\dfrac{\sqrt{2}}{2}, 0\right)$，$\dfrac{f(0+\Delta x, 0+\Delta y) - f(0, 0)}{\sqrt{(\Delta x)^2 + (\Delta y)^2}}$.

解 因为 $\dfrac{1}{1-x^2}$ 的定义域为 $x \neq \pm 1$，$\sqrt{4-y^2}$ 的定义域为 $-2 \leqslant y \leqslant 2$，$\ln(4-y)$ 的定义域为 $y < 4$，$\arcsin x$ 的定义域为 $-1 \leqslant x \leqslant 1$，因此，由函数的运算知

$$D(f) = \{(x, y) \mid -1 < x < 1, -2 \leqslant y \leqslant 2\}.$$

$$f\left(\dfrac{\sqrt{2}}{2}, 0\right) = \dfrac{1}{1-\left(\dfrac{\sqrt{2}}{2}\right)^2}\sqrt{4-0} + \ln(4-0) + \arcsin\dfrac{\sqrt{2}}{2} = 3 + 2\ln 2 + \dfrac{\pi}{4},$$

$$\dfrac{f(0+\Delta x, 0+\Delta y) - f(0, 0)}{\sqrt{(\Delta x)^2 + (\Delta y)^2}} = \dfrac{\sqrt{4-(\Delta y)^2} + [1-(\Delta x)^2][\ln(4-\Delta y) + \arcsin \Delta x - 2 - 2\ln 2]}{[1-(\Delta x)^2]\sqrt{(\Delta x)^2 + (\Delta y)^2}}.$$

例 1.3.11 下列各小题中，函数 $f(x)$ 与 $g(x)$ 是否相同？

(1) $f(x) = \sqrt{x^2}$ 与 $g(x) = |x|$；(2) $f(x) = \sqrt{x^2}$ 与 $g(x) = x$；

(3) $f(x) = \ln x^2$ 与 $g(x) = 2\ln x$；(4) $f(x) = \dfrac{x}{x(1-x)}$ 与 $g(x) = \dfrac{1}{1-x}$.

解 (1) 相同，因为定义域相同，对应关系也相同.
(2) 不相同，因为对应关系不同，即 $f(x) = |x|$ 而 $g(x) = x$.
(3) 不相同，因为定义域不同，即 $D(f) = \{x \mid x \neq 0\}$，$D(g) = \{x \mid x > 0\}$.
(4) 不相同，因为定义域不同，即 $D(f) = \{x \mid x \neq 0, x \neq 1\}$，$D(g) = \{x \mid x \neq 1\}$.

例 1.3.12 设 $f(x) = \dfrac{x}{1+x}$，求 $f\left(\sin\dfrac{\pi}{6}\right)$，$f\left(\dfrac{1}{x}\right)$，$\dfrac{f(1+x) - f(1)}{x}$.

解 $f\left(\sin\dfrac{\pi}{6}\right) = \dfrac{\sin\dfrac{\pi}{6}}{1+\sin\dfrac{\pi}{6}} = \dfrac{\dfrac{1}{2}}{1+\dfrac{1}{2}} = \dfrac{1}{3},$

$$f\left(\dfrac{1}{x}\right) = \dfrac{\dfrac{1}{x}}{1+\dfrac{1}{x}} = \dfrac{1}{1+x},$$

$$\dfrac{f(1+x) - f(1)}{x} = \dfrac{\dfrac{1+x}{1+(1+x)} - \dfrac{1}{2}}{x} = \dfrac{1}{4+2x}.$$

例 1.3.13 设 $f(x)=\sqrt{x^2}$，$g(x)=x\operatorname{sgn}(x)$，求 $f(x)+g(x)$，$f(x)\cdot g(x)$，$\dfrac{f(x)}{|g(x)|+1}$.

解 当 $x>0$ 时，$f(x)+g(x)=2x$；当 $x=0$ 时，$f(x)+g(x)=0$；当 $x<0$ 时 $f(x)+g(x)=-2x$. 因此，$f(x)+g(x)=2x\operatorname{sgn}(x)$.

类似地，有 $f(x)\cdot g(x)=x^2$.

当 $x>0$ 时，$\dfrac{f(x)}{|g(x)|+1}=\dfrac{x}{x+1}$；

当 $x<0$ 时，$\dfrac{f(x)}{|g(x)|+1}=\dfrac{-x}{x+1}$；

当 $x=0$ 时，$\dfrac{f(x)}{|g(x)|+1}=0$.

例 1.3.14* 求无穷级数 $\sum\limits_{n=1}^{\infty}\dfrac{2^n}{3^n}$ 与 $\sum\limits_{n=1}^{\infty}\dfrac{1}{n(n+1)}$ 的部分和数列.

解 $\sum\limits_{n=1}^{\infty}\dfrac{2^n}{3^n}$ 的部分和 $S_n=\sum\limits_{i=1}^{n}\dfrac{2^i}{3^i}=\sum\limits_{i=1}^{n}\left(\dfrac{2}{3}\right)^i=2-2\left(\dfrac{2}{3}\right)^n$；

$\sum\limits_{n=1}^{\infty}\dfrac{1}{n(n+1)}$ 的部分和 $S_n=\sum\limits_{i=1}^{n}\dfrac{1}{i(i+1)}=\sum\limits_{i=1}^{n}\left(\dfrac{1}{i}-\dfrac{1}{i+1}\right)=1-\dfrac{1}{n+1}$.

例 1.3.15* 求 $\sum\limits_{n=1}^{\infty}nx^n$ 的部分和.

解 令 $S_n=\sum\limits_{k=1}^{n}kx^k$，则 $xS_n=x\sum\limits_{k=1}^{n}kx^k=\sum\limits_{k=1}^{n}kx^{k+1}$. 于是有

$$S_n-xS_n=x+x^2+x^3+\cdots+x^n-nx^{n+1}=\dfrac{x(1-x^n)+nx^{n+2}-nx^{n+1}}{1-x},$$

进而可得 $S_n=\dfrac{x(1-x^n)+nx^{n+2}-nx^{n+1}}{(1-x)^2}$.

练习 1.3

1. 求 $f(1)$，$f\left(-\dfrac{1}{2}\right)$，$f(0)$. 如果：(1) $f(x)=x-[x]$；(2) $f(x)=\operatorname{sgn}(x)$.

2. 设 $f(x,y)=\dfrac{x}{y}$，求 $f(1,2)$，$\dfrac{f(1+\Delta x,2+\Delta y)-f(1,2)}{\sqrt{(\Delta x)^2+(\Delta y)^2}}$.

3. 求函数 $f(x)=\sqrt{\dfrac{1+x}{1-x}}$ 与 $g(x)=\lg(\sin x)$ 的定义域.

4. 已知 $f(x)=\dfrac{x-1}{1+x}$，求 $f\left(\dfrac{1}{x}\right)$，$f(\tan^2 x)$.

5. 指出下列函数是由哪些简单函数复合而成的：

(1) $y=\sqrt{\dfrac{1}{x}+\sqrt{\dfrac{1}{x}}}$；(2) $y=\lg(2+\sqrt{\arctan x}\,)$；(3) $y=2^{x\lg x}$.

6. 求函数 $y=\dfrac{ax+b}{cx+d}$ 与 $y=(x^2+1)\operatorname{sgn} x$ 的反函数.

7. 证明函数 $f(x)=\dfrac{x^2}{1+x^2}$ 是有界的偶函数.

8. 证明如果偶函数 $f(x)$ 与 $-x-2$ 的复合函数是奇函数,那么这个偶函数是周期函数,并求基本周期.

9. 设厂商对某商品的年需求量为 R,价格为 p,每次订购费用为 c,订货批量为 Q,每件商品的年保管费率为 i,进货周期为 T,试建立年总费用与批量的函数关系.

10*. 求无穷级数 $\displaystyle\sum_{n=1}^{\infty}\dfrac{1}{(3n-2)(3n+1)}$ 的部分和 S_n.

11*. 求无穷级数 $\displaystyle\sum_{n=1}^{\infty}(\sqrt{n+2}-2\sqrt{n+1}+\sqrt{n})$ 的部分和 S_n.

12*. 求无穷级数 $\displaystyle\sum_{n=1}^{\infty}\dfrac{2n}{5^n}$ 的部分和 S_n.

1.4 初等函数

1.4.1 基本初等函数

常函数、幂函数、指数函数、对数函数、三角函数、反三角函数都被称为基本初等函数.

1. 常函数

常函数 $y=C$ 的定义域为实数集(图 1-11).

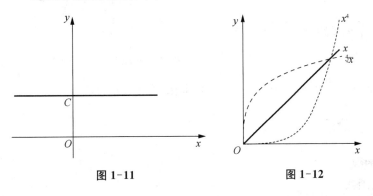

图 1-11　　　　　图 1-12

2. 幂函数

幂函数 $y=x^\alpha$,α 为任意给定的实数,其定义域依 α 变化而变化(图 1-12). 特别是 $\alpha=n$ 时,有两个运算式要重视.

(1) 二项展开

$$(x+y)^n = x^n + nx^{n-1}y + \cdots + \frac{n(n-1)\cdots(n-k+1)}{k!}x^{n-k}y^k + \cdots + nxy^{n-1} + y^n.$$

(2) n 方和公式

$$x^n - y^n = (x-y)(x^{n-1} + x^{n-2}y + x^{n-3}y^2 + \cdots + xy^{n-2} + y^{n-1}),$$
$$x^n + y^n = (x+y)(x^{n-1} - x^{n-2}y + x^{n-3}y^2 - \cdots - xy^{n-2} + y^{n-1}) \quad (n \text{ 为奇数时}).$$

3. 指数函数

指数函数 $y = a^x (a > 0, a \neq 1)$，其定义域为 $(-\infty, +\infty)$，其图象如图 1-13 所示 $(a > 1)$.

指数还有下列运算式：

(1) $a^x \cdot a^y = a^{x+y}$； (2) $(a^x)^y = a^{xy}$； (3) $\left(\dfrac{b}{a}\right)^x = \dfrac{b^x}{a^x}$； (4) $a^0 = 1$, $a^{-1} = \dfrac{1}{a}$ $(a \neq 0)$.

4. 对数函数

对数函数 $y = \log_a x (a > 0, a \neq 1)$，其定义域为 $(0, +\infty)$，对数函数是指数函数的反函数. 当 $a = 10$ 时，称为常用对数函数，记为 $y = \lg x$；当 $a = e$ 时，称为自然对数，记为 $y = \ln x$. $\log_a x$ 和 $\log_{\frac{1}{a}} x$ 的图象如图 1-14 所示 $(a > 1)$.

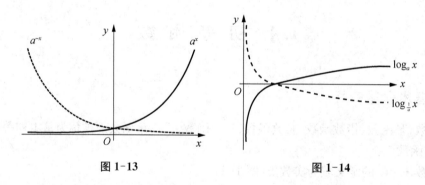

图 1-13 图 1-14

对数还有下列运算式：

(1) $a^{\log_a x} = x$；

(2) $\log_a x + \log_a y = \log_a xy$；

(3) $\log_a x - \log_a y = \log_a \dfrac{x}{y}$；

(4) $\log_a x^y = y \log_a x$；

(5) $\log_x y = \dfrac{\log_c y}{\log_c x}$.

5. 三角函数

(1) 正弦函数

$y = \sin x$，定义域为 $(-\infty, +\infty)$，值域为 $[-1, 1]$，是奇函数、基本周期为 2π 的周期函数，也是有界函数. 图象如图 1-15 所示.

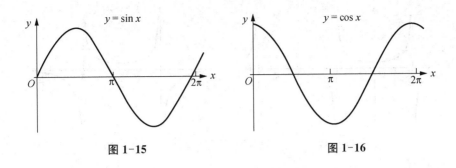

图 1-15　　　　　　　　　　图 1-16

(2) 余弦函数

$y=\cos x$,定义域为 $(-\infty,+\infty)$,值域为 $[-1,1]$,是偶函数、基本周期为 2π 的周期函数,也是有界函数.图象如图 1-16 所示.

(3) 正切函数

$y=\tan x$,定义域为 $x\neq k\pi+\dfrac{\pi}{2},k\in \mathbf{I}$ 的一切实数,值域为 $(-\infty,+\infty)$,是奇函数、基本周期为 π 的周期函数、非有界函数.图象如图 1-17 所示.

(4) 余切函数

$y=\cot x$,定义域为 $x\neq n\pi\,(n\in \mathbf{I})$ 的一切实数,值域为 $(-\infty,+\infty)$,是奇函数、基本周期为 π 的周期函数、非有界函数.图象如图 1-18 所示.

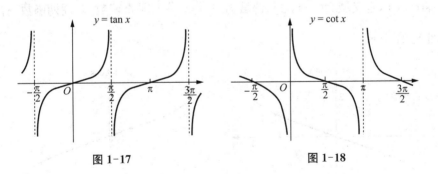

图 1-17　　　　　　　　　　图 1-18

(5) 正割函数

$y=\sec x=\dfrac{1}{\cos x}$,定义域为 $x\neq k\pi+\dfrac{\pi}{2},k\in \mathbf{I}$ 的一切实数,值域为 $(-\infty,-1]\cup[1,+\infty)$,是偶函数、基本周期为 π 的周期函数、非有界函数.图象如图 1-19 所示.

(6) 余割函数

$y=\csc x=\dfrac{1}{\sin x}$,定义域为 $x\neq n\pi\,(n\in \mathbf{I})$ 的一切实数,值域为 $(-\infty,-1]\cup[1,+\infty)$,是奇函数、基本周期为 π 的周期函数、非有界函数.图象如图 1-20 所示.

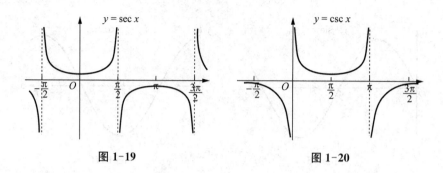

图 1-19　　　　　　　　　图 1-20

这六个函数有下列恒等式：

$$\sin^2 x + \cos^2 x = 1;\ \tan^2 x + 1 = \sec^2 x;\ \cot^2 x + 1 = \csc^2 x;$$
$$\sin x \cdot \csc x = 1;\ \cos x \cdot \sec x = 1;\ \tan x \cdot \cot x = 1.$$

另外，前四个三角函数还有下列运算式：

$$\sin(x+y) = \sin x \cos y + \cos x \sin y;\ \cos(x+y) = \cos x \cos y - \sin x \sin y;$$
$$\sin 2x = 2\sin x \cos x;\ \cos 2x = \cos^2 x - \sin^2 x = 1 - 2\sin^2 x = 2\cos^2 x - 1.$$

6. 反三角函数

（1）反正弦函数

$y = \arcsin x$，定义域为 $[-1, 1]$，值域为 $\left[-\dfrac{\pi}{2}, \dfrac{\pi}{2}\right]$，是奇函数、非周期函数、有界函数. 图象如图 1-21 所示.

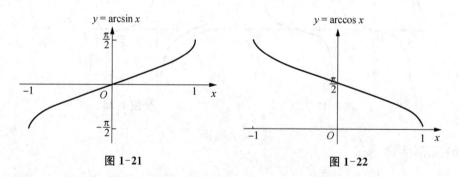

图 1-21　　　　　　　　　图 1-22

（2）反余弦函数

$y = \arccos x$，定义域为 $[-1, 1]$，值域为 $[0, \pi]$，是非奇非偶函数、非周期函数、有界函数. 图象如图 1-22 所示.

（3）反正切函数

$y = \arctan x$，定义域为 $(-\infty, +\infty)$，值域为 $\left(-\dfrac{\pi}{2}, \dfrac{\pi}{2}\right)$，是奇函数、非周期函数、有界函数. 图象如图 1-23 所示.

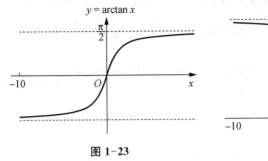
图 1-23
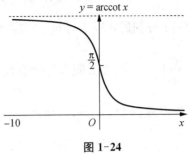
图 1-24

(4) 反余切函数

$y=\operatorname{arccot} x$,定义域为$(-\infty,+\infty)$,值域为$(0,\pi)$,是非奇非偶函数、非周期函数、有界函数. 图象如图 1-24 所示.

初等函数是由基本初等函数经有限次四则运算、复合运算以及逆运算得到的函数,由初等函数经有限次四则运算、复合运算、逆运算得到的函数也为初等函数. 通常,分段函数不是初等函数.

1.4.2 经济函数

经济函数是经济学中的变量间的函数关系. 最常见的是下面几个经济函数.

(1) 需求函数

商品的需求量 Q_d 与其价格 p 的关系称为需求函数,记为 $Q_d = Q(p)$,其反函数又被称为价格函数,记为 $p = Q^{-1}(Q_d)$. 经济学中的需求法则:通常,商品的需求量与其价格是成反向变化的,这意味着需求函数是单减函数.

(2) 供给函数

商品的供给量 Q_s 与其价格的函数关系称为供给函数,记为 $Q_s = Q(p)$,经济学中的供给法则:通常,商品的供给量与价格是成正向变化的,这意味着供给函数是价格的递增函数.

(3) 收益函数

收益函数 $R(x)$ 是收益 R 与产量 x 的函数关系,通常为商品的产量 x 与其价格 p 的积,即 $R(x) = px$.

(4) 成本函数

总成本是固定成本 C_0 与变动成本之和,而变动成本 $C_v(x)$ 是产量的函数,故总成本函数 $C(x) = C_0 + C_v(x)$;平均成本函数为 $\bar{C}(x) = \dfrac{C(x)}{x}$.

(5) 利润函数

利润为收益与成本之差,故利润函数 $g(x) = R(x) - C(x)$.

(6) 货币积累函数与贴现函数

设 t 期初有 1 个单位的货币,在利率 r 作用下,t 期末的价值记为 $A(t)$,这个价值称为积累值,$A(t)$ 也称为积累函数. $A(t)$ 的计算分单利、复利和连续复利几种常见的方式. 按单

利计算为 $A(t)=1+tr$；按复利计算则为 $(1+r)^t$；如果是连续复利，即每时每刻都在计利，则我们将时间 t 分割成 n 段小时间，割得弥细，第 n 段的利率近似为 $\frac{r}{n}$，仍按复利计算，则有 $A(t)=\left(1+\frac{r}{n}\right)^{nt}$. 反之，在 t 期末的价值为 1 货币单位，则期初的价值为 $\frac{1}{(1+r)^t}$ 货币单位，此函数常称为贴现函数，记为 $d(t)=\frac{1}{(1+r)^t}$. 下一章会给出无限细分之下的积累函数 $A(t)=e^{rt}$，相应的贴现函数为 $d(t)=e^{-rt}$.

例 1.4.1 某生产厂商生产某商品，年产量为 x 百台，总成本为 C 万元，其中，固定成本为 2 万元，且每产 1（百台）成本增加 1 万元，市场的需求函数为 $p=4-0.5x$，假设产销平衡，求厂商的利润函数 $g(x)$.

解 依题意可得厂商的收益函数为 $R(x)=xp=4x-0.5x^2$，总成本函数等于固定成本与变动成本之和，即 $C(x)=2+x$，因此，可得到厂商的利润函数为

$$g(x)=R(x)-C(x)=4x-0.5x^2-2-x=-2+3x-0.5x^2.$$

例 1.4.2 某厂商生产两种产品，当产量分别为 x,y 时，厂商按市场需求进行生产，且生产的总成本为 $C(x,y)=x^2+xy+y^2$，又这两种产品的需求函数分别为 $x=-2p_1+p_2+40$，$y=-p_2+p_1+15$. 建立厂商的利润函数 $g(x,y)$.

解 依题意可得厂商的收益函数为 $R(x,y)=p_1x+p_2y$，即

$$R(x,y)=p_1x+p_2y=55x+70y-2xy-x^2-2y^2,$$

于是，厂商的利润函数为 $g(x,y)=R(x,y)-C(x,y)$，即有

$$g(x,y)=-2x^2-3y^2-3xy+55x+70y.$$

例 1.4.3 某公司对一项芯片制造设施进行投资评估. 该设施预期有五年的使用寿命，在初始投资支出后产生的现金流如表 1-2 所示.

表 1-2 现金流量表

年末(t)	现金流量
1	+1 000 000
2	+1 500 000
3	−500 000
4	+2 000 000
5	+1 000 000

设此项目年利率为 10%，求项目初始投资支出.

解 各期的贴现因子为 $\frac{1}{(1+0.1)^t}$，各期的现值为流量 c_t 乘上贴现因子 $\frac{1}{(1+0.1)^t}$，最后将各期现值累加起来便是这一项目初始投资支出. 将计算结果列入表 1-3.

表 1-3 各期贴现因子和现值表

年末(t)	现金流量	贴现因子	现值
1	+1 000 000	0.909 09	909 090
2	+1 500 000	0.826 45	1 239 675
3	−500 000	0.751 31	−375 655
4	+2 000 000	0.683 01	1 366 020
5	+1 000 000	0.620 92	620 920
累计现值			3 760 050

例 1.4.4 某厂商生产某产品需要两种要素投入,投入量分别记为 x 和 y, Q 为产品的需求量,两种要素的价格是不变的且分别为 p_x 和 p_y. 产量为 P,产品是按需生产的且市场需求函数为 $p=74-6Q$;如果此产品生产期为 t 年,年利率为 r,试构建利润函数.

解 依题意,产量即为需求量,故 Q 是 x, y 的函数,于是有收益函数

$$R(x,y)=(74-6Q)Q=74Q(x,y)-6Q^2(x,y),$$

成本函数为 $C(x,y)=p_x x+p_y y$,显然销售收益与成本支付滞后 t 年,收益与成本的比较必须在生产期初或期末,于是按连续复利计算.

在期末,即将收益与成本的积累值相减可得利润函数

$$g(x,y,t)=R(x,y)-C(x,y)e^{rt}.$$

在期初,即将现值进行比较,利润函数则为

$$g(x,y,t)=R(x,y)e^{-rt}-C(x,y).$$

1.4.3 函数运算举例

例 1.4.5 化:(1) $\dfrac{x^m-2+x^n}{x-1}$;(2) $\dfrac{\sqrt[m]{x}-\sqrt[n]{x}}{x-1}$ 两式成为在 $x=1$ 处有意义的表达式.

解 (1) $\dfrac{x^m-2+x^n}{x-1}=\dfrac{x^m-1}{x-1}+\dfrac{x^n-1}{x-1}$

$$=\dfrac{(x-1)(x^{m-1}+x^{m-2}+\cdots+x+1)}{x-1}+\dfrac{(x-1)(x^{n-1}+x^{n-2}+\cdots+x+1)}{x-1}$$

$$=\sum_{i=0}^{m-1}x^i+\sum_{i=0}^{n-1}x^i.$$

(2) $\dfrac{\sqrt[m]{x}-\sqrt[n]{x}}{x-1}=\dfrac{\sqrt[m]{x}-1-(\sqrt[n]{x}-1)}{x-1}$

$$=\dfrac{1}{(\sqrt[m]{x})^{m-1}+\cdots+\sqrt[m]{x}+1}-\dfrac{1}{(\sqrt[n]{x})^{n-1}+\cdots+\sqrt[n]{x}+1}.$$

例 1.4.6 计算 $\sqrt{x\sqrt{x\sqrt{x\sqrt{x\sqrt{x}}}}}$.

解 $\sqrt{x\sqrt{x\sqrt{x\sqrt{x\sqrt{x}}}}} = \sqrt{x\sqrt{x\sqrt{x\sqrt{x^{\frac{3}{2}}}}}} = \sqrt{x\sqrt{x\sqrt{x^{\frac{7}{4}}}}}$
$= \sqrt{x\sqrt{x^{\frac{15}{8}}}} = \sqrt{x^{\frac{31}{16}}} = x^{\frac{31}{32}}.$

例 1.4.7 化简：(1) $\cos(x+\Delta x) - \cos x$；(2) $\sin^8 x + \cos^8 x$.

解 (1) $\cos(x+\Delta x) - \cos x = \cos x(\cos \Delta x - 1) - \sin x \sin \Delta x$

$$= -2\cos x \sin^2 \frac{\Delta x}{2} - 2\sin x \cos \frac{\Delta x}{2} \sin \frac{\Delta x}{2}$$

$$= -2\sin\left(\frac{\Delta x}{2} + x\right)\sin \frac{\Delta x}{2}.$$

(2) $\sin^8 x + \cos^8 x = \sin^8 x + 2\sin^4 x \cos^4 x + \cos^8 x - 2\sin^4 x \cos^4 x$

$$= (\sin^4 x + \cos^4 x)^2 - \frac{1}{8}\sin^4 2x$$

$$= (\sin^4 x + 2\sin^2 x \cos^2 x + \cos^4 x - 2\sin^2 x \cos^2 x)^2 - \frac{1}{8}\sin^4 2x$$

$$= \left(1 - \frac{1}{2}\sin^2 2x\right)^2 - \frac{1}{8}\sin^4 2x$$

$$= \left(1 - \frac{1-\cos 4x}{4}\right)^2 - \frac{1}{8}\sin^4 2x$$

$$= \frac{9 + 6\cos 4x + \frac{\cos 8x + 1}{2}}{16} - \frac{1}{8}\sin^4 2x$$

$$= \frac{19}{32} + \frac{3}{8}\cos 4x + \frac{1}{32}\cos 8x - \frac{3}{64} + \frac{1}{16}\cos 4x - \frac{1}{64}\cos 8x$$

$$= \frac{35}{64} + \frac{7}{16}\cos 4x + \frac{1}{64}\cos 8x.$$

例 1.4.8* 求 $\sum_{k=1}^{\infty} \cos kx \, (x \in [-\pi, 0) \cup (0, \pi])$ 的部分和数列 S_n.

解 对任意的 $x \in [-\pi, 0) \cup (0, \pi]$，有

$$S_n = \sum_{k=1}^{n} \cos kx = \frac{1}{\sin \frac{x}{2}} \sum_{k=1}^{n} \cos kx \sin \frac{x}{2}$$

$$= \frac{1}{2\sin \frac{x}{2}} \sum_{k=1}^{n} \left[\sin\left(k + \frac{1}{2}\right)x - \sin\left(k - \frac{1}{2}\right)x\right]$$

$$= \frac{1}{2\sin \frac{x}{2}} \left[\sin\left(n + \frac{1}{2}\right)x - \sin \frac{x}{2}\right]$$

$$=\frac{\sin\left(n+\frac{1}{2}\right)x}{2\sin\frac{x}{2}}-\frac{1}{2}.$$

例 1.4.9 (1) 化 $\sin x - \sin x_0$ 为积的形式；(2) 化 $a\cos x + b\sin x$ 为一个余弦或正弦函数的形式.

解 (1) $\sin x - \sin x_0 = \sin(x-x_0+x_0) - \sin x_0$
$$= \sin(x-x_0)\cos x_0 + \cos(x-x_0)\sin x_0 - \sin x_0$$
$$= \sin(x-x_0)\cos x_0 + [\cos(x-x_0)-1]\sin x_0$$
$$= 2\sin\frac{x-x_0}{2}\left(\cos\frac{x-x_0}{2}\cos x_0 - \sin\frac{x-x_0}{2}\sin x_0\right)$$
$$= 2\sin\frac{x-x_0}{2}\cos\frac{x+x_0}{2}.$$

(2) $a\cos x + b\sin x = \sqrt{a^2+b^2}\left(\frac{a}{\sqrt{a^2+b^2}}\cos x + \frac{b}{\sqrt{a^2+b^2}}\sin x\right)$
$$= \sqrt{a^2+b^2}\cos(x-\theta), \text{其中}, \theta = \arctan\frac{b}{a}.$$

或者，$a\cos x + b\sin x = \sqrt{a^2+b^2}\left(\frac{a}{\sqrt{a^2+b^2}}\cos x + \frac{b}{\sqrt{a^2+b^2}}\sin x\right)$
$$= \sqrt{a^2+b^2}\sin(x+\theta), \text{其中}, \theta = \arctan\frac{a}{b}.$$

练习1.4

1. 化简下列各式：

(1) $\dfrac{(x+\Delta x)^n - x^n}{\Delta x}$;

(2) $e^{e^{e^x}} \cdot e^{e^x} \cdot e^x$;

(3) $\dfrac{x-1}{\sqrt[3]{x}-1}$;

(4) $\left(\sin\dfrac{1}{x} + \cos\dfrac{1}{x}\right)^x$;

(5) $\dfrac{x^2+3x+2}{x^2-x-2}$;

(6) $(\lg 5)^2 + \lg 2 \cdot \lg 50$;

(7) $\dfrac{\sin x + \cos x}{\sec x + \csc x}$;

(8) $\dfrac{8\sin x - \sec^2 x}{\sec^3 x}$;

(9) $\dfrac{\sin 2x}{1+\cos 2x} \cdot \dfrac{\cos x}{1+\cos x}$;

(10) $\dfrac{\cos 2x - \cos 6x}{\sin 2x - \sin 6x}$.

2. 证明 $\dfrac{1}{1+\cos x} = \sec^2 x - \dfrac{\cos x}{\sin^2 x}$.

3. 计算 $\cos\dfrac{x}{2} \cdot \cos\dfrac{x}{2^2} \cdot \cos\dfrac{x}{2^3} \cdot \cdots \cdot \cos\dfrac{x}{2^n}$.

4. 计算 $\dfrac{\sin x+\sin 3x+\sin 5x+\sin 7x}{\cos x+\cos 3x+\cos 5x+\cos 7x}$.

5. 设 $y=f(x)$, $x=g(t)$, 求 $y=f[g(t)]$:

(1) $f(x)=\sin x$, $g(t)=2\arctan t$;

(2) $f(x)=\cos x$, $g(t)=2\arctan t$;

(3) $f(x)=\arcsin 2x\sqrt{1-x^2}$, $g(t)=\sin t$;

(4) $f(x)=\operatorname{sgn} x$, $g(t)=\sin\dfrac{\pi}{t}$.

6. 求下列函数的反函数:

(1) $y=1+2\sin\dfrac{x-1}{x+1}$;   (2) $y=\dfrac{x}{2}\pm\sqrt{\dfrac{x^2}{4^2}-1}$;

(3) $y=\dfrac{\sqrt[3]{1+x}-\sqrt[3]{1-x}}{\sqrt[3]{1+x}+\sqrt[3]{1-x}}$;   (4) $y=\dfrac{e^x+e^{-x}}{e^x-e^{-x}}+1$.

7. 计算 $y_n=\sqrt{2}\cdot\sqrt[4]{2}\cdot\sqrt[8]{2}\cdots\sqrt[2^n]{2}$.

8*. 求无穷级数 $\sum\limits_{n=1}^{\infty}q^n\cos nx$ 的部分和数列 S_n.

9*. 求无穷级数 $\sum\limits_{n=1}^{\infty}(-q)^n$ 的偶数项的部分和 S_{2n}.

10. 设厂商生产某商品的总成本函数为 $C(x)=ax^2\cdot\dfrac{x+b}{x+c}$, 商品的需求函数为 $x=\dfrac{b}{p}-a$, 求厂商生产此商品的利润函数和平均成本函数.

11. 某厂商生产某产品需要材料 5 170 吨, 每次订货费用为 570 元, 每吨材料单价为 600 元, 年库存保管费用率为 14.2%, 建立每次进货的总费用与批量的函数关系.

12. 设某厂商的收益函数是产量 x 的二次函数, 且由统计得知: 产量分别为 0, 2, 4 时, 收益分别为 0, 6, 8, 建立收益和产量的函数关系.

学习要点与要求

(1) 要点: 割圆术, 变量, 变域, 实数, 实数的绝对值, 三角不等式, 平均不等式, 实数集, 区间, 邻域, 有界闭区域, 函数, 一元函数, 多元函数, 函数的四种表达形式, 分段函数, 符号函数, 取整函数, 函数的定义域, 值域, 图象, 有界性, 单调性, 对称性, 周期性, 函数运算(四则运算, 复合运算, 逆运算, 逆函数存在条件), 初等函数, 经济函数(需求函数, 供给函数, 收益函数, 成本函数, 利润函数, 积累函数, 贴现函数), 数列, 级数*(通项, 部分和), 数学归纳法, 数学模型, 数学建模.

(2) 要求: 知道割圆术, 了解变量与变域, 熟悉区间与有界闭区域, 理解函数的定义, 掌握函数二要素,熟悉一元函数,知道多元函数,掌握函数的有界性、单调性、周期性和函数的四种表达形式,知道数学模型,会构建简单的数学模型,能用数学归纳法证明与正整数有关的命题,掌握函数的运算,会因式分解,能进行幂运算,会做二项式展开,能进行对数运算,掌握三角函数的诱导公式、同角的三角关系、三角函数的和角公式、倍角公式,会求函数的定义域和函数的值,会做函数的运算(四则运算,复合函数运算,逆运算),知道无穷级数*的通项与部分和.

习 题 1

1. 利用割圆术求由曲线 $y=x^4$,直线 $x=0$,$x=1$,$y=0$ 围成的曲边三角形的面积. $\left(\text{提示}:1^4+2^4+\cdots+n^4=\dfrac{n(n+1)(2n+1)(3n^2+3n-1)}{30}\right)$

2. 利用割圆术求由 $y=2^x$,直线 $x=0$,$x=1$,$y=0$ 所围成曲边梯形的面积.

3. 设集合 $A=\{1,2,3\}$,$B=\{2,4,5\}$,$C=\{1,3,5\}$,计算 $A\cup B$,$B\cap C$,$(A\cup B)\cap C$,$(B\cap C)\cup(A\cap C)$.

4. 设集合 $A=\{x\,|\,|x-2|>10,\ x\in\mathbf{R}\}$,$B=\{x\,|\,|x|>|x+1|,\ x\in\mathbf{R}\}$,$C=\{x\,|\,|x-1|<12,\ x\in\mathbf{R}\}$,计算 $A\cup B$,$B\cap C$.

5. 求下列函数的定义域并用区间表示:

(1) $y=\sqrt{\sin\sqrt{x}}$; (2) $y=\arcsin\dfrac{2x}{1+x}$.

6. 已知 $f(x^2+1)=x^4+5x^2+3$,求 $f(x^2-1)$.

7. 设 $z=x+y+f(x-y)$,求 $f(x)$ 和 z.

8. 求下列分段函数的定义域,并计算 $f\left(\dfrac{\pi}{2}\right)$:

(1) $f(x)=\begin{cases}\dfrac{\sin x}{x}, & x\neq 0, \\ \cos x, & x=0;\end{cases}$ (2) $f(x)=\begin{cases}\dfrac{1}{x-1}, & x<0, \\ x^2, & 0<x<1, \\ \dfrac{\cos x}{x}, & 1\leqslant x\leqslant 2.\end{cases}$

9. 求下列函数的值域并说明其有界性:

(1) $f(x)=\dfrac{1}{(x-1)(2x-1)}$; (2) $f(x)=\dfrac{1}{2x^2-x+1}$.

10. 设 $f(x)=x^3$,计算 $\dfrac{f(x+h)-f(x)}{h}$.

11. 设 $f(x,y)=\sin x+\cos y$,计算 $\dfrac{f(x+\Delta x,y+\Delta y)-f(x,y)}{\sqrt{(\Delta x)^2+(\Delta x)^2}}$.

12*. 求无穷级数 $\sum\limits_{n=1}^{\infty} \dfrac{2^n}{3^n} \sin \dfrac{2n}{3}$ 的部分和 S_n.

13*. 求无穷级数 $\sum\limits_{n=1}^{\infty} \sin \dfrac{n}{2^n}$，$\sum\limits_{n=1}^{\infty} \dfrac{1}{2^n} \tan \dfrac{x}{2^n}$ 的部分和 S_n.

14*. 求无穷级数 $\sum\limits_{n=1}^{\infty} \log_a \cos 2^n x \left(0 < x < \dfrac{\pi}{2}\right)$ 的部分和 S_n.

15. 某运输公司规定货物的吨公里运费标准为：不超过 l 吨公里，每吨公里价格为 p 元；超过 l 吨公里，每增加一吨公里的价格为 $2k$ 元，试建立运费 y 与吨公里数 x 的函数关系.

16. 某国企生产某种产品的最大生产能力为 a 万件，该国企接国家的指令要生产 b 万件产品，每件出厂价为 p_0 元，但国家允许完成计划后，每增加 c 万件，出厂价每件降低 p_1 元，试建立产量 q 与出厂价 p 的函数关系.

17. 某生产厂商要建一个容积为 V 的圆柱形无盖水池，池底造价是周边造价的 2 倍，且周边单位面积造价为 p 元，试构建总费用 S 与池底半径 r 的数学模型.

18. 某生产厂商生产两种产品，产量分别为 x 和 y 时的总成本为 $C(x,y) = x^2 + xy + y^2$，厂商面对这两种产品的市场需求函数分别为 $p_1 = 55 - x - y$ 和 $p_2 = 70 - x - 2y$，其中 p_1 为第一种产品的销售价格，p_2 为第二种产品的销售价格. 试建立厂商的利润 P 与产量的函数关系.

19. 用面积为 54 平方米的铁板做一个有盖长方体水箱，求水箱容积 V 关于长 x 和宽 y 的函数关系.

第 2 章 极限与连续

【学习概要】 本章学习微积分的理论基础——函数的极限与连续.本章简要回顾了第 1.1 节中的四个例子的处理过程,据此提出了数列的描述性极限概念,同时给出了数列极限的"ε-N"语言的定义(分析定义).因无穷级数的部分和为数列,故顺便引出了无穷级数*的收敛与发散的概念.基于数列极限过程首先定义了函数在无穷远点的极限,极限的一些性质、存在条件及计算法则类似数列的极限得以讨论.接下来进一步讨论了函数在有限点的极限和函数的连续性.列举了一些计算极限的例子*以示极限四则运算、重要极限的运用环境.一些可用于级数收敛的判定方法也作为例子出现在本章中.最后介绍了函数的连续性和一致连续函数*的定义,并讨论了闭区间上连续函数的重要性质(有界性、最值性、介值性以及一致连续性).标有星号 * 的为选学内容.每节都附有练习题,章末附有习题,书末附有这些题的答案或提示.

2.1 数列的极限

2.1.1 数列的极限定义

割圆术所述"割之弥细,所失弥少,割之又割,以至于不可割,则与圆周合体而无所失矣"中的"不可割"是不会有的,因为事物总是一分为二且是无限可分的,"合体而无所失矣"也是不会有的.因为所述的"合体"就是圆内接正 n 边形与圆重合,换句话说,圆内接正 n 边形面积 A_n 等于圆的面积,正 n 边形的周长 l_n 等于圆周长.这是不可能的,故"合体而无所失矣"也是不对的.但在"割之弥细"的过程中,其结果是:正 n 边形弥接近圆,也就是 A_n 弥接近圆面积,周长 l_n 弥接近圆周长,所失弥小(即 A_n 与圆面积 A 的差的绝对值弥小,l_n 与 l 的差的绝对值弥小)."割之弥细"的过程意指割的次数 n 无限增大,是不难理解的.也就是说,这一过程中将圆的面积表示成两部分的和,即正 n 边形的面积与"所失弥少"部分的和.换句话说,在"割之弥细"过程中,圆面积 A 是 A_n 的极限状态,圆周长 l 是正 n 边形周长 l_n 的极限状态,并称 A 是 A_n 的极限,l 是 l_n 的极限.类似地,例 1.1.1 中在"割之弥细"的过程中,切线是系列割线运动的最终状态,而割线斜率 S_n 无限接近的数是 $2x_0$.例 1.1.2 中在"割之弥细"的过程中,曲边三角形是系列曲边梯形不断拼成的几何图形的最终状态,而在此过程中,系列曲边梯形的面积和 $\hat{A}_n$ 当 n 无限增大时无限接近 $\dfrac{1}{3}$(即曲边三角形的面积).

例 1.1.3 中，曲顶柱体也是在"割之弥细"过程中，割出的系列小曲顶柱体不断拼成的几何体的最终状态，在此过程中 n 无限增大，系列曲顶柱体的体积和数列 $\hat{V}_n$ 无限接近 $\frac{1}{4}$（即曲顶柱体的体积）. $\frac{1}{3}$ 常被称为数列 $\hat{A}_n$ 的极限，$\frac{1}{4}$ 也被称为数列 $\hat{V}_n$ 的极限. 虽然合体是不可能的，但在"割之又割"的过程中，"被割体"却是一系列所割出的几何小块不断地拼成的几何图形这一动态过程的最终结果. 换句话说，"被割体"的面积、体积等是割出的系列小块不断拼成的几何图形的面积、体积等数列的极限. 将静止的切线、曲边三角形及曲顶柱体分别视为割出的系列折线运动的结果，割出的系列小块梯形不断拼凑的动态结果及割出的系列小曲顶柱体不断拼凑的动态结果，这种结果正是辩证法中的"量变质变"的结果，也是辩证法中的"静止是相对的，运动是绝对的"之思想体现. 所谓静止即为运动过程的极限. 如割圆术中的圆面积、圆周长分别是正 n 边形面积数列 A_n、周长数列 l_n 随边数 n 不断增大这一过程的极限. 再如例 1.1.1、例 1.1.2 和例 1.1.3 中所述的切线斜率、曲边三角形面积及小曲顶柱体的体积都是在"割之弥细"的过程中割线斜率 S_n、小曲边梯形面积和数列 $\hat{A}_n$ 以及小曲顶柱体的体积和数列 $\hat{V}_n$ 无限接近的常数 $2x_0$，$\frac{1}{3}$，$\frac{1}{4}$. 习惯上，$2x_0$，$\frac{1}{3}$，$\frac{1}{4}$ 分别称为数列 S_n，$\hat{A}_n$，$\hat{V}_n$ 在 n 无限增大时的极限. 一般地，数列极限可描述为：**设 y_n 是一个数列，如果当 n 无限增大时，数列 y_n 无限接近某一确定的常数 L，则称此常数 L 为数列 y_n 的极限，记为 $\lim_{n\to\infty} y_n = L$. 读作 n 趋于无穷时，y_n 的极限为 L，也可记为 $n\to\infty$，$y_n\to L$，或读作 n 趋于无穷时，y_n 趋于 L.**

在上述极限描述中，当 n 无限增大时，y_n 无限接近常数 L 或 y_n 趋于 L 意味着 y_n 与 L 可任意靠近，要多近就能多近（只要 n 无限增大）. 因为近与远是一个距离的概念，故可借用距离加以描述. "y_n 与 L 可任意靠近，要多近就能多近"这句话用距离描述即为"$|y_n - L|$ 可以任意地小，要多小就能多小（只要 n 无限增大）". "要多小就能多小"就是割圆术中的"割之弥细，所失弥少". "弥少"为割者所愿，"弥细"是割者为所愿而所为. "要多小"意味着需要给出一个不受任何约束的如所愿的数量标准来度量"小". 这个数量标准要评价的是距离，故而这个数量标准首先应是一个正数，其次是如愿的小. "能多小"意指这个数量标准是能够满足的. 比如说，在用"割圆术"求圆面积时，只需割到某正 N 边边形之后其面积近似圆面积就能满足"所失弥少". 再如，数列 $y_n = (-1)^n \frac{1}{n}$ 随着 n 的增大接近 0，即 y_n 与常数 0 的距离 $|y_n - 0|$ 接近 0. 要这一距离 $|y_n - 0| = \frac{1}{n} < 0.1$，$n > 10$ 时可实现；再要 $|y_n - 0| = \frac{1}{n} < 0.01$，$n > 100$ 时也可实现；若更小些，如要 $|y_n - 0| = \frac{1}{n} < 0.001$，这也只需 $n > 1000$ 便可实现. 这里的 0.1，0.01 和 0.001 都是我们如所愿给的数量标准. 一般地，要 $|y_n - 0| = \frac{1}{n}$ 小于一个任意给出的数量标准正数 ε，即要 $|y_n - 0| = \frac{1}{n} < \varepsilon$，这也只需 $n > \frac{1}{\varepsilon}$ 即可实现，这样的

正整数 n 有很多. 由此, 我们可给出下列严格的数列极限的"ε-N"语言的定义.

定义 2.1.1 设 y_n 是一个数列, L 是一个常数, 如果对任意小的正数 $\varepsilon>0$, 存在正整数 $N(\varepsilon)$, 使得当 $n>N(\varepsilon)$ 时, $|y_n-L|<\varepsilon$, 那么称 L 为 n 无限增大时 y_n 的极限, 或说 n 趋于无穷时 y_n 的极限, 记为 $\lim\limits_{n\to\infty} y_n = L$ 或简记为 $y_n \to L$. 此时, 也说数列 y_n 是收敛的, 否则称数列 y_n 是发散的.

根据前段分析,借助定义容易知道 $\lim\limits_{n\to\infty}\dfrac{(-1)^n}{n}=0$, $\lim\limits_{n\to\infty} C=C$. 由定义还可证明 $\lim\limits_{n\to\infty} q^n$ $(|q|<1)=0$. 事实上, 对任意小的 $\varepsilon(0<\varepsilon<1)$, 由 $|q^n-0|=|q|^n<\varepsilon$, 有 $n\ln|q|<\ln\varepsilon$. 又由 $|q|<1$ 知 $\ln|q|<0$, 进而由不等式 $n\ln|q|<\ln\varepsilon$ 可得 $n>\dfrac{\ln\varepsilon}{\ln|q|}$. 于是存在正整数 $N_0(\varepsilon)=\left[\dfrac{\ln\varepsilon}{\ln|q|}\right]+1>0$, 使得当 $n>N_0(\varepsilon)$ 时,

$$|y_n-0|=|q|^n<|q|^{N(\varepsilon)}<|q|^{\frac{\ln\varepsilon}{\ln|q|}}=|q|^{\log_{|q|}\varepsilon}=\varepsilon.$$

因此, $\lim\limits_{n\to\infty} q^n (|q|<1)=0$, 得证.

由这个极限式易知: $\lim\limits_{n\to\infty}\dfrac{1}{5^n}=0$, $\lim\limits_{n\to\infty}\dfrac{(-3)^n}{5^n}=0$, $\lim\limits_{n\to\infty}\dfrac{4^n}{(-5)^n}=0$.

为叙述方便, $\lim\limits_{n\to\infty} y_n=L$ 定义也可简述为: "$\forall\varepsilon>0$, $\exists N_0>0$, 使得当 $n>N_0$ 时, $|y_n-L|<\varepsilon.$"

接下来, 我们再来看两个用数列极限定义证明极限等式的例子.

例 2.1.1 证明 $\lim\limits_{n\to\infty}\dfrac{2n^2+3n+2}{3n^2+2n+3}=\dfrac{2}{3}$.

证明 $\forall\varepsilon>0$, 由 $\left|\dfrac{2n^2+3n+2}{3n^2+2n+3}-\dfrac{2}{3}\right|=\left|\dfrac{5n}{3(3n^2+2n+3)}\right|$

$$=\dfrac{5n}{9n^2+6n+9}<\dfrac{5}{9n}<\varepsilon,$$

知存在 $N_0(\varepsilon)=\left[\dfrac{5}{9\varepsilon}\right]+1>0$, 使得当 $n>N_0(\varepsilon)$ 时, 总成立下式:

$$\left|\dfrac{2n^2+3n+2}{3n^2+2n+3}-\dfrac{2}{3}\right|=\left|\dfrac{5n}{3(3n^2+2n+3)}\right|$$
$$=\dfrac{5n}{9n^2+6n+9}<\dfrac{5}{9n}<\dfrac{5}{9\cdot\dfrac{5}{9\varepsilon}}$$
$$=\varepsilon.$$

由定义可知 $\lim\limits_{n\to\infty}\dfrac{2n^2+3n+2}{3n^2+2n+3}=\dfrac{2}{3}$.

注:有时从不等式$|y_n-L|<\varepsilon$直接找出N_0是不方便的,可将$|y_n-L|$作适度"放大",使之小于等于某已知的简单数列,再让这个简单数列小于ε来确定N_0. 最好的简单数列是$\frac{1}{n}$或$\frac{1}{n}$的常数倍. 让其小于ε,从这个不等式则易确定N_0,如例2.1.1所示. 下例也是放大后来确定N_0的.

例2.1.2 证明$\lim\limits_{n\to\infty}nx^n=0(|x|<1)$.

证明 当$x=0$时,由常数0的极限为0知等式成立. 当$x\neq 0$时,由$|x|<1$知$\frac{1}{|x|}>1$, 令$h=\frac{1}{|x|}-1>0$,则有$\frac{1}{|x|}=1+h$. 又由二项展开式,有

$$\left(\frac{1}{|x|}\right)^n=(1+h)^n=1+nh+\frac{n(n-1)}{2}h^2+\frac{n(n-1)(n-2)}{6}h^3+\cdots>\frac{n(n-1)}{2}h^2,$$

即有

$$|nx^n|=n\frac{1}{\left|\frac{1}{x}\right|^n}<\frac{n}{\frac{n(n-1)}{2}h^2}=\frac{2}{(n-1)h^2}.$$

因此,$\forall \varepsilon>0$,$\frac{h^2}{2}\varepsilon>0$,存在$N_0=\left[\frac{1}{\frac{h^2}{2}\varepsilon}+1\right]+1>0$,使得当$n>N_0$时,

$$|nx^n-0|=n\frac{1}{\left|\frac{1}{x}\right|^n}<\frac{2}{(n-1)h^2}<\frac{2}{h^2}\frac{h^2\varepsilon}{2}=\varepsilon,$$

即$\lim\limits_{n\to\infty}nx^n=0(|x|<1)$.

2.1.2 数列收敛的性质条件及应用举例

性质2.1.1(极限的唯一性) 如果收敛数列y_n的极限为L,即$\lim\limits_{n\to\infty}y_n=L$,那么$L$是唯一的.

证明 若不然,则还有另一数M使得$\lim\limits_{n\to\infty}y_n=M$,于是令$\varepsilon=\frac{|L-M|}{2}>0$,则由极限定义知存在$N_0^1(\varepsilon)$,$N_0^2(\varepsilon)$,使得当$n>N_0^1(\varepsilon)$时,$|y_n-L|<\varepsilon$,而当$n>N_0^2(\varepsilon)$时,$|y_n-M|<\varepsilon$. 现取$N_0=\max\{N_0^1,N_0^2\}$,则当$n>N_0$时,$|y_n-L|<\varepsilon$,$|y_n-M|<\varepsilon$. 由此,可得

$$|L-M|=|L-y_n+y_n-M|\leq|y_n-L|+|y_n-M|<2\varepsilon=|L-M|,$$

即有$|L-M|<|L-M|$($n>N_0$). 这是矛盾的. 故L是唯一的.

性质2.1.2(收敛数列的有界性) 若$\lim\limits_{n\to\infty}y_n=L$,则存在数$A$,$B$,使得$B\leq y_n\leq A$,$\forall n\in \mathbf{N}_+$.

证明 令 $\varepsilon = \dfrac{|L|+1}{2} > 0$,则对 $\varepsilon > 0$,由 $\lim\limits_{n\to\infty} y_n = L$ 知,存在 $N_0(\varepsilon) > 0$,使得当 $n > N_0(\varepsilon)$ 时,$|y_n - L| < \varepsilon$,即有

$$|y_n| = |y_n - L + L|$$
$$\leqslant |L| + |y_n - L| < \dfrac{3|L|+1}{2}.$$

于是令 $M = \max\left\{|x_1|, \cdots, |x_{N_0}|, \dfrac{3|L|+1}{2}\right\} > 0$,则有

$$|y_n| \leqslant M, \forall n \in \mathbf{N}_+.$$

令 $B = -M, A = M$,则有 $B \leqslant y_n \leqslant A, \forall n \in \mathbf{N}_+$.
故由数列的有界性定义知,此数列是有界的.

性质 2.1.3(极限的保序性) 如果两个收敛数列 x_n, y_n 满足 $x_n \leqslant y_n$,那么 $\lim\limits_{n\to\infty} x_n \leqslant \lim\limits_{n\to\infty} y_n$.

证明 若不然,$\lim\limits_{n\to\infty} x_n > \lim\limits_{n\to\infty} y_n$,记 $\lim\limits_{n\to\infty} x_n = L$,$\lim\limits_{n\to\infty} y_n = M$,则有 $L > M$.
于是,对于 $\varepsilon = \dfrac{L-M}{4} > 0$,由 $\lim\limits_{n\to\infty} x_n = L$,$\lim\limits_{n\to\infty} y_n = M$ 知,存在 $N_0(\varepsilon) > 0$,使得当 $n > N_0(\varepsilon)$ 时,总有 $|x_n - L| < \dfrac{L-M}{4}$,$|y_n - M| < \dfrac{L-M}{4}$.

于是,
$$x_n - y_n = x_n - L - y_n + M + L - M$$
$$= L - M + x_n - L - (y_n - M)$$
$$> L - M - \dfrac{L-M}{4} - \dfrac{L-M}{4} = \dfrac{L-M}{2} > 0.$$

即 $x_n > y_n (n > N_0)$. 这与对任意的 n 都有 $x_n \leqslant y_n$ 矛盾,故 $L \leqslant M$.

上述证明表明极限保序性的逆命题局部成立. 即如果 $\lim\limits_{n\to\infty} x_n = L < M = \lim\limits_{n\to\infty} y_n$,则存在 $N_0 > 0$,使得当 $n > N_0$ 时,$x_n < y_n$. 就是说,$x_n < y_n$ 成立是在某项之后的所有项成立. 特别地,当 $L = 0$ 时,即极限 $M > 0$,此时意味着这一正号能够保证数列 y_n 在某项之后的各项都是正的.

称极限为零的数列为 n 趋于无穷时的**无穷小量**,记为 $o(1)$. 容易证明,**无穷小量的绝对值仍为无穷小量;有限个无穷小量的和(积)仍然是无穷小量;有界量与无穷小量的积仍为无穷小量**. 非零的无穷小量的倒数称为**无穷大量**,记为 $\dfrac{1}{o(1)} = \infty$. 如果 $y_n = o(1)$,则 $\forall \varepsilon > 0, \exists N_0 > 0$,使得当 $n > N_0$ 时,$|y_n| = |y_n - 0| < \varepsilon$. 由于 ε 是任意小的正数,故 $\dfrac{1}{\varepsilon}$ 是任意大的正数,当 $n > N_0$ 时,必有

$$\frac{1}{|y_n|} > \frac{1}{\varepsilon}.$$

注意到 $\frac{1}{y_n}$ 是一个新的数列, 因此, 也可给无穷大量一个数量描述: 如果对任意大的正数 M, 存在 $N_0 > 0$, 使得当 $n > N_0$ 时, $|y_n| > M$, 那么, 称 y_n 为 n 趋于无穷时的**无穷大量**, 记为 $\lim_{n \to \infty} y_n = \infty$. 注意到 $|y_n| > M$ 隐含了 $y_n > M$ 和 $y_n < -M$, 这意味着无穷大量包含**正无穷大量**和**负无穷大量**, 并分别记为 $\lim_{n \to \infty} y_n = +\infty$ 和 $\lim_{n \to \infty} y_n = -\infty$. 类似于无穷大量的定义, **正无穷大量**可定义为对任意大的正数 M, 存在整数 $N_0 > 0$, 使得当 $n > N_0$ 时 $y_n > M$; **负无穷大量**则可类似定义为对任意大的正数 M, 存在整数 $N_0 > 0$, 使得当 $n > N_0$ 时 $y_n < -M$. 由此, 我们易知正无穷大量、负无穷大量都是无穷大量, 因此, 在不必特别说明的情况下不管是正无穷大量还是负无穷大量, 统称为无穷大量.

等式 $\lim_{n \to \infty} y_n = \infty$ 只表明 $n \to +\infty$ 时, 数列 y_n 是无穷大量, 不是说数列的极限存在. 实际上数列 y_n 是发散的, 因其无界故知. 例如数列 $\{n\}$ 是发散的且为无穷大量, 即有 $\lim_{n \to \infty} n = \infty$. 因为 $\forall M > 0$, $\exists N_0 = [M] + 1 > 0$, 使得当 $n > N_0$ 时, $|n| = n > N_0 > M$.

容易证明, 恒为零的常数列是无穷小量. 相应于无穷小量的和、差、积仍为无穷小量, 以及无穷小量与有界量的积仍为无穷小量, 也可证无穷大量的积仍为无穷大量. 但无穷大量的和、差未必是无穷大量, 无穷大量与有界量的积也未必是无穷大量.

例如, 无穷大量 $\sqrt{n+1}$ 与 $\sqrt{n}$ 的差则是无穷小量, 而不是无穷大量. 又如, 无穷大量 $n+2$ 与 $2-n$ 的和是常数 4, 也不是无穷大量; 当然也有无穷大量的和是无穷大量的情况, 如无穷大量 $2n$ 与 n 的和是无穷大量. 再如 $\frac{1}{2n+1}$ 是有界量, $6n+3$ 是无穷大量, 但 $\frac{1}{2n+1}(6n+3) = 3$ 不是无穷大量; 当然, 这种积也有是无穷大量的, 如 $\frac{1}{2n+1}$ 与 $(2n+1)^2$ 的积是无穷大量.

定理 2.1.1 数列 y_n 收敛的充分必要条件是存在常数 L 使得 $y_n = L + o(1)$.

证明 必要性. 数列 y_n 收敛, 故有常数 L, 使得 $\lim_{n \to \infty} y_n = L$, 即 $\lim_{n \to \infty}(y_n - L) = 0$. 故由无穷小定义知 $y_n - L = o(1)$, 即 $y_n = L + o(1)$.

充分性. 由条件易知 $\lim_{n \to \infty}(y_n - L) = 0$, 即 $\forall \varepsilon > 0$, $\exists N_0 > 0$, 使得当 $n > N_0$ 时,

$$|y_n - L| < \varepsilon.$$

因此由极限定义知 $\lim_{n \to \infty} y_n = L$, 即数列 y_n 收敛.

定理 2.1.2(数列的和、差、积、商收敛的充分条件——极限四则运算) 如果 $\lim_{n \to \infty} x_n = L$, $\lim_{n \to \infty} y_n = M$, 那么,

(1) $\lim_{n \to \infty}(x_n \pm y_n) = L \pm M = \lim_{n \to \infty} x_n \pm \lim_{n \to \infty} y_n$.

(2) $\lim_{n \to \infty} x_n y_n = LM = \lim_{n \to \infty} x_n \cdot \lim_{n \to \infty} y_n$.

(3) 当 $M \neq 0$ 时, $\lim_{n \to \infty} \frac{x_n}{y_n} = \frac{L}{M} = \frac{\lim_{n \to \infty} x_n}{\lim_{n \to \infty} y_n}$.

(1)(2)的证明较简单,以下给出(3)的证明. 由定理 2.1.1 知 $x_n = L + o_1(1)$, $y_n = M + o_2(1)$, 故 $\dfrac{x_n}{y_n} = \dfrac{L + o_1(1)}{M + o_2(1)}$. 于是有

$$x_n M + x_n o_2(1) = y_n L + y_n o_1(1),$$

进而,

$$x_n M = y_n L + y_n o_1(1) - x_n o_2(1),$$

于是,

$$\frac{x_n}{y_n} = \frac{L}{M} + \frac{1}{M} o_1(1) - \frac{x_n}{M y_n} o_2(1) = \frac{L}{M} + o(1).$$

事实上,因为 x_n, y_n 都是有界的,进而有

$$\frac{1}{M} o_1(1) - \frac{x_n}{M y_n} o_2(1) = o(1).$$

故由定理 2.1.1 知

$$\lim_{n \to \infty} \frac{x_n}{y_n} = \frac{L}{M} = \frac{\lim\limits_{n \to \infty} x_n}{\lim\limits_{n \to \infty} y_n}.$$

这便证明了定理中的(3).

例 2.1.3 计算 $\lim\limits_{n \to \infty} \dfrac{1 + 2n^2 + 3n^3}{n^3}$.

解
$$\lim_{n \to \infty} \frac{1 + 2n^2 + 3n^3}{n^3} = \lim_{n \to \infty} \left(\frac{1}{n^3} + \frac{2}{n} + 3 \right)$$
$$= \lim_{n \to \infty} \frac{1}{n^3} + \lim_{n \to \infty} \frac{2}{n} + 3$$
$$= 3.$$

例 2.1.4 计算 $\lim\limits_{n \to \infty} \dfrac{1 + 2n^2 + 3n^3}{4n^3 + 3n^2 + n}$.

解 这是数列商的极限,自然考虑使用商运算法则,但这个商的分子和分母的极限是不存在的,故不能直接用. 因此,要用商的运算法则,需要作恒等变形,将分子分母化为满足商运算的形式. 于是对极限运算符号内的商的分子分母同时除以 n^3 即可,则有

$$\lim_{n \to \infty} \frac{1 + 2n^2 + 3n^3}{4n^3 + 3n^2 + n} = \lim_{n \to \infty} \frac{\dfrac{1}{n^3} + \dfrac{2}{n} + 3}{4 + \dfrac{3}{n} + \dfrac{1}{n^2}}$$

$$= \frac{\lim_{n\to\infty}\left(\frac{1}{n^3}+\frac{2}{n}+3\right)}{\lim_{n\to\infty}\left(4+\frac{3}{n}+\frac{1}{n^2}\right)}$$

$$=\frac{3}{4}.$$

例 2.1.5 计算 $\lim\limits_{n\to\infty}\dfrac{1+2^{-n^2}+3^{-n^3}}{4^{-n^3}+3^{-n^3}+2^{-n}}$.

解 这也是商的极限,但分母的极限为零,不能直接用商的运算法则,但分子的极限为 1,故知商的倒数的极限为零. 从而知

$$\lim_{n\to\infty}\frac{1+2^{-n^2}+3^{-n^3}}{4^{-n^3}+3^{-n^3}+2^{-n}}=\infty.$$

前面讨论的例子是使用数列的极限定义或运算法则确定收敛数列的极限. 定理 2.1.1 是理论上判定数列收敛的一个漂亮结果,而定理 2.1.2 则是在数列收敛的前提下用于判定数列的和、差、积、商的收敛并计算其极限值. 这两个定理在判定数列收敛时也有不便之处. 为此再给出判定数列收敛的两个充分条件(定理 2.1.3 和定理 2.1.5),一个充要条件(定理 2.1.4).

定理 2.1.3(单调有界准则) 单调有界数列必有极限.

定理 2.1.4(奇偶准则) 数列 y_n 收敛的充分必要条件是 $\lim\limits_{k\to\infty}y_{2k}$,$\lim\limits_{k\to\infty}y_{2k+1}$ 都存在且 $\lim\limits_{k\to\infty}y_{2k}=\lim\limits_{k\to\infty}y_{2k+1}$.

证明 必要性. 数列 y_n 收敛,不妨设收敛于 L,即 $\lim\limits_{n\to\infty}y_n=L$. 因此,对任意的 $\varepsilon>0$,存在 $N_0>0$,使得当 $n>N_0$ 时,$|y_n-L|<\varepsilon$. 取 $K_1=\left[\dfrac{N_0}{2}\right]+1>0$,$K_2=\left[\dfrac{N_0}{2}\right]+1>0$,则当 $k>K_1$ 时,$2k>N_0$;当 $k>K_2$ 时,$2k+1>2K_2+1>N_0+1>N_0$,
从而由已证的结论知

$$|y_{2k}-L|<\varepsilon,|y_{2k+1}-L|<\varepsilon.$$

于是由极限定义知

$$\lim_{k\to\infty}y_{2k}=L,\ \lim_{k\to\infty}y_{2k+1}=L.$$

充分性. 由已知,不妨设 $\lim\limits_{k\to\infty}y_{2k}=\lim\limits_{k\to\infty}y_{2k+1}=L$,于是对任意的 $\varepsilon>0$,由 $\lim\limits_{k\to\infty}y_{2k}=L$ 可知存在 $K_1>0$,使得当 $k>K_1$ 时,$|y_{2k}-L|<\varepsilon$.

又由 $\lim\limits_{k\to\infty}y_{2k+1}=L$ 可知存在 $K_2>0$,使得当 $k>K_2$ 时,$|y_{2k+1}-L|<\varepsilon$.

取 $N_0=\max\{2K_1,2K_2+1\}>0$,则当 $n>N_0$ 时,若 n 为偶数 $2k$ 时,则 $k>K_1$;若 n 为奇数 $2k+1$ 时,则 $k>K_2$,

从而有 $|y_{2k}-L|<\varepsilon$ 和 $|y_{2k+1}-L|<\varepsilon$. 进而知,当 $n>N_0$ 时,$|y_n-L|<\varepsilon$.

于是,由极限定义知数列 y_n 收敛于 L,即 $\lim\limits_{n\to\infty}y_n=L$.

由奇偶准则很快知道数列 $(-1)^n$ 是发散的. 数列 $\dfrac{n+1}{(-n)^n}$ 也是发散的, 而数列

$$y_n = \begin{cases} \dfrac{n+1}{n}, & n=2k, \\ 1, & n=2k+1 \end{cases}$$

是收敛的且收敛于 1.

定理 2.1.5(夹逼准则) 如果收敛数列 x_n, y_n, z_n 满足

(1) 存在 N_0 使得当 $n>N_0$ 时, $x_n \leqslant y_n \leqslant z_n$;

(2) $\lim\limits_{n\to\infty} x_n = \lim\limits_{n\to\infty} z_n = L$,

那么, 数列 y_n 的极限存在且为 L, 即 $\lim\limits_{n\to\infty} y_n = L$.

证明 由(2)知, 对任意的 $\varepsilon>0$, 存在 $N_1>0$, 使得当 $n>N_1$ 时,

$$L-\varepsilon < x_n, z_n < L+\varepsilon.$$

令 $N_2 = \max\{N_0, N_1\}$, 则由(1)知, 当 $n>N_2$ 时, 有

$$L-\varepsilon < x_n \leqslant y_n \leqslant z_n < L+\varepsilon.$$

即有

$$|y_n - L| < \varepsilon.$$

由极限定义知, $\lim\limits_{n\to\infty} y_n = L$.

例 2.1.6 证明 $\lim\limits_{n\to\infty} \left(1+\dfrac{1}{n}\right)^n$ 存在.

证明 用定理 2.1.3 来证明它. 这只要证数列是单调有界的即可. 为此令 $y_n = \left(1+\dfrac{1}{n}\right)^n$, 则由二项式定理, 有

$$y_n = \left(1+\dfrac{1}{n}\right)^n = 1 + n\dfrac{1}{n} + \dfrac{n(n-1)}{2!}\dfrac{1}{n^2} + \dfrac{n(n-1)(n-2)}{3!}\dfrac{1}{n^3} + \cdots + \dfrac{1}{n^n}$$

$$= 2 + \dfrac{1}{2!}\left(1-\dfrac{1}{n}\right) + \dfrac{1}{3!}\left(1-\dfrac{1}{n}\right)\left(1-\dfrac{2}{n}\right) + \cdots + \dfrac{1}{n!}\left(1-\dfrac{1}{n}\right)\cdots\left(1-\dfrac{n-1}{n}\right).$$

同理, 有

$$y_{n+1} = 2 + \dfrac{1}{2!}\left(1-\dfrac{1}{n+1}\right) + \dfrac{1}{3!}\left(1-\dfrac{1}{n+1}\right)\left(1-\dfrac{2}{n+1}\right) + \cdots$$

$$+ \dfrac{1}{n!}\left(1-\dfrac{1}{n+1}\right)\left(1-\dfrac{2}{n+1}\right)\cdots\left(1-\dfrac{n-1}{n+1}\right)$$

$$+ \dfrac{1}{(n+1)!}\left(1-\dfrac{1}{n+1}\right)\left(1-\dfrac{2}{n+1}\right)\cdots\left(1-\dfrac{n}{n+1}\right)$$

$$> 2 + \frac{1}{2!}\left(1-\frac{1}{n+1}\right) + \frac{1}{3!}\left(1-\frac{1}{n+1}\right)\left(1-\frac{2}{n+1}\right) + \cdots$$
$$+ \frac{1}{n!}\left(1-\frac{1}{n+1}\right)\left(1-\frac{2}{n+1}\right)\cdots\left(1-\frac{n-1}{n+1}\right)$$
$$> 2 + \frac{1}{2!}\left(1-\frac{1}{n}\right) + \frac{1}{3!}\left(1-\frac{1}{n}\right)\left(1-\frac{2}{n}\right) + \cdots$$
$$+ \frac{1}{n!}\left(1-\frac{1}{n}\right)\cdots\left(1-\frac{n-1}{n}\right) = y_n.$$

因此,数列是递增的. 又

$$0 < y_n = 2 + \frac{1}{2!}\left(1-\frac{1}{n}\right) + \frac{1}{3!}\left(1-\frac{1}{n}\right)\left(1-\frac{2}{n}\right) + \cdots + \frac{1}{n!}\left(1-\frac{1}{n}\right)\cdots\left(1-\frac{n-1}{n}\right)$$
$$< 1 + 1 + \frac{1}{2!} + \frac{1}{3!} + \cdots + \frac{1}{n!}$$
$$< 1 + 1 + \frac{1}{2} + \frac{1}{2^2} + \cdots + \frac{1}{2^{n-1}} = 1 + \frac{1-\frac{1}{2^n}}{1-\frac{1}{2}} < 3.$$

因此,数列是单调有界的. 故由定理 2.1.3 知数列是收敛的. 它的极限常记为 e,即

$$\lim_{n\to\infty}\left(1+\frac{1}{n}\right)^n = e.$$

其中,e=2.781 828 182 84…是一个无理数. 这个极限等式常称为**第一重要极限**.

例 2.1.7 计算 $\lim\limits_{n\to\infty}\left(\dfrac{n+2}{n}\right)^n$.

解
$$\lim_{n\to\infty}\left(\frac{n+2}{n}\right)^n = \lim_{n\to\infty}\left(1+\frac{2}{n}\right)^{\frac{n}{2}\times 2}$$
$$= \lim_{n\to\infty}\left(1+\frac{2}{n}\right)^{\frac{n}{2}} \cdot \lim_{n\to\infty}\left(1+\frac{2}{n}\right)^{\frac{n}{2}}$$
$$= e^2.$$

例 2.1.8 计算 $\lim\limits_{n\to\infty}\dfrac{(n+3)^n}{(n+1)^n}$.

解
$$\lim_{n\to\infty}\frac{(n+3)^n}{(n+1)^n} = \lim_{n\to\infty}\left(1+\frac{2}{n+1}\right)^n$$
$$= \lim_{n\to\infty}\left(1+\frac{2}{n+1}\right)^{n+1} \cdot \lim_{n\to\infty}\left(1+\frac{2}{n+1}\right)^{-1}$$
$$= e^2 \cdot 1 = e^2.$$

例 2.1.9 计算 $\lim\limits_{n\to\infty}\sqrt[n]{n}$.

解 令 $h_n = \sqrt[n]{n} - 1$,则 $h_n > 0$,且有

$$n=(1+h_n)^n=1+nh_n+\frac{n(n-1)}{2}h_n^2+\cdots>\frac{n(n-1)}{2}h_n^2,$$

即有

$$0\leqslant h_n^2<\frac{2}{n-1}.$$

由夹逼准则知 $\lim_{n\to\infty}h_n=0$,即有 $\lim_{n\to\infty}\sqrt[n]{n}=1$.

例 2.1.10 计算 $\lim\limits_{n\to\infty}\left(\dfrac{1}{\sqrt{n^2+1}}+\dfrac{1}{\sqrt{n^2+2}}+\cdots+\dfrac{1}{\sqrt{n^2+n}}\right)$.

解 由于

$$\frac{n}{\sqrt{n^2+n}}<\frac{1}{\sqrt{n^2+1}}+\frac{1}{\sqrt{n^2+2}}+\cdots+\frac{1}{\sqrt{n^2+n}}<\frac{n}{\sqrt{n^2+1}},$$

$$\lim_{n\to\infty}\frac{n}{\sqrt{n^2+n}}=1,\ \lim_{n\to\infty}\frac{n}{\sqrt{n^2+1}}=1,$$

故由夹逼定理有

$$\lim_{n\to\infty}\left(\frac{1}{\sqrt{n^2+1}}+\frac{1}{\sqrt{n^2+2}}+\cdots+\frac{1}{\sqrt{n^2+n}}\right)=1.$$

例 2.1.11 计算 $\lim\limits_{n\to\infty}a_n$,其中,$a_n=2a_{n+1}-6$,$\forall n>1$,$a_1=2$.

解 由于

$$a_{n+1}-a_n=2a_{n+2}-6-2a_{n+1}+6=2(a_{n+2}-a_{n+1}),$$

这意味着 $a_{n+1}-a_n$ 与 $a_{n+2}-a_{n+1}$ 是同号的,故 $a_{n+1}-a_n$ 与 $a_2-a_1=2>0$ 是同号的,即有 $a_{n+1}>a_n$,故数列是递增的. 又由 $a_n=2a_{n+1}-6>2a_n-6$,知 $2<a_n<6$,这表明数列是有界的. 故由单调有界准则知 $\lim\limits_{n\to\infty}a_n$ 存在,设为 L.

于是,对式 $a_n=2a_{n+1}-6$ 两边取极限,并注意到 $\lim\limits_{n\to\infty}a_{n+1}=L$,可得 $L=2L-6$,求得 $L=6$. 即 $\lim\limits_{n\to\infty}a_n=6$.

2.1.3* 无穷级数

例 2.1.12 求无穷级数 $\sum\limits_{n=0}^{\infty}ar^n(|r|<1)$ 的部分和数列及其极限.

解 此无穷级数的部分和

$$S_n=\sum_{k=0}^{n-1}ar^k=a\frac{1-r^n}{1-r},$$

由 $\lim\limits_{n\to\infty}r^n(|r|<1)=0$ 知

$$\lim_{n\to\infty}S_n=\frac{a}{1-r}.$$

称无穷级数的部分和数列收敛的级数是收敛的,收敛级数的和是其部分和数列的极限,否则级数发散且没有和. 例如级数 $\sum_{n=1}^{\infty} \frac{1}{n(n+1)}$ 是收敛的且和为 1,因为其部分和数列为 $1-\frac{1}{n+1} \to 1$,而 $\sum_{n=1}^{\infty} n$ 是发散的,因为其部分和为 $\frac{n(n+1)}{2} \to \infty$. 注意到收敛级数通项与部分和的关系 $a_n = S_n - S_{n-1}$,并由 $\lim_{n\to\infty} S_n = S$ 知 $\lim_{n\to\infty} a_n = 0$. 这便有级数收敛的必要条件是其通项的极限为零. $\sum_{n=1}^{\infty} \frac{n+1}{n}$ 是发散的,因为 $\lim_{n\to\infty} \frac{n+1}{n} = 1 \neq 0$.

由极限四则运算知,由收敛级数的通项的线性和构成的新级数是收敛的且为两个级数的和的线性和. 即若 $\sum_{n=1}^{\infty} a_n, \sum_{n=1}^{\infty} b_n$ 都是收敛的,则 $\sum_{n=1}^{\infty} (\alpha a_n + \beta b_n)$ 也收敛,且有 $\sum_{n=1}^{\infty} (\alpha a_n + \beta b_n) = \alpha \sum_{n=1}^{\infty} a_n + \beta \sum_{n=1}^{\infty} b_n$. 此结论也称为**收敛级数的线性和性质**. 又注意到常数的极限为常数,也有级数去掉有限项或添上有限项后的级数敛散性不变的性质,即 $\sum_{n=1}^{\infty} a_n$ 与 $\sum_{n=N_0+1}^{\infty} a_n$ 同时收敛或发散,这一性质也可简称为**级数敛散与有限项的无关性**. 这是因为前者与后者的部分和仅差一个常数 $\sum_{n=1}^{N_0} a_n$,而常数与数列的和的敛散性与数列的敛散性相同,从而两者部分和数列的敛散性相同. 虽然两者敛散性相同,但收敛时两者的值不同. 关于无穷级数,下面给出一些易理解和证明的结论.

定理 2.1.6 如果 $a_n \geq 0$,那么 $\sum_{n=1}^{\infty} a_n$ 收敛的充分必要条件是部分和数列有界.

由级数收敛知收敛级数的部分和是有界的;反之可知部分和是单调递增的且是有界的,故由单调有界准则知部分和数列收敛,从而级数收敛. 用此定理可以讨论下列级数的敛散性.

例 2.1.13 p 为何值时,级数 $\sum_{n=1}^{\infty} \frac{1}{n^p}$ 收敛或发散?

解 由于此级数的部分和数列递增,但当 $p < 0$ 时, $\frac{1}{n^p} = n^{-p} \to \infty \neq 0$,故级数发散.

当 $0 < p \leq 1$ 时,级数部分和 $S_n = \sum_{k=1}^{n} \frac{1}{k^p}$,由于 $\frac{1}{k^p} \geq \frac{1}{k}$,对于正整数 m,总有正整数 n 使得 $n \geq 2^m$,因此由部分和的单增性知,

$$S_n \geq S_{2^m} = 1 + \frac{1}{2} + \left(\frac{1}{3} + \frac{1}{4}\right) + \left(\frac{1}{5} + \frac{1}{6} + \frac{1}{7} + \frac{1}{8}\right) + \cdots + \left(\frac{1}{2^{m-1}+1} + \cdots + \frac{1}{2^m}\right)$$
$$> 1 + \frac{1}{2} + \frac{1}{2} + \frac{1}{2} + \cdots + \frac{1}{2} = 1 + \frac{m}{2} \to \infty (m \to \infty),$$

即部分和数列是无界的,故级数发散.

当 $p > 1$ 时,对任意的正整数 n,存在正整数 l 使得 $n \leq 2^l$,于是 $S_n \leq S_{2^l}$,而

$$S_{2^l} = 1 + \left(\frac{1}{2^p} + \frac{1}{3^p}\right) + \left(\frac{1}{4^p} + \frac{1}{5^p} + \frac{1}{6^p} + \frac{1}{7^p}\right) + \left(\frac{1}{8^p} + \cdots + \frac{1}{15^p}\right)$$
$$+ \left(\frac{1}{(2^{l-1})^p} + \cdots + \frac{1}{(2^l-1)^p}\right) + \frac{1}{2^{lp}}$$
$$< 1 + \frac{1}{2^{p-1}} + \frac{1}{(2^{p-1})^2} + \cdots \frac{1}{(2^{p-1})^{l-1}} + \frac{1}{(2^{p-1})^l}$$
$$= \frac{1-\left(\frac{1}{2^{p-1}}\right)^{l+1}}{1-\frac{1}{2^{p-1}}} < \frac{1}{1-\frac{1}{2^{p-1}}}.$$

这表明部分和数列是有界的,故级数收敛.

综上,当 $p \leqslant 1$ 时,级数 $\sum_{n=1}^{\infty} \frac{1}{n^p}$ 发散,而当 $p > 1$ 时,级数 $\sum_{n=1}^{\infty} \frac{1}{n^p}$ 收敛. 这个例子讨论的级数常称为 **p-级数**.

例 2.1.14 如果 $0 \leqslant a_n \leqslant b_n$,那么当级数 $\sum_{n=1}^{\infty} b_n$ 收敛时,$\sum_{n=1}^{\infty} a_n$ 收敛;反之,若 $\sum_{n=1}^{\infty} a_n$ 发散,则 $\sum_{n=1}^{\infty} b_n$ 也发散.

证明 级数 $\sum_{n=1}^{\infty} a_n$ 和 $\sum_{n=1}^{\infty} b_n$ 的部分和数列分别记为 S_n 和 T_n,由题设有 $S_n \leqslant T_n$,于是当 $\sum_{n=1}^{\infty} b_n$ 收敛时,数列 T_n 有界,从而 S_n 有界,而 S_n 又是单调递增的,故而极限存在,即 $\sum_{n=1}^{\infty} a_n$ 收敛;反之,若 $\sum_{n=1}^{\infty} a_n$ 发散,由 S_n 单调递增知其无界,从而 T_n 也无界,即 $\sum_{n=1}^{\infty} b_n$ 发散.

在级数理论中例 2.1.14 又称为级数收敛与发散的比较判别法,可用来判断级数的收敛与发散.

例 2.1.15 如果 $0 \leqslant a_{n+1} \leqslant a_n$ 且 $\lim_{n \to \infty} a_n = 0$,那么 $\sum_{n=1}^{\infty} (-1)^{n-1} a_n$ 收敛.

证明 记 S_n 为级数的部分和数列,则
$$S_{2n} = a_1 - a_2 + a_3 - a_4 + \cdots + a_{2n-1} - a_{2n}$$
$$= a_1 - (a_2 - a_3) - \cdots - (a_{2n-2} - a_{2n-1}) - a_{2n} \leqslant a_1,$$
又
$$S_{2n} = a_1 - a_2 + a_3 - a_4 + \cdots + a_{2n-1} - a_{2n}$$
$$= (a_1 - a_2) + (a_3 - a_4) + \cdots + (a_{2n-1} - a_{2n}) \geqslant 0,$$
且
$$S_{2n+2} = (a_1 - a_2) + (a_3 - a_4) + \cdots + (a_{2n-1} - a_{2n}) + (a_{2n+1} - a_{2n+2})$$
$$\geqslant (a_1 - a_2) + (a_3 - a_4) + \cdots + (a_{2n-1} - a_{2n}) = S_{2n},$$
故 S_{2n} 是单调有界数列,从而有极限,设为 S. 又 $a_n \to 0$,故 $a_{2n+1} \to 0$.

于是,
$$S_{2n+1} = S_{2n} + a_{2n+1} \to S.$$

因此,由定理 2.1.4 知 $\lim\limits_{n\to\infty} S_n = S$,即 $\sum\limits_{n=1}^{\infty}(-1)^n a_n$ 收敛.

例 2.1.15 中的级数在级数理论中又称为**交错级数**,其条件则是判定交错级数收敛的条件. 此例是判定交错级数的方法,也称为莱布尼茨判别法.

例 2.1.16 如果 $\sum\limits_{n=1}^{\infty} |a_n|$ 收敛,则 $\sum\limits_{n=1}^{\infty} a_n$ 收敛.

证明 由于

$$a_n = \frac{a_n + |a_n|}{2} - \frac{|a_n| - a_n}{2},$$

且 $0 \leqslant \dfrac{a_n + |a_n|}{2} \leqslant |a_n|$,$0 \leqslant \dfrac{|a_n| - a_n}{2} \leqslant |a_n|$,故由例 2.1.14 知 $\sum\limits_{n=1}^{\infty} \dfrac{a_n + |a_n|}{2}$ 收敛,$\sum\limits_{n=1}^{\infty} \dfrac{|a_n| - a_n}{2}$ 收敛.

再由级数的线性和性质知 $\sum\limits_{n=1}^{\infty} a_n$ 收敛,且

$$\sum\limits_{n=1}^{\infty} a_n = \sum\limits_{n=1}^{\infty} \frac{a_n + |a_n|}{2} + \sum\limits_{n=1}^{\infty} \frac{a_n - |a_n|}{2}.$$

例 2.1.17 如果 $\lim\limits_{n\to\infty} \left|\dfrac{a_{n+1}}{a_n}\right| = \rho$,那么:(1) 当 $\rho < 1$ 时,级数 $\sum\limits_{n=1}^{\infty} a_n$ 收敛;(2) 当 $\rho > 1$ 时,级数 $\sum\limits_{n=1}^{\infty} a_n$ 发散;(3) 当 $\rho = 1$ 时,级数可能收敛也可能发散.

证明 (1) 由于 $\rho < 1$,因此据实数的稠密性,有 $\varepsilon > 0$ 使得 $\rho < \rho + \varepsilon = r < 1$,对此 $\varepsilon > 0$,存在 $N_0 > 0$,使得当 $n > N_0$ 时,

$$\left|\left|\frac{a_{n+1}}{a_n}\right| - \rho\right| < \varepsilon,$$

即有

$$|a_{n+1}| < r|a_n|,$$

从而,可递推得

$$|a_{n+1}| < r|a_n| < r^2|a_{n-1}| < r^3|a_{n-2}| < \cdots < r^{n-N_0+1}|a_{N_0}|.$$

又由 $\sum\limits_{n=N_0+1}^{\infty} r^{n-N_0+1}|a_{N_0}|$ 收敛可知 $\sum\limits_{n=1}^{\infty} |a_n|$ 收敛,进而由例 2.1.16 知 $\sum\limits_{n=1}^{\infty} a_n$ 收敛.

(2) 由于 $\rho > 1$,因此存在 $\varepsilon > 0$,使得 $\rho - \varepsilon > 1$,则由已知,对此 $\varepsilon > 0$,存在 $N_0 > 0$,使得当 $n > N_0$ 时,$\left|\left|\dfrac{a_{n+1}}{a_n}\right| - \rho\right| < \varepsilon$,由此有 $|a_{n+1}| > (\rho - \varepsilon)|a_n| > |a_n|$,这表明数列 $\{|a_n|\}$ 在

$n > N_0$ 后是递增的，故知 $\lim\limits_{n\to\infty}|a_{n+1}| \neq 0$，进而 $\lim\limits_{n\to\infty}a_n \neq 0$，故级数 $\sum\limits_{n=1}^{\infty}a_n$ 发散.

(3) $\rho=1$ 时，结论是对的，如级数 $\sum\limits_{n=1}^{\infty}\dfrac{1}{n}$ 的后项与前项的比的极限 $\rho=1$，级数是发散的；级数 $\sum\limits_{n=1}^{\infty}\dfrac{1}{n^2}$ 的后项与前项的比的极限 $\rho=1$，级数是收敛的.

例 2.1.18 如果 $\lim\limits_{n\to\infty}\sqrt[n]{|a_n|}=\rho$，那么：(1) 当 $\rho<1$ 时，级数 $\sum\limits_{n=1}^{\infty}a_n$ 收敛；(2) 当 $\rho>1$ 时，级数 $\sum\limits_{n=1}^{\infty}a_n$ 发散；当 $\rho=1$ 时，级数可能收敛也可能发散.

这个例子的(1)和(2)的证明完全类似于例 2.1.17 的证明，此处留给读者，至于 $\rho=1$ 的情形可参看例 2.1.17 中此种情形说明的两个级数. 例 2.1.16 是说绝对收敛的级数必定收敛. 所谓级数**绝对收敛**指的是其通项取绝对值后的级数收敛. 与之相应的**条件收敛**是说级数是收敛的，但级数的通项取绝对值后的级数是发散的. 例 2.1.14、例 2.1.15、例 2.1.16、例 2.1.17 和例 2.1.18 都可用作判定级数的收敛与发散的方法. 这些方法在有些场合分别称为**比较判别法、莱布尼茨判别法、绝对收敛判别法、比值判别法、根值判别法**.

从上述例子容易知道：

(1) $\sum\limits_{n=1}^{\infty}a_n x^n$ 在 $|x|<\lim\limits_{n\to\infty}\left|\dfrac{a_n}{a_{n+1}}\right|=\dfrac{1}{\rho}$ 时是收敛的，因为 $\lim\limits_{n\to\infty}\left|\dfrac{a_{n+1}x^{n+1}}{a_n x^n}\right|=|x|\lim\limits_{n\to\infty}\left|\dfrac{a_{n+1}}{a_n}\right|=|x|\rho<1$，级数收敛；

(2) $\sum\limits_{n=1}^{\infty}a_n x^n$ 在 $|x|<\lim\limits_{n\to\infty}\dfrac{1}{\sqrt[n]{|a_n|}}=\dfrac{1}{\rho}$ 时也收敛，因为 $\lim\limits_{n\to\infty}\sqrt[n]{|a_n x^n|}=|x|\cdot\lim\limits_{n\to\infty}\sqrt[n]{|a_n|}=|x|\rho<1$，级数收敛.

无穷级数 $\sum\limits_{n=1}^{\infty}a_n x^n$ 常称为 x 的**幂级数**，而 $\dfrac{1}{\rho}$ 又称为幂级数 $\sum\limits_{n=1}^{\infty}a_n x^n$ 的**收敛半径**，记为 R. 这意味着幂级数 $\sum\limits_{n=1}^{\infty}a_n x^n$ 的收敛半径公式为 $R=\lim\limits_{n\to\infty}\left|\dfrac{a_n}{a_{n+1}}\right|$ 或 $R=\lim\limits_{n\to\infty}\dfrac{1}{\sqrt[n]{|a_n|}}$.

例 2.1.19 (1) 如果 $\sum\limits_{n=1}^{\infty}a_n x^n$ 在点 x_0 收敛，则当 $|x|<|x_0|$ 时，幂级数是收敛的；

(2) 如果 $\sum\limits_{n=1}^{\infty}a_n x^n$ 在点 x_0 发散，则当 $|x|>|x_0|$ 时，幂级数是发散的.

证明 (1) $\sum\limits_{n=1}^{\infty}a_n x_0^n$ 收敛，从而 $\lim\limits_{n\to\infty}|a_n x_0^n|=0$，因此，存在 $M>0$，使得 $|a_n x_0^n|<M$. 于是，

$$|a_n x^n|=\left|a_n x_0^n \cdot \left(\dfrac{x}{x_0}\right)^n\right|<M\left|\dfrac{x}{x_0}\right|^n,$$

而当 $|x|<|x_0|$ 时,$\sum_{n=1}^{\infty} M\left|\dfrac{x}{x_0}\right|^n$ 收敛.

因此,由比较判别法知 $\sum_{n=1}^{\infty} a_n x^n$ 绝对收敛,从而收敛.

(2) 由(1)用反证法易证.

例 2.1.19 表明,幂级数收敛的 x 范围(**也称收敛区间**)应是下列四个区间之一:
$$(-R, R), [-R, R), (-R, R], [-R, R],$$
其中,R 是收敛半径.

确定是何区间,区间的端点要另外加以判断. 显然幂级数在收敛范围内,收敛值是 x 的函数,这个函数称为幂级数的和函数. 函数是有四则运算、微分与积分运算的,因而幂级数也有四则运算、微分运算和积分运算,这在后面章节中将以例题的形式介绍.

例 2.1.20 判定级数的敛散性:

(1) $\sum_{n=1}^{\infty} \dfrac{3^n n!}{n^n}$; (2) $\sum_{n=1}^{\infty} \dfrac{n^n}{3^n n!}$; (3) $\sum_{n=1}^{\infty} \left(\dfrac{(-1)}{5}\right)^n \left(1+\dfrac{1}{n}\right)^{n^2}$; (4) $\sum_{n=1}^{\infty}\left(1+\dfrac{1}{n}\right)^{n^2}$.

解 (1) $\sum_{n=1}^{\infty} \dfrac{3^n n!}{n^n} = \sum_{n=1}^{\infty} \left|\dfrac{3^n n!}{n^n}\right|$ 是发散的,因为
$$\left|\dfrac{a_{n+1}}{a_n}\right| = \dfrac{3^{n+1}(n+1)!}{(n+1)^{n+1}} \cdot \dfrac{n^n}{3^n n!} = 3\left(\dfrac{n}{1+n}\right)^n \to \dfrac{3}{\mathrm{e}} > 1;$$

(2) $\sum_{n=1}^{\infty} \dfrac{n^n}{3^n n!}$ 是收敛的,因为
$$\left|\dfrac{a_{n+1}}{a_n}\right| = \dfrac{(n+1)^{n+1}}{3^{n+1}(n+1)!} \Big/ \dfrac{n^n}{3^n n!} = \dfrac{1}{3}\left(1+\dfrac{1}{n}\right)^n \to \dfrac{1}{3}\mathrm{e} < 1;$$

(3) 无穷级数 $\sum_{n=1}^{\infty}\left(\dfrac{(-1)}{5}\right)^n\left(1+\dfrac{1}{n}\right)^{n^2}$ 收敛,因为
$$\sqrt[n]{\left|\left(\dfrac{-1}{5}\right)^n\left(1+\dfrac{1}{n}\right)^{n^2}\right|} = \dfrac{1}{5}\left(1+\dfrac{1}{n}\right)^n \to \dfrac{\mathrm{e}}{5} < 1;$$

(4) 无穷级数 $\sum_{n=1}^{\infty}\left(1+\dfrac{1}{n}\right)^{n^2} = \sum_{n=1}^{\infty}\left|\left(1+\dfrac{1}{n}\right)^{n^2}\right|$ 发散,因为
$$\sqrt[n]{\left|\left(1+\dfrac{1}{n}\right)^{n^2}\right|} = \left(1+\dfrac{1}{n}\right)^n \to \mathrm{e} > 1.$$

例 2.1.18(根值判别法)中当 $\rho=1$ 时,级数的敛散性不能确定,即可能收敛也可能发散. 除例 2.1.17 中的两个例子可说明外,无穷级数 $\sum_{n=1}^{\infty}\left(1+\dfrac{1}{n}\right)^n$ 和 $\sum_{n=1}^{\infty}\dfrac{1}{n^3}$ 也能说明当 $\rho=1$ 时级数可能收敛也可能发散. 我们知道,$\lim_{n\to\infty}\sqrt[n]{\left(1+\dfrac{1}{n}\right)^n} = 1$ 和 $\lim_{n\to\infty}\sqrt[n]{\dfrac{1}{n^3}} = 1$,但

$\sum_{n=1}^{\infty}\left(1+\dfrac{1}{n}\right)^{n}$ 发散,因其通项的极限不为零,而 $\sum_{n=1}^{\infty}\dfrac{1}{n^{3}}$ 收敛,因级数是 $p>1$ 的 p -级数.

2.1.4 复利计算实例

例 2.1.21(连续复利问题) 设某投资者用一单位货币购买一种理财产品,年收益率为 r,问在 t 年末投资者的总收入 $A(t)$ 为何?如果投资者按年收益率为 r 投资一项目,那么在 t 年末总收入为 1 货币单位,问投资者在 t 年初投资此项目的投资额(又称现值,记为 P_0)为多少?

解 这个 $A(t)$ 本质上是 t 年末的投资总收益,也就是本金与收益之和. $A(t)$ 的计算有多种方式:若按单利计算,则为 $A(t)=1+tr$;若按复利计算,则 $A(t)=(1+r)^{t}$. 若每年按 n 期复利计算,则每期的收益率记为 i_n,由单利计算方式知 $i_n=\dfrac{r}{n}$,由复利计算也能知 $i_n \leqslant \dfrac{r}{n}$,故每年按 n 期复利计算时,每期的收益率 i_n 可视为 $\dfrac{r}{n}$,此时 t 年末投资者的总收入为 $A(t)=\left(1+\dfrac{r}{n}\right)^{nt}$. 如果计算方式是即时的又是按复利计算形式,则由于事物总是无限可分的,因此可将 t 年分成无限个结算期来计算总收益且按复利计算,从而有

$$A(t)=\left(1+\dfrac{r}{n}\right)^{nt} \to e^{rt}.$$

这就是连续复利计算公式,即 t 年末的总收入为 e^{rt}. 按连续复利计算有 $P_0 \cdot e^{rt}=1$,即 $P_0=e^{-rt}$,式中 e^{-rt} 被称为连续复利贴现率,常记为 $d(t)$,即 $d(t)=e^{-rt}$.

练习 2.1

1. 计算下列极限:

(1) $\lim\limits_{n\to\infty}\dfrac{100n}{n^{2}+1}$;

(2) $\lim\limits_{n\to\infty}\dfrac{n^{2}+2}{2n^{2}+1}$;

(3) $\lim\limits_{n\to\infty}(\sqrt{n+1}-\sqrt{n})$;

(4) $\lim\limits_{n\to\infty}\dfrac{(-1)^{n}+3^{n}}{(-2)^{n+1}+3^{n+1}}$;

(5) $\lim\limits_{n\to\infty}\dfrac{\sqrt[3]{n^{2}}\sin n!}{n+1}$;

(6) $\lim\limits_{n\to\infty}\dfrac{6n^{2}+(-1)^{n}\sin n!}{5n^{2}+n}$;

(7) $\lim\limits_{n\to\infty}(\sin\sqrt{n+1}-\sin\sqrt{n})$;

(8) $\lim\limits_{n\to\infty}(\sqrt{n+2}-\sqrt{n+1})\sqrt{n}$;

(9) $\lim\limits_{n\to\infty}\left(\dfrac{1}{n^{4}}+\dfrac{8}{n^{4}}+\dfrac{27}{n^{4}}+\cdots+\dfrac{(n-1)^{3}}{n^{4}}\right)$;

(10) $\lim\limits_{n\to\infty}\left(1-\dfrac{1}{2^{2}}\right)\left(1-\dfrac{1}{3^{2}}\right)\cdots\left(1-\dfrac{1}{n^{2}}\right)$;

(11) $\lim\limits_{n\to\infty}\left(\dfrac{1}{2}\cdot\dfrac{3}{4}\cdot\cdots\cdot\dfrac{2n-1}{2n}\right)$.

2. 计算下列由递推关系确定的数列的极限：

(1) $a_1=1$, $a_{n+1}=4-a_n$, $\forall n\geq 1$;   (2) $a_1=\sqrt{2}$, $a_{n+1}=\sqrt{2+a_n}$, $\forall n\geq 1$;

(3) $a_1=1$, $a_{n+1}=3-\dfrac{1}{a_n}$, $\forall n\geq 1$;   (4) $a_1=1$, $a_{n+1}=1+\dfrac{1}{1+a_n}$, $\forall n\geq 1$.

3*. 求下列级数的部分和并由此求级数的和：

(1) $\sum\limits_{n=1}^{\infty}\dfrac{2n-1}{2^n}$;   (2) $\sum\limits_{n=1}^{\infty}\dfrac{1}{n(n+1)(n+2)}$;

(3) $\sum\limits_{n=1}^{\infty}(\sqrt{n+2}-2\sqrt{n+1}+\sqrt{n})$;   (4) $\sum\limits_{n=1}^{\infty}q^n\cos nx\,(|q|<1)$.

4*. 确定下列级数的敛散性：

(1) $\sum\limits_{n=1}^{\infty}\dfrac{1}{n+3^n}$;   (2) $\sum\limits_{n=1}^{\infty}(-1)^n\dfrac{n}{n+1}$;

(3) $\sum\limits_{n=1}^{\infty}\dfrac{n^2 2^{n+1}}{(-5)^n}$;   (4) $\sum\limits_{n=2}^{\infty}\dfrac{1}{n\sqrt{\ln n}}$;

(5) $\sum\limits_{n=1}^{\infty}n^2 e^{-n}$;   (6) $\sum\limits_{n=1}^{\infty}\left(\dfrac{1}{n^2}+\dfrac{1}{3^n}\right)$;

(7) $\sum\limits_{n=1}^{\infty}\dfrac{3^n n^2}{n!}$;   (8) $\sum\limits_{n=1}^{\infty}\dfrac{2^{n-1}3^{n+1}}{n^n}$;

(9) $\sum\limits_{n=0}^{\infty}\dfrac{n!}{2\cdot 5\cdot\cdots\cdot(3n+2)}$;   (10) $\sum\limits_{n=2}^{\infty}\dfrac{(-1)^n\ln n}{\sqrt{n}}$;

(11) $\sum\limits_{n=1}^{\infty}(-1)^n\cos\dfrac{1}{n^2}$;   (12) $\sum\limits_{n=1}^{\infty}\tan\dfrac{1}{n}$;

(13) $\sum\limits_{n=1}^{\infty}\dfrac{n!}{e^{n^2}}$;   (14) $\sum\limits_{n=1}^{\infty}\dfrac{n\ln n}{(n+1)^2}$;

(15) $\sum\limits_{n=1}^{\infty}\dfrac{(-1)^n}{e^n-e^{-n}}$;   (16) $\sum\limits_{n=1}^{\infty}\dfrac{5^n}{3^n+4^n}$;

(17) $\sum\limits_{n=1}^{\infty}\left(\dfrac{n}{n+1}\right)^{n^2}$;   (18) $\sum\limits_{n=1}^{\infty}\dfrac{1}{n\sqrt[n]{n}}$;

(19) $\sum\limits_{n=1}^{\infty}(\sqrt[n]{a}-1)^n$;   (20) $\sum\limits_{n=1}^{\infty}\sin\dfrac{4^n}{5^n}$.

2.2 函数的极限

2.2.1 函数在无穷远处的极限

借用数列极限的思想，较易讨论函数在无穷远处的极限，即 x 无限增大的情形. x 无限

增大有三种情形:

(1) x 取正值无限增大的情形,也就是 $x\to+\infty$ 这个过程,考察在此过程中函数 $f(x)$ 的变化状态,例如函数 $f(x)=\arctan x$ 在这一过程中无限接近 $\dfrac{\pi}{2}$。一般地,如果 $x\to+\infty$,函数 $f(x)$ 无限接近某常数 L,那么,仿数列中的术语,也称 L 为 $x\to+\infty$ 时,函数 $f(x)$ 的极限,记为 $\lim\limits_{x\to+\infty}f(x)=L$。

(2) x 取负值无限减少,即 $-x$ 无限增大的情形。这一过程也记为 $x\to-\infty$,若在此过程中,$f(x)$ 无限接近某常数 L,则称 L 为 $x\to-\infty$ 时,函数 $f(x)$ 的极限,记为 $\lim\limits_{x\to-\infty}f(x)=L$。

(3) x 取正值也可取负值,其绝对值无限增大的情形,记此过程为 $x\to\infty$。若在此过程中,函数 $f(x)$ 无限接近某常数 L,则称 L 为 $x\to\infty$ 时,函数 $f(x)$ 的极限,记为 $\lim\limits_{x\to\infty}f(x)=L$。

这三个过程中的极限过程(1)和过程(2)也称为单侧过程,单侧过程的极限称为单侧极限。有了数列极限的数量分析定义这一基础,再注意到变量 x 变化过程取值是实数这一特征,不难给出上述三个极限的数量分析定义。

定义 2.2.1 设函数 $f(x)$ 在 $(X_0,+\infty)$ 或在 $(-\infty,X_0)$ 或在 $(-\infty,X_0)\cup(X_0,+\infty)$ 上有定义,则

(1) $\lim\limits_{x\to+\infty}f(x)=L$ 被定义为 $\forall\varepsilon>0,\exists X>\max\{X_0,0\}$,使得当 $x>X$ 时,$|f(x)-L|<\varepsilon$;

(2) $\lim\limits_{x\to-\infty}f(x)=L$ 被定义为 $\forall\varepsilon>0,\exists X<\min\{X_0,0\}$,使得当 $x<X$ 时,$|f(x)-L|<\varepsilon$;

(3) $\lim\limits_{x\to\infty}f(x)=L$ 被定义为 $\forall\varepsilon>0,\exists X>|X_0|$,使得当 $|x|>X$ 时,$|f(x)-L|<\varepsilon$。

由定义 2.2.1 易证:

(1) $\lim\limits_{x\to\infty}C=C$; (2) $\lim\limits_{x\to\infty}\dfrac{1}{x}=0$; (3) $\lim\limits_{x\to+\infty}\arctan x=\dfrac{\pi}{2}$。

我们仅对(3) $\lim\limits_{x\to+\infty}\arctan x=\dfrac{\pi}{2}$ 给出证明,以窥见用此三个极限的数量分析定义证明函数在无穷远处极限等式之一般。

证明 对任意的 $\varepsilon>0$,存在 $X=\tan\left(\dfrac{\pi}{2}-\varepsilon\right)>0$,使得当 $x>X$ 时,

$$\arctan X<\arctan x<\dfrac{\pi}{2},$$

即

$$\dfrac{\pi}{2}-\varepsilon=\arctan X<\arctan x<\dfrac{\pi}{2}<\dfrac{\pi}{2}+\varepsilon,$$

因此有

$$\left|\arctan x-\dfrac{\pi}{2}\right|<\varepsilon.$$

于是,由极限定义知 $\lim\limits_{x\to+\infty}\arctan x = \dfrac{\pi}{2}$.

类似于数列,函数在无穷远处的极限也是唯一的,不同的是函数有界性和极限保序性是局部的.

性质 2.2.1(极限的局部有界性) 如果 $\lim\limits_{x\to\infty}f(x)=L$,那么存在 $X>0$,以及常数 A 和 B,使得当 $|x|>X$ 时,$B\leqslant f(x)\leqslant A$.

证明 对正数 $\dfrac{|L|+1}{2}$,由已知,存在 $X>0$,使得当 $|x|>X$ 时,$|f(x)-L|<\dfrac{|L|+1}{2}$. 故存在 $A=\dfrac{3|L|+1}{2}$,$B=-\dfrac{3|L|+1}{2}$,使得 $|x|>X$ 时,$B\leqslant f(x)\leqslant A$.

性质 2.2.2(极限局部保序性) 如果 $\lim\limits_{x\to\infty}f(x)=L$,$\lim\limits_{x\to\infty}g(x)=M$,那么:

(1) 若 $L<M$,则存在常数 $X>0$,使得当 $|x|>X$ 时,$f(x)<g(x)$;

(2) 若有常数 $X_0>0$,使得当 $|x|>X_0$ 时,$f(x)<g(x)$,则 $L\leqslant M$.

证明 (1) 对正数 $\dfrac{M-L}{2}$,由 $\lim\limits_{x\to\infty}f(x)=L$ 和 $\lim\limits_{x\to\infty}g(x)=M$ 可知,存在 $X>0$,使得当 $|x|>X$ 时,$f(x)<\dfrac{M+L}{2}<g(x)$.

(2) 反证法. 假设 $L>M$,由(1)知,存在 $X>0$,使得当 $|x|>X$ 时,$f(x)>g(x)$. 于是令 $X_1=\max\{X_0, X\}$,使得当 $|x|>X_1$ 时,$f(x)>g(x)$ 且有 $f(x)<g(x)$. 这是矛盾的. 因此,$L\leqslant M$.

此外无穷远极限还有类似于数列的无穷小量与无穷大量等概念. 当然,也有类似于数列极限中的定理 2.1.1、定理 2.1.2、定理 2.1.3、定理 2.1.5,此处不再重复了. 数列极限中的定理 2.1.4 是数列极限与子列的关系,在我们论述的无穷远处的极限中,也有类似定理 2.1.4 的函数与数列的极限关系,叙述如定理 2.2.1. 此外,还有不同于数列极限的单侧极限准则,叙述如定理 2.2.2.

定理 2.2.1 如果 $\lim\limits_{x\to\infty}f(x)=L$,那么对任意的无穷大量 $x_n\in D(f)$ 成立 $\lim\limits_{n\to\infty}f(x_n)=L$.

证明 对任意的 $\varepsilon>0$,由 $\lim\limits_{x\to\infty}f(x)=L$ 知,存在 $X>0$,使得当 $|x|>X$,$x\in D(f)$ 时,$|f(x)-L|<\varepsilon$,对这个 $X>0$,由于 $x_n[x_n\in D(f)]$ 为无穷大量,从而存在 $N_0>0$,使得当 $n>N_0$ 时,$|x_n|>X$,于是由已证的结论有 $|f(x_n)-L|<\varepsilon$. 因此由数列极限定义知 $\lim\limits_{n\to\infty}f(x_n)=L$.

定理 2.2.2 $\lim\limits_{x\to\infty}f(x)=L$ 的充分必要条件是 $\lim\limits_{x\to+\infty}f(x)=L$,且 $\lim\limits_{x\to-\infty}f(x)=L$.

证明 必要性. $\forall \varepsilon>0$,由 $\lim\limits_{x\to\infty}f(x)=L$ 知存在 $X>0$,使得当 $|x|>X$ 时,$|f(x)-L|<\varepsilon$. 也就是说,当 $x>X$ 时,$|f(x)-L|<\varepsilon$;当 $x<-X$ 时,也有 $|f(x)-L|<\varepsilon$. 因此,由单侧极限定义知

$$\lim_{x\to+\infty}f(x)=L,$$

$$\lim_{x\to-\infty}f(x)=L.$$

充分性. 对任意的 $\varepsilon>0$, 由 $\lim\limits_{x\to+\infty}f(x)=L$ 知, 存在 $X_1>0$, 使得当 $x>X_1$ 时,

$$|f(x)-L|<\varepsilon.$$

又由 $\lim\limits_{x\to-\infty}f(x)=L$ 知, 存在 $X_2>0$, 使得当 $x<-X_2$ 时, $|f(x)-L|<\varepsilon$.

令 $X=\max\{X_1,X_2\}>0$, 则当 $|x|>X$ 时, $x>X\geqslant X_1$, 也有 $x<-X\leqslant-X_2$, 于是由证明了的结果知

$$|f(x)-L|<\varepsilon.$$

因此, 由定义知 $\lim\limits_{x\to\infty}f(x)=L$.

借用例 2.1.5 和定理 2.1.5, 有函数在无穷远处的重要极限

$$\lim_{x\to\infty}\left(1+\frac{1}{x}\right)^x=\mathrm{e}.$$

此极限仍称为**第一重要极限**. 下面证明之.

对 $x>1$, 有 $[x]\leqslant x<[x]+1$, 进而当 $x\to+\infty$ 时, $[x]\to+\infty$, 于是, 有

$$\left(1+\frac{1}{[x]+1}\right)^{[x]}<\left(1+\frac{1}{x}\right)^{[x]}\leqslant\left(1+\frac{1}{x}\right)^x<\left(1+\frac{1}{x}\right)^{[x]+1}\leqslant\left(1+\frac{1}{[x]}\right)^{[x]+1},$$

且

$$\lim_{x\to+\infty}\left(1+\frac{1}{[x]+1}\right)^{[x]}=\lim_{x\to+\infty}\left(1+\frac{1}{[x]+1}\right)^{[x]+1}\cdot\lim_{x\to+\infty}\left(1+\frac{1}{[x]+1}\right)^{-1}=\mathrm{e},$$

以及

$$\lim_{x\to+\infty}\left(1+\frac{1}{[x]+1}\right)^{[x]+1}=\lim_{x\to+\infty}\left(1+\frac{1}{[x]}\right)^{[x]}\cdot\lim_{x\to+\infty}\left(1+\frac{1}{[x]}\right)=\mathrm{e}.$$

因此, 由定理 2.1.5 知 $\lim\limits_{x\to+\infty}\left(1+\frac{1}{x}\right)^x=\mathrm{e}$.

而当 $x<0$ 时, $\lim\limits_{x\to-\infty}\left(1+\frac{1}{x}\right)^x=\lim\limits_{x\to-\infty}\left(1-\frac{1}{-x}\right)^{-(-x)}=\lim\limits_{-x\to+\infty}\left(1+\frac{1}{-x-1}\right)^{-x-1+1}=\mathrm{e},$

又由定理 2.2.2 知 $\lim\limits_{x\to\infty}\left(1+\frac{1}{x}\right)^x=\mathrm{e}.$

这个极限式子是幂指函数的极限式, 底的极限是 1, 而幂则是无穷大量, 这种极限常记为 "1^∞". 这就是说, 在求幂指函数的极限时出现此类情况, 便可使用这一重要极限求极限值, 见后面的例子.

2.2.2 函数在有限点 x_0 处的极限

现在讨论函数在有限点 x_0 处的极限. 由无穷远处的极限定义, 并注意到当 $x\to\infty$ 时, $\frac{1}{x}$

$\to 0$,令 $y = \dfrac{1}{x}$,"$\lim\limits_{x\to\infty} f(x) = L$ 意味着当 $x\to\infty$ 时,$f(x)$ 无限接近常数 L"可换成这种陈述"当 $x\to\infty$,$y\to 0$ 时,$f\left(\dfrac{1}{y}\right)$ 无限接近常数 L",即 $\lim\limits_{y\to 0} f\left(\dfrac{1}{y}\right) = L$. 于是,对任意的 $\varepsilon > 0$,存在 $X(\varepsilon) > 0$,使得当 $|x| > X(\varepsilon)$ 时,$|f(x) - L| < \varepsilon$,这意味着,对任意的 $\varepsilon > 0$,存在 $\dfrac{1}{X(\varepsilon)} > 0$,使得当 $\left|\dfrac{1}{x}\right| < \dfrac{1}{X(\varepsilon)}$,$|y - 0| < \dfrac{1}{X(\varepsilon)}$ 时,$\left|f\left(\dfrac{1}{y}\right) - L\right| < \varepsilon$. 若将 $\dfrac{1}{X(\varepsilon)}$ 记为 $\delta(\varepsilon)$,则 $\lim\limits_{y\to 0} f\left(\dfrac{1}{y}\right) = L$ 可描述为 $\forall \varepsilon > 0$,$\exists \delta > 0$,使得当 $|y - 0| < \delta$ 时,$\left|f\left(\dfrac{1}{y}\right) - L\right| < \varepsilon$.

这个 L 便是函数 $f\left(\dfrac{1}{y}\right)$ 在零点处的极限. 依此,函数 $f(x)$ 在零点处的极限为 L 可定义为"对任意的 $\varepsilon > 0$,存在 $\delta > 0$,使得当 $|x - 0| < \delta$ 时,$|f(x) - L| < \varepsilon$". 即当 $x \to 0$ 时,$f(x) \to L$,即 $\lim\limits_{x\to 0} f(x) = L$. 由此注意到 $x \to 0$ 可从零点的左边趋于零,也可从右边趋于零. 因此,类似无穷远处有单侧极限,函数在零点处的极限也有单侧极限. 下面更一般地给出函数在点 x_0 处的极限、单侧极限的数量分析定义.

定义 2.2.2 设 $f(x)$ 在点 x_0 的某个空心邻域内有定义,L 是一个常数,如果对任意的 $\varepsilon > 0$,存在一个与 ε 有关的数 $\delta(\varepsilon) > 0$,使得:

(1) 当 $0 < |x - x_0| < \delta$ 时,成立 $|f(x) - L| < \varepsilon$;

(2) 当 $0 < x - x_0 < \delta$ 时,成立 $|f(x) - L| < \varepsilon$;

(3) 当 $-\delta < x - x_0 < 0$ 时,成立 $|f(x) - L| < \varepsilon$,

则称(1)中的 L 为 x 趋于 x_0 时函数 $f(x)$ 的极限,记为 $\lim\limits_{x\to x_0} f(x) = L$ 或记为 $f(x) \to L$,$x \to x_0$ 时;称(2)中的 L 为 x 从右边趋于 x_0 时函数 $f(x)$ 的右极限,记为 $\lim\limits_{x\to x_0^+} f(x) = L$ 或记为 $f(x) \to L$,$x \to x_0^+$,也可记为 $f(x_0 + 0)$;称(3)中的 L 为 x 从左边趋于 x_0 时函数 $f(x)$ 的左极限,记为 $\lim\limits_{x\to x_0^-} f(x) = L$ 或记为 $f(x) \to L$,$x \to x_0^-$,也可记为 $f(x_0 - 0)$. 由此定义易知

$$\lim_{x\to x_0} C = C, \quad \lim_{x\to x_0} x = x_0.$$

接下来我们再给出两个用极限的数量分析定义证明函数极限等式的例子.

例 2.2.1 证明 $\lim\limits_{x\to x_0} a^x = a^{x_0}$.

证明 对任意的 $0 < \varepsilon < a^{x_0}$,存在 $\delta = \min\{\log_a(1 + \varepsilon a^{-x_0}), -\log_a(1 - \varepsilon a^{-x_0})\} > 0$,使得当 $0 < |x - x_0| < \delta$ 时,有

$$-\varepsilon = -a^{x_0} a^{-x_0} \varepsilon = a^{x_0}(a^{\log_a(1 - a^{-x_0}\varepsilon)} - 1) < a^{x_0}(a^{x - x_0} - 1)$$
$$< a^{x_0}(a^{\log_a(1 + a^{-x_0}\varepsilon)} - 1) = a^{x_0} a^{-x_0} \varepsilon = \varepsilon,$$

即 $-\varepsilon < a^{x_0}(a^{x - x_0} - 1) < \varepsilon$,也就是 $|a^x - a^{x_0}| < \varepsilon$,于是由定义有 $\lim\limits_{x\to x_0} a^x = a^{x_0}$.

例 2.2.2 证明 $\lim\limits_{x \to x_0} \cos x = \cos x_0$.

证明 对任意的 $\varepsilon > 0$,存在 $\delta = \dfrac{\varepsilon}{2}$,使得当 $0 < |x - x_0| < \delta$ 时,有

$$
\begin{aligned}
|\cos x - \cos x_0| &= |\cos(x - x_0)\cos x_0 - \sin(x - x_0)\sin x_0 - \cos x_0| \\
&\leqslant |\cos(x - x_0) - 1| + |\sin(x - x_0)| \\
&= 2\left|\sin\dfrac{x - x_0}{2}\sin\dfrac{x - x_0}{2}\right| + |\sin(x - x_0)| \\
&\leqslant 2\left|\sin\dfrac{x - x_0}{2}\right| + 2\left|\sin\dfrac{x - x_0}{2}\right| \\
&\leqslant 2|x - x_0| < 2\delta \\
&= \varepsilon.
\end{aligned}
$$

由定义,即有 $\lim\limits_{x \to x_0} \cos x = \cos x_0$.

在 $x \to x_0$,$x \to x_0^+$ 和 $x \to x_0^-$ 时的极限有类似于无穷远处的性质:唯一性,局部有界性,局部保序性,也有无穷小量与无穷大量的概念.

定理 2.1.1,定理 2.1.2,定理 2.1.3,定理 2.1.5,定理 2.2.1 和定理 2.2.2 在这三个过程中也成立,不再重叙. 只因函数与数列的极限关系略有微小差异,以及函数与数列的极限关系本质是复合函数的极限,于是函数在一点处的极限与数列的极限关系重叙为定理 2.2.3. 又因为函数与数列的极限关系本质是复合函数的极限,为此,我们将定理 2.2.1 重叙为定理 2.2.4. 定理 2.2.2 重叙为定理 2.2.5,定理 2.1.3 则重叙为定理 2.2.6.

定理 2.2.3 如果 $\lim\limits_{x \to x_0} f(x) = L$,那么若对任意数列 $y_n \in D(f)$ 满足 $\lim\limits_{n \to \infty} y_n = x_0 (y_n \neq x_0)$,则有 $\lim\limits_{n \to \infty} f(y_n) = L$.

证明 对任意的 $\varepsilon > 0$,由 $\lim\limits_{x \to x_0} f(x) = L$ 知,存在 $\delta > 0$,使得当 $0 < |x - x_0| < \delta$ 时,$|f(x) - L| < \varepsilon$ 成立. 对于 $\delta > 0$,由 $\lim\limits_{n \to \infty} y_n = x_0 (y_n \neq x_0)$ 也知,存在 $N_0 > 0$,使得当 $n > N_0$ 时,$0 < |y_n - x_0| < \delta$ 成立,即有 $|f(y_n) - L| < \varepsilon$. 因此,由数列定义有 $\lim\limits_{n \to \infty} f(y_n) = L$.

定理 2.2.4 设 $\lim\limits_{x \to x_0} f(x) = L$,$\lim\limits_{t \to t_0} g(t) = x_0 [g(t) \neq x_0]$,则 $\lim\limits_{t \to t_0} f[g(t)] = L$.

这个定理的证明可仿定理 2.2.3 的证明,故此处的证明留作练习.

定理 2.2.5 $\lim\limits_{x \to x_0} f(x) = L$ 的充分必要条件是 $\lim\limits_{x \to x_0^+} f(x) = L$ 且 $\lim\limits_{x \to x_0^-} f(x) = L$.

证明 必要性. 对任意的 $\varepsilon > 0$,由 $\lim\limits_{x \to x_0} f(x) = L$,有 $\delta > 0$,使得当 $0 < |x - x_0| < \delta$ 时,有 $|f(x) - L| < \varepsilon$. 特别地,当 $0 < x - x_0 < \delta$ 时,有 $|f(x) - L| < \varepsilon$;当 $-\delta < x - x_0 < 0$ 时,也有 $|f(x) - L| < \varepsilon$. 故由左右极限定义知 $\lim\limits_{x \to x_0^+} f(x) = L$ 且 $\lim\limits_{x \to x_0^-} f(x) = L$.

充分性. 对任意的 $\varepsilon > 0$,由 $\lim\limits_{x \to x_0^+} f(x) = L$ 知,存在 $\delta_1 > 0$,使得当 $0 < x - x_0 < \delta_1$ 时,$|f(x) - L| < \varepsilon$;又由 $\lim\limits_{x \to x_0^-} f(x) = L$ 知,存在 $\delta_2 > 0$,使得当 $-\delta_2 < x - x_0 < 0$ 时,$|f(x) - L| < \varepsilon$. 令 $\delta = \min\{\delta_1, \delta_2\} > 0$,则当 $0 < |x - x_0| < \delta$ 时,有 $0 < x - x_0 < \delta_1$,也有

$-\delta_2 < x - x_0 < 0$,进而$|f(x) - L| < \varepsilon$. 故由定义知$\lim\limits_{x \to x_0} f(x) = L$.

定理 2.2.6 如果$f(x)$在$(-\infty, +\infty)$上是单调有界的,那么$\lim\limits_{x \to +\infty} f(x)$, $\lim\limits_{x \to -\infty} f(x)$都存在且$\lim\limits_{x \to -\infty} f(x) \leq \lim\limits_{x \to +\infty} f(x)$;$\lim\limits_{x \to x_0^+} f(x)$和$\lim\limits_{x \to x_0^-} f(x)$也都存在,且有

$$\lim_{x \to x_0^+} f(x) \geq \lim_{x \to x_0^-} f(x).$$

证明 首先证明$\lim\limits_{x \to -\infty} f(x) \leq \lim\limits_{x \to +\infty} f(x)$. 为此不妨设函数$f(x)$在$(-\infty, +\infty)$上是单增有界的. 现证明$\lim\limits_{x \to +\infty} f(x)$存在,为此对任意的正整数$n$,由函数单调有界性知,$f(n)$是单增有界的,从而由定理 2.1.3 知$\lim\limits_{n \to \infty} f(n)$存在,记为$L$. 于是,对任意的$\varepsilon > 0$,存在$N_0 > 0$,使得$n > N_0$时,$|f(n) - L| < \varepsilon$,即$L - \varepsilon < f(n) < L + \varepsilon$. 取$x_0 \in (0, +\infty)$,则$X_0 = N_0 + x_0 > 0$,且$X_0 \in (0, +\infty)$,于是当$x > X_0$时,$N_0 < [x] \leq x < [x] + 1$,由函数的递增性和已证得的结果,有

$$L - \varepsilon < f([x]) \leq f(x) < f([x] + 1) < L + \varepsilon,$$

即有$L - \varepsilon < f(x) < L + \varepsilon$,也就是$|f(x) - L| < \varepsilon$,由极限定义知$\lim\limits_{x \to +\infty} f(x) = L$. 这样,$\lim\limits_{x \to +\infty} f(x)$存在已得证.

同理可证$\lim\limits_{x \to -\infty} f(x)$存在,且设为$M$,即$\lim\limits_{x \to -\infty} f(x) = M$.

任取正数X_0,则对任意的x满足$x < -X_0 < X_0$时,由函数单调递增知$f(x) < f(X_0)$,进而有$M = \lim\limits_{x \to -\infty} f(x) \leq f(X_0)$;当$x > X_0$时,有$f(x) > f(X_0)$,进而有$L = \lim\limits_{x \to +\infty} f(x) \geq f(X_0)$. 这样可得,$M \leq L$,即$\lim\limits_{x \to -\infty} f(x) \leq \lim\limits_{x \to +\infty} f(x)$.

再对$\lim\limits_{x \to x_0^+} f(x)$存在给出证明. 对任意的$\varepsilon > 0$,我们在$x_0$右侧任取一个单调递减的数列$x_n$且满足$\lim\limits_{n \to \infty} x_n = x_0$,这样由函数单调有界知$f(x_n)$也是单调有界数列,从而由定理 2.1.3 知$\lim\limits_{n \to \infty} f(x_n)$存在,记为$L$. 于是,存在$N_1 > 0$,使得$n > N_1$时,$|f(x_n) - L| < \varepsilon$,再由$\lim\limits_{n \to \infty} x_n = x_0$存在$N_2 > 0$,使得$n > N_2$时,$|x_n - x_0| < \dfrac{\varepsilon}{2}$. 令$N = \max\{N_1, N_2\} > 0$,则对任意的$n > N$,取$\delta = x_N - x_0$,且当$0 < x - x_0 < \delta$时,$x_0 < x < x_N$,故可断言存在$n_0 > N$使得$x_0 < x_{n_0} < x < x_N$. 若不然,对任意的$n > N$总有$x_0 < x_{n_0} < x \leq x_n < x_N$且由$\lim\limits_{n \to \infty} x_n = x_0$,有$x_0 < x \leq x_0 < x_N$. 这是矛盾的. 于是断言成立,由函数的单调性和已证的结论知

$$L - \varepsilon < f(x_{n_0}) < f(x) < f(x_n) < L + \varepsilon.$$

这就是说,对任意的$\varepsilon > 0$,存在$\delta > 0$,使得$0 < x - x_0 < \delta$时,$|f(x) - L| < \varepsilon$成立. 故由右极限定义知,$\lim\limits_{x \to x_0^+} f(x) = L$. 类似地可证明$\lim\limits_{x \to x_0^-} f(x)$存在.

当$x < x_0$时,$f(x) < f(x_0)$,且$\lim\limits_{x \to x_0^-} f(x) \leq f(x_0)$,又$x > x_0$时,$f(x) > f(x_0)$,且$\lim\limits_{x \to x_0^+} f(x) \geq f(x_0)$. 因此有$\lim\limits_{x \to x_0^+} f(x) \geq \lim\limits_{x \to x_0^-} f(x)$.

例 2.2.3　证明 $\lim\limits_{x\to 0}\dfrac{\sin x}{x}=1$.

证明　首先证 $\lim\limits_{x\to 0^+}\dfrac{\sin x}{x}=1$. 考虑 $0<x<\dfrac{\pi}{2}$, 此时, 由图 2-1 中的单位圆易知 $S_{\triangle OAB}<S_{\text{扇}\widehat{OAB}}<S_{\triangle OAD}$, 即,

$$\frac{1}{2}\sin x<\frac{1}{2}x<\frac{1}{2}\tan x,$$

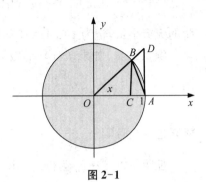

图 2-1

整理可得

$$\cos x<\frac{\sin x}{x}<1.$$

又由于 $\lim\limits_{x\to 0^+}1=1$, $\lim\limits_{x\to 0^+}\cos x=1$, 因此由夹逼定理得到

$$\lim_{x\to 0^+}\frac{\sin x}{x}=1.$$

再证 $\lim\limits_{x\to 0^-}\dfrac{\sin x}{x}=1$. 这是显然的, 因为

$$\lim_{x\to 0^-}\frac{\sin x}{x}=\lim_{-x\to 0^+}\frac{\sin(-x)}{-x}=1.$$

于是由定理 2.2.5 便知

$$\lim_{x\to 0}\frac{\sin x}{x}=1.$$

这个例子中的极限等式称为**第二个重要极限**. 这个极限式的函数是两个无穷小量的比. 由此, 求两个无穷小量的比的极限且式中有三角函数的极限可用此重要极限式计算. 当然无穷小量比的极限不仅仅是这样, 有可能极限不存在, 也有可能仍为无穷小量, 例如当 $x\to 0$ 时, x^3, x^2 都是无穷小量, 但两者的比仍为无穷小量, 而当 $x\to 0$ 时, $\sin 3x^2$, x^2 都是无穷小量, 两者的比的极限却是 3, 又 x^2 与 x^3 的比的极限是无穷大量. 这种情况的出现, 其原因是无穷小量接近零的速度有快慢. 为此下面给出描述无穷小量接近零的速度快慢 (**无穷小量的阶**) 的比较定义.

定义 2.2.3　设 $f(x)$, $g(x)$ 在上述所论的极限过程 ($n\to\infty$, $x\to\infty$, $x\to x_0$, ⋯) 中都是无穷小量, 那么, 如果

(1) $\dfrac{f(x)}{g(x)}$ 在 x 的同一过程中极限为零, 则称在此过程中 $f(x)$ 是比 $g(x)$ 高阶的无穷小量, 记为 $f(x)=o(g(x))$.

(2) $\dfrac{f(x)}{g(x)}$ 在 x 的同一过程中极限是不为 1 或零的常数, 则称在此过程中 $f(x)$ 与 $g(x)$ 是同阶的无穷小量, 记为 $f(x)=O(g(x))$; 特别地, 如果 $\dfrac{f(x)}{g(x)}$ 在同一过程中极限为

1,则称在此过程中 $f(x)$ 与 $g(x)$ 是等价的无穷小量,记为 $f(x)\sim g(x)$.

(3) $\dfrac{f(x)}{g(x)}$ 在 x 的同一过程中极限为无穷大量,则称在此极限过程中 $f(x)$ 是比 $g(x)$ 低阶的无穷小量,记为 $g(x)=o(f(x))$.

例 2.2.4 如果 $f(x),g(x)$ 在上述所论的极限过程中都是无穷小量,且在相应的过程中 $f(x)\sim f_1(x),g(x)\sim g_1(x)$,那么,若在此极限过程中 $\dfrac{f_1(x)}{g_1(x)}$ 的极限存在,则 $\dfrac{f(x)}{g(x)}$ 的极限也存在且等于 $\dfrac{f_1(x)}{g_1(x)}$.

证明 以 $x\to x_0$ 为例. 由 $\lim\limits_{x\to x_0}f(x)=0$, $\lim\limits_{x\to x_0}g(x)=0$, 且 $x\to x_0$ 时, $f(x)\sim f_1(x)$, $g(x)\sim g_1(x)$, 则有 $\lim\limits_{x\to x_0}\dfrac{f(x)}{f_1(x)}=1$, $\lim\limits_{x\to x_0}\dfrac{g(x)}{g_1(x)}=1$. 又由 $\lim\limits_{x\to x_0}\dfrac{f_1(x)}{g_1(x)}$ 存在,可知

$$\lim_{x\to x_0}\frac{f(x)}{g(x)}=\lim_{x\to x_0}\left(\frac{f(x)}{f_1(x)}\cdot\frac{f_1(x)}{g_1(x)}\cdot\frac{g_1(x)}{g(x)}\right)$$

$$=\lim_{x\to x_0}\frac{f(x)}{f_1(x)}\cdot\lim_{x\to x_0}\frac{f_1(x)}{g_1(x)}\cdot\lim_{x\to x_0}\frac{g_1(x)}{g(x)}$$

$$=1\cdot\lim_{x\to x_0}\frac{f_1(x)}{g_1(x)}\cdot 1$$

$$=\lim_{x\to x_0}\frac{f_1(x)}{g_1(x)}.$$

2.2.3 多元函数的极限

注意到一元函数极限定义中的绝对值不等式本质是数轴上的两点间的距离,将此距离扩充到平面或空间上的两点间的距离便可定义多元函数在有限点处的极限. 以二元函数为例,其定义如下.

定义 2.2.4 设函数 $f(x,y)$ 在点 (x_0,y_0) 的某空心邻域内有定义, L 是一常数,如果对任意的 $\varepsilon>0$, 存在 $\delta>0$, 使得当 $0<\sqrt{(x-x_0)^2+(y-y_0)^2}<\delta[(x,y)\in D(f)]$ 时,恒有 $|f(x,y)-L|<\varepsilon$, 那么,称常数 L 为 $(x,y)\to(x_0,y_0)$ 时的极限,记为 $\lim\limits_{\substack{x\to x_0\\y\to y_0}}f(x,y)=L$ 或 $\lim\limits_{(x,y)\to(x_0,y_0)}f(x,y)=L$. 文字描述为"当点 (x,y) 无限接近点 (x_0,y_0) 时,函数 $f(x,y)$ 无限接近常数 L".

如果点 (x,y) 记为 $\boldsymbol{x}$, 即 $\boldsymbol{x}=(x,y)$, (x_0,y_0) 记为 $\boldsymbol{x}_0$, 即 $\boldsymbol{x}_0=(x_0,y_0)$, 那么极限式可写为 $\lim\limits_{\boldsymbol{x}\to\boldsymbol{x}_0}f(\boldsymbol{x})=L$, 这种表达更有利于讨论三元及三元以上的函数. 此式的数量分析定义只要将定义 2.2.4 中的式 $0<\sqrt{(x-x_0)^2+(y-y_0)^2}<\delta$ 改写为"$\forall\varepsilon>0,\exists\delta>0$, 使得当 $0<|\boldsymbol{x}-\boldsymbol{x}_0|<\delta$, $\boldsymbol{x}\in D(f)$ 时,恒有 $|f(\boldsymbol{x})-L|<\varepsilon$"即可. 其中, $\boldsymbol{x}_0$ 和 $\boldsymbol{x}$ 都是平面上的点,

由此，点 x 趋于点 x_0 的路径有无限多条，但无论是按哪条路径 x 趋于 x_0，只要 x 在点 x_0 的 δ 邻域内成立 $|f(x)-L|<\varepsilon$，则有 $\lim\limits_{x\to x_0}f(x)=L$. 这意味着当点 x 按不同路径趋于点 x_0 时，函数值都趋于同一常数. 换句话说，**若当点 x 按不同路径趋于点 x_0 时，函数值趋于不同的常数，则函数的极限不存在**. 例如 $\lim\limits_{\substack{x\to 0\\ y\to 0}}\dfrac{y-x}{x+y}$ 不存在. 这是因为当点 (x,y) 沿直线 $y=0$ 趋于 $(0,0)$ 时，函数值趋于 -1，而当点 (x,y) 沿直线 $y=2x$ 趋于 $(0,0)$ 时，函数值趋于 $\dfrac{1}{3}$.

利用定义 2.2.4 容易证明：

(1) $\lim\limits_{\substack{x\to x_0\\ y\to y_0}} x = x_0$；

(2) $\lim\limits_{\substack{x\to x_0\\ y\to y_0}} y = y_0$；

(3) 如果 $\lim\limits_{x\to x_0} f(x)=L$，$\lim\limits_{y\to y_0} g(y)=M$，则有 $\lim\limits_{\substack{x\to x_0\\ y\to y_0}} f(x)=L$，$\lim\limits_{\substack{x\to x_0\\ y\to y_0}} g(y)=M$.

我们将这些等式的证明留给读者. 此外，二元函数的极限也有类似一元函数的极限性质、存在准则、运算法则等. 这里，我们不再一一列出并证明，希望读者们自己列出并试着给出证明. 再有常数在一元函数中视为函数，一元函数也可视为二元函数，如上述 (3).

例 2.2.5 计算 $\lim\limits_{(x,y)\to(2,1)}(x^2+3y^3-4)$.

解
$$\begin{aligned}\lim_{(x,y)\to(2,1)}(x^2+3y^3-4) &= \lim_{(x,y)\to(2,1)} x^2 + \lim_{(x,y)\to(2,1)} 3y^3 - \lim_{(x,y)\to(2,1)} 4\\ &= \lim_{(x,y)\to(2,1)} x \cdot \lim_{(x,y)\to(2,1)} x + 3\lim_{(x,y)\to(2,1)} y^3 - 4\\ &= 4+3-4=3.\end{aligned}$$

例 2.2.6 计算 $\lim\limits_{(x,y)\to(1,0)}\dfrac{\arctan(x+y)}{\ln(x+e^y)}$.

解 这是函数商的极限，且分母的极限不为零，故可用极限的商运算法则，有

$$\begin{aligned}\lim_{(x,y)\to(1,0)}\frac{\arctan(x+y)}{\ln(x+e^y)} &= \frac{\lim\limits_{(x,y)\to(1,0)}\arctan(x+y)}{\lim\limits_{(x,y)\to(1,0)}\ln(x+e^y)}\\ &= \frac{\arctan\lim\limits_{(x,y)\to(1,0)}(x+y)}{\ln\lim\limits_{(x,y)\to(1,0)}(x+e^y)}\\ &= \frac{\arctan 1}{\ln 2}\\ &= \frac{\pi}{4\ln 2}.\end{aligned}$$

例 2.2.7 计算 $\lim\limits_{(x,y)\to(1,0)}\left(\sin\dfrac{\pi}{2}x+\dfrac{\sqrt{x}-1}{x-1}\cdot\cos y\right)$.

解
$$\lim_{(x,y)\to(1,0)}\left(\sin\frac{\pi}{2}x+\frac{\sqrt{x}-1}{x-1}\cdot\cos y\right)$$
$$=\lim_{(x,y)\to(1,0)}\sin\frac{\pi}{2}x+\lim_{(x,y)\to(1,0)}\left(\frac{\sqrt{x}-1}{x-1}\cdot\cos y\right)$$
$$=\lim_{(x,y)\to(1,0)}\sin\frac{\pi}{2}x+\lim_{(x,y)\to(1,0)}\frac{\sqrt{x}-1}{x-1}\cdot\lim_{(x,y)\to(1,0)}\cos y$$
$$=1+\lim_{(x,y)\to(1,0)}\frac{\sqrt{x}-1}{(\sqrt{x}-1)(\sqrt{x}+1)}\cdot 1$$
$$=1+\frac{1}{2}=\frac{3}{2}.$$

例 2.2.8 证明 $\lim\limits_{(x,y)\to(0,0)}\dfrac{|x+y|}{\sqrt{x^2+y^2}}$ 不存在.

证明 当点 (x,y) 沿路径 $y=x$ 趋于点 $(0,0)$ 时,
$$\lim_{(x,y)\to(0,0)}\frac{|x+y|}{\sqrt{x^2+y^2}}=\lim_{x\to 0}\frac{2|x|}{\sqrt{2}|x|}=\sqrt{2};$$

当沿 $y=-x$ 时,
$$\lim_{(x,y)\to(0,0)}\frac{|x+y|}{\sqrt{x^2+y^2}}=\lim_{x\to 0}\frac{0}{\sqrt{2}|x|}=0.$$

故由二元函数的极限定义知, $\lim\limits_{(x,y)\to(0,0)}\dfrac{|x+y|}{\sqrt{x^2+y^2}}$ 不存在.

2.2.4 计算极限举例

接下来,我们给出一些用极限四则运算和**重要极限** $\lim\limits_{x\to\infty}\left(1+\dfrac{1}{x}\right)^x=\mathrm{e}$ 及 $\lim\limits_{x\to 0}\dfrac{\sin x}{x}=1$ 计算函数的极限例子.

例 2.2.9 计算 $\lim\limits_{x\to\frac{\pi}{4}}\left(\dfrac{x}{\pi}\cos x+x+2^{x-\frac{\pi}{4}}-\dfrac{\pi}{4}\right)$.

解 由四则运算中的和与积运算法则,有
$$\lim_{x\to\frac{\pi}{4}}\left(\frac{x}{\pi}\cos x+x+2^{x-\frac{\pi}{4}}-\frac{\pi}{4}\right)=\lim_{x\to\frac{\pi}{4}}\frac{x}{\pi}\cos x+\lim_{x\to\frac{\pi}{4}}x+\lim_{x\to\frac{\pi}{4}}2^{x-\frac{\pi}{4}}-\frac{\pi}{4}$$
$$=\frac{1}{4}\frac{\sqrt{2}}{2}+\frac{\pi}{4}+1-\frac{\pi}{4}$$
$$=\frac{\sqrt{2}+8}{8}.$$

例 2.2.10 计算 $\lim\limits_{x \to 1} \dfrac{\sqrt{x+\sqrt{x+\sqrt{x}}}}{\sqrt{x+1}}$.

解 这是商的极限,分子、分母的极限都存在且分母的极限不为零,故可用商运算法则,即

$$\lim_{x \to 1} \frac{\sqrt{x+\sqrt{x+\sqrt{x}}}}{\sqrt{x+1}} = \frac{\lim\limits_{x \to 1}\sqrt{x+\sqrt{x+\sqrt{x}}}}{\lim\limits_{x \to 1}\sqrt{x+1}}$$

$$= \frac{\sqrt{1+\sqrt{1+\sqrt{1}}}}{\sqrt{2}}$$

$$= \frac{\sqrt{1+\sqrt{2}}}{\sqrt{2}}.$$

例 2.2.11 计算 $\lim\limits_{x \to \infty} \dfrac{(x-2)^{120}(2+x)^{100}}{(2x+1)^{220}}$.

解 这个极限也是商的形式,但分子分母的极限不存在,不能直接用商的运算法则,注意到分子、分母都是无穷大量,故分子分母同时除以 x^{220},则有

$$\lim_{x \to \infty} \frac{(x-2)^{120}(2+x)^{100}}{(2x+1)^{220}} = \lim_{x \to \infty} \frac{\left(1-\dfrac{2}{x}\right)^{120}\left(\dfrac{2}{x}+1\right)^{100}}{\left(2+\dfrac{1}{x}\right)^{220}}$$

$$= \left(\frac{1}{2}\right)^{220}.$$

例 2.2.12 计算 $\lim\limits_{x \to 1} \dfrac{x^2-1}{(x^2+1)(1-\sqrt{x})}$.

解 这个极限也是商的形式,虽然分子、分母的极限都存在,但分子、分母的极限为零,故也不能直接用商的极限运算法则. 先约去引起分子、分母极限为零的因子后再使用商的极限运算法则. 故有

$$\lim_{x \to 1} \frac{x^2-1}{(x^2+1)(1-\sqrt{x})} = \lim_{x \to 1} \frac{(x+1)(\sqrt{x}-1)(\sqrt{x}+1)}{(x^2+1)(1-\sqrt{x})}$$

$$= -\lim_{x \to 1} \frac{(x+1)(\sqrt{x}+1)}{x^2+1}$$

$$= -\frac{\lim\limits_{x \to 1}(x+1)(\sqrt{x}+1)}{\lim\limits_{x \to 1}(x^2+1)}$$

$$= -\frac{\lim\limits_{x \to 1}(x+1)\lim\limits_{x \to 1}(\sqrt{x}+1)}{\lim\limits_{x \to 1}x^2+1}$$

$$= -\frac{2 \times 2}{2} = -2.$$

例 2.2.13 计算 $\lim\limits_{x \to b} \dfrac{\log_a x - \log_a b}{x - b}$.

解 和前面几个例子类同的是,本题也是计算函数商的极限. 注意到分子与分母的极限都存在且为零,使用商的极限运算法则不成立. 分子、分母中没有引起极限为零的"零因子"可约,将极限式中的分子整理成 $\log_a \left(\dfrac{x}{b}\right) = \log_a \left(1 + \dfrac{x-b}{b}\right)$,则容易想到第一重要极限 $\lim\limits_{x \to \infty} \left(1 + \dfrac{1}{x}\right)^x = e$,故有

$$\text{原式} = \lim_{x \to b} \frac{\log_a \left(1 + \dfrac{x-b}{b}\right)}{x - b}$$

$$= \lim_{x \to b} \log_a \left(1 + \frac{x-b}{b}\right)^{\frac{b}{x-b} \cdot \frac{1}{b}}$$

$$= \frac{1}{b} \log_a e.$$

例 2.2.14 计算 $\lim\limits_{x \to b} \dfrac{a^x - a^b}{x - b}$.

解 本题通过代数变形后可用第一个重要极限.

$$\lim_{x \to b} \frac{a^x - a^b}{x - b} = a^b \lim_{x \to b} \frac{a^{x-b} - 1}{x - b}$$

$$= a^b \lim_{y \to 0} \frac{1}{\log_a (1+y)^{\frac{1}{y}}} \quad (\text{令 } y = a^{x-b} - 1)$$

$$= \frac{a^b}{\log_a e}.$$

例 2.2.15 计算 $\lim\limits_{x \to 1} \dfrac{\sin(x^2 - 1)}{x - 1}$.

解 这是商的极限,但分子、分母的极限都为零,不能直接用商的运算法则,也没有"零因子"可约,但注意到分式中有正弦函数,这启示我们想到用第二个重要极限. 计算过程为

$$\lim_{x \to 1} \frac{\sin(x^2 - 1)}{x - 1} = \lim_{x \to 1} \frac{\sin[(x+1)(x-1)]}{(x+1)(x-1)} (x+1)$$

$$= \lim_{x \to 1} \frac{\sin[(x+1)(x-1)]}{(x+1)(x-1)} \lim_{x \to 1} (x+1)$$

$$= 2.$$

例 2.2.16 计算 $\lim\limits_{x \to 0} \dfrac{\arctan x}{x^2 + x}$.

解 令 $y=\arctan x$，则当 $x\to 0$ 时，$y\to 0$ 且 $x=\tan y$，于是

$$\lim_{x\to 0}\frac{\arctan x}{x^2+x}=\lim_{y\to 0}\frac{y}{\tan y(1+\tan y)}$$

$$=\lim_{y\to 0}\frac{y}{\tan y}\lim_{y\to 0}\frac{1}{1+\tan y}$$

$$=\lim_{y\to 0}\frac{y\cos y}{\sin y}\lim_{y\to 0}\frac{1}{1+\tan y}$$

$$=\lim_{y\to 0}\frac{y}{\sin y}\cdot\lim_{y\to 0}\cos y\cdot\lim_{y\to 0}\frac{1}{1+\tan y}$$

$$=1\cdot 1\cdot 1=1.$$

例 2.2.17 计算 $\lim\limits_{x\to 1}\dfrac{\sin(x^m-x^n)}{x-1}$.

解 和上例一样设法用第二个重要极限公式，即

$$\lim_{x\to 1}\frac{\sin(x^m-x^n)}{x-1}$$

$$=\lim_{x\to 1}\frac{\sin(x^m-x^n)(x^m-x^n)}{(x^m-x^n)(x-1)}$$

$$=\lim_{x\to 1}\frac{\sin(x^m-x^n)}{x^m-x^n}\lim_{x\to 1}\frac{x^m-x^n}{x-1}$$

$$=\lim_{x\to 1}\frac{x^m-1-x^n+1}{x-1}$$

$$=\lim_{x\to 1}\frac{(x-1)(x^{m-1}+x^{m-2}+\cdots+x+1)-(x-1)(x^{n-1}+x^{n-2}+\cdots+x+1)}{x-1}$$

$$=m-n.$$

例 2.2.18 计算 $\lim\limits_{x\to+\infty}\left(\dfrac{2}{\pi}\arctan x\right)^x$.

解 这是另一种未定式的极限形式，记为 1^∞ 型未定式，注意到第一个重要极限公式即为此形式，故可用第一个重要极限公式计算此极限.

$$\lim_{x\to+\infty}\left(\frac{2}{\pi}\arctan x\right)^x=\lim_{x\to+\infty}\left(1+\frac{2}{\pi}\arctan x-1\right)^{\frac{1}{\frac{2}{\pi}\arctan x-1}\left(\frac{2}{\pi}\arctan x-1\right)x},$$

又 $\lim\limits_{x\to+\infty}\left(\dfrac{2}{\pi}\arctan x-1\right)x=\lim\limits_{x\to+\infty}\dfrac{\dfrac{2}{\pi}\arctan x-1}{\dfrac{1}{x}}$

$$=\lim_{x\to+\infty}\frac{y}{\cot\left(\dfrac{\pi}{2}+\dfrac{\pi}{2}y\right)}\quad\left(y=\frac{2}{\pi}\arctan x-1\to 0, x\to+\infty\right)$$

$$= \lim_{y\to 0} \frac{y}{\tan\left(-\frac{\pi}{2}y\right)} = -\frac{2}{\pi}\lim_{y\to 0}\frac{-\frac{\pi}{2}y}{\tan\left(-\frac{\pi}{2}y\right)}$$

$$= -\frac{2}{\pi},$$

于是，由极限的复合运算法则，有

$$\lim_{x\to +\infty}\left(\frac{2}{\pi}\arctan x\right)^x = \lim_{x\to +\infty}\left(1+\frac{2}{\pi}\arctan x-1\right)^{\frac{1}{\frac{2}{\pi}\arctan x-1}\left(\frac{2}{\pi}\arctan x-1\right)x} = \mathrm{e}^{-\frac{2}{\pi}}.$$

例 2.2.19 设 $a>0, \alpha\in\mathbf{R}$，计算 $\lim\limits_{x\to a}x^\alpha$ 和 $\lim\limits_{x\to a}\dfrac{x^\alpha-a^\alpha}{x-a}$．

解 $\lim\limits_{x\to a}x^\alpha = \lim\limits_{x\to a}\mathrm{e}^{\alpha\ln x} = \mathrm{e}^{\alpha\ln a} = a^\alpha$；

$$\lim_{x\to a}\frac{x^\alpha-a^\alpha}{x-a} = a^\alpha\lim_{x\to a}\frac{\left(1+\dfrac{x-a}{a}\right)^\alpha-1}{x-a}\left[\text{令 } y=\left(1+\frac{x-a}{a}\right)^\alpha-1, \text{则 } x\to a \text{ 时}, y\to 0\right]$$

$$= \lim_{x\to a}\left[a^\alpha\cdot\frac{y}{\ln(1+y)}\cdot\frac{\alpha\ln\left(1+\dfrac{x-a}{a}\right)}{a\dfrac{x-a}{a}}\right]$$

$$= a^\alpha\lim_{y\to 0}\frac{y}{\ln(1+y)}\cdot\lim_{x\to a}\frac{\alpha\ln\left(1+\dfrac{x-a}{a}\right)}{a\dfrac{x-a}{a}}$$

$$= \alpha a^{\alpha-1}.$$

例 2.2.20 计算 $\lim\limits_{\substack{x\to 1\\y\to 2}}\dfrac{\sqrt{y}-\sqrt{2}}{y+xy-2x-2}$．

解 $\lim\limits_{\substack{x\to 1\\y\to 2}}\dfrac{\sqrt{y}-\sqrt{2}}{y+xy-2x-2} = \lim\limits_{\substack{x\to 1\\y\to 2}}\dfrac{(\sqrt{y}-\sqrt{2})(\sqrt{y}+\sqrt{2})}{(y-2)(x+1)(\sqrt{y}+\sqrt{2})}$

$$= \lim_{\substack{x\to 1\\y\to 2}}\frac{1}{(x+1)(\sqrt{y}+\sqrt{2})}$$

$$= \frac{\sqrt{2}}{8}.$$

例 2.2.21 计算 $\lim\limits_{\substack{x\to 1\\y\to 0}}(x+y)^{\frac{\cos y}{\sin(xy+x^2-x)}}$．

解 这是 1^∞ 型未定式，可用重要极限来计算.

$$\lim_{\substack{x \to 1 \\ y \to 0}}(x+y)^{\frac{\cos y}{\sin(xy+x^2-x)}} = \lim_{\substack{x \to 1 \\ y \to 0}}(1+x+y-1)^{\frac{1}{x+y-1} \cdot \frac{\sin[x(y+x-1)]}{x(x+y-1)}x \cdot \frac{\cos y}{x}}$$
$$= e.$$

练习 2.2

1. 计算下列极限：

(1) $\lim\limits_{x \to \infty} \dfrac{x^2-1}{2x^2-x-1}$;

(2) $\lim\limits_{x \to 0} \dfrac{x^2-1}{2x^2-x-1}$;

(3) $\lim\limits_{x \to 0} \dfrac{(1+x)(1+2x)\cdots(1+nx)-1}{x}$;

(4) $\lim\limits_{x \to 3} \dfrac{x^2-5x+6}{x^2-8x-15}$;

(5) $\lim\limits_{x \to 1} \dfrac{x^n-1}{x^m-1}$;

(6) $\lim\limits_{x \to 1}\left(\dfrac{m}{x^m-1}+\dfrac{n}{x^n-1}\right)$;

(7) $\lim\limits_{x \to 4} \dfrac{x-4}{\sqrt{x}-2}$;

(8) $\lim\limits_{x \to 4} \dfrac{\sqrt{1+2x}-3}{\sqrt{x}-2}$;

(9) $\lim\limits_{x \to 1} \dfrac{\sqrt[m]{x}-1}{\sqrt[n]{x}-1}$;

(10) $\lim\limits_{x \to -3} \dfrac{\sqrt{1-x}-3}{2+\sqrt[3]{x}}$.

2. 计算下列极限：

(1) $\lim\limits_{x \to \pi} \dfrac{\sin mx}{\sin nx}$;

(2) $\lim\limits_{x \to \infty} \dfrac{\sin x}{x}$;

(3) $\lim\limits_{x \to 0} \dfrac{\sin x - \tan x}{x^3}$;

(4) $\lim\limits_{x \to 0} \dfrac{\sqrt[3]{1+\tan x}-\sqrt{1+\sin x}}{x}$;

(5) $\lim\limits_{x \to 0} \dfrac{x \cot x - 1}{x^2}$;

(6) $\lim\limits_{x \to 0} \dfrac{\cos x^2 - 1}{\arcsin x^2 \arctan x^2}$;

(7) $\lim\limits_{x \to a} \dfrac{x^\alpha - a^\alpha}{x^\beta - a^\beta}$ $(a>0)$;

(8) $\lim\limits_{x \to b} \dfrac{a^x - a^b}{c^x - c^b}$ $(a>0, c>0)$.

3. 计算下列极限：

(1) $\lim\limits_{x \to \infty}\left(\dfrac{x^2-1}{x^2+1}\right)^{x^2}$;

(2) $\lim\limits_{x \to \infty}\left(\dfrac{x+a}{x-a}\right)^x$;

(3) $\lim\limits_{x \to 0}(x+e^x)^{\frac{1}{x}}$;

(4) $\lim\limits_{x \to 0}\left(\dfrac{1+x \cdot 4^x}{1+x \cdot 3^x}\right)^{\frac{1}{x^2}}$;

(5) $\lim\limits_{x \to \infty}\left(\sin \dfrac{1}{x} + \cos \dfrac{1}{x}\right)^x$;

(6) $\lim\limits_{x \to 0}\left(\dfrac{1+2^x+3^x+4^x}{4}\right)^{\frac{1}{x}}$;

(7) $\lim\limits_{x \to \infty}\left(\cos \dfrac{1}{x}\right)^x$;

(8) $\lim\limits_{n \to \infty}\left(\dfrac{\sqrt[n]{2}+\sqrt[n]{3}+\sqrt[n]{4}}{3}\right)^n$.

4. 计算下列极限：

(1) $\lim\limits_{\substack{x\to 1\\y\to 2}}(3+xy)$；

(2) $\lim\limits_{\substack{x\to 1\\y\to 2}}\dfrac{2x+y}{3+xy}$；

(3) $\lim\limits_{\substack{x\to 2\\y\to 0}}\dfrac{\sqrt{2x+y}-2}{2x+y-4}$；

(4) $\lim\limits_{\substack{x\to 4\\y\to 3}}\dfrac{\sqrt{x}-\sqrt{y+1}}{x-y-1}$；

(5) $\lim\limits_{\substack{x\to 2\\y\to 0}}\dfrac{\sin xy}{y}$；

(6) $\lim\limits_{\substack{x\to 4\\y\to 3}}(x-y)\dfrac{1}{\sqrt{x}-\sqrt{y+1}}$.

5. 证明 $(x,y)\to(0,0)$ 等价于 $\sqrt{x^2+y^2}\to 0$.

6. 证明定理 2.2.4.

2.3 函数的连续性

从上面的极限运算中，尤其是基本初等函数的极限运算中，我们发现这些函数在定义域中的点处的极限恰好是其函数值，如 $\cos x$ 在点 x_0 处的极限为 $\cos x_0$，再注意到函数 $\cos x$ 的图象是一条连续不断的曲线，我们把这种函数称为连续函数. 现在我们给出函数的连续性定义.

定义 2.3.1 设函数 $f(x)$ 在某 $U_{x_0}(\delta)$ 内有定义，如果 $\lim\limits_{x\to x_0}f(x)=f(x_0)$，则称函数 $f(x)$ 在 x_0 处连续，x_0 称为函数的连续点，否则，称函数在 x_0 处间断，此时 x_0 称为函数的间断点. 如果 $\lim\limits_{x\to x_0^+}f(x)=f(x_0)$ 或 $\lim\limits_{x\to x_0^-}f(x)=f(x_0)$，则称函数在 x_0 处单侧连续. 前者为右连续；后者为左连续. 如果函数在其定义域中的任意点处都是连续的，则称此函数为连续函数.

尽管连续的定义是一个极限式，但这一极限式的分析定义与极限的分析定义还是略有差别的，差别在于极限定义式中的"L"未必是 $f(x_0)$，而连续定义中极限式中的"L"是 $f(x_0)$，但两者的共性是 δ 都依赖于事先给定的 ε 和 x_0，因此，函数在 $x_0\in D(f)$ 点处连续的分析定义为"$\forall \varepsilon>0$，$\exists \delta>0$，使得当 $|x-x_0|<\delta$，$x\in D(f)$ 时，$|f(x)-f(x_0)|<\varepsilon$". 定义中的"否则"意指"$\exists \varepsilon_0>0$，$\forall \delta>0$，使得存在 $x'\in D(f)$，当 $|x'-x_0|<\delta$ 时，$|f(x')-f(x_0)|\geq \varepsilon_0$". 单侧连续也有类似的分析定义. 与一元函数类似，可定义多元函数在一点处的连续及连续函数. 即，如果 $\lim\limits_{x\to x_0}f(x)=f(x_0)$，则称函数在点 x_0 连续，若此点是定义域中的任意一点，则称函数是连续函数. 当然，还有一种连续函数，即其分析定义中的 δ 仅依赖于事先给定的 ε，这种连续称为**一致连续***. 其分析定义为，**如果对任意的 $\varepsilon>0$，存在 $\delta(\varepsilon)>0$，使得对任意的 $x_1,x_2\in D(f)$，只要 $|x_1-x_2|<\delta(\varepsilon)$ 时，便有 $|f(x_1)-f(x_2)|<\varepsilon$**. 有关多元函数的连续性以及一致连续的进一步讨论有兴趣的同学可自己试着陈述或去看有关的教材. 接下来仅就一元函数的连续情形加以讨论.

由连续的定义，显然有基本初等函数在其定义域上的任意一点都是连续的，因而基本初等函数是连续函数. 又由极限的运算法则知，**由基本初等函数的和、差、积、商、复合及反函数运算得到的函数是连续函数**. 换句话说，初等函数是连续函数，但连续函数经上述运算所得的函数未必是连续函数. 请看下列两例.

例 2.3.1 设函数 $f(x)$ 是连续的，则 $g(x)=|f(x)|$ 也是连续的.

证明 对任意的 $x_0\in D(g)=D(f)$，$\forall \varepsilon>0$，由 $f(x)$ 在点 x_0 连续知 $\exists \delta>0$，使得当 $|x-x_0|<\delta$ 时，$|f(x)-f(x_0)|<\varepsilon$，进而有 $||f(x)|-|f(x_0)||\leqslant|f(x)-f(x_0)|<\varepsilon$. 因此，$g(x)=|f(x)|$ 是连续的.

例 2.3.2 函数
$$f(x)=\begin{cases} x, & x\in(0,1)\cap\mathbf{Q} \\ x-2, & x\in(2,3)\cap\bar{\mathbf{Q}} \end{cases}$$
是连续函数，但其反函数
$$f^{-1}(x)=\begin{cases} x, & x\in(0,1)\cap\mathbf{Q}, \\ 2+x, & x\in(0,1)\cap\bar{\mathbf{Q}} \end{cases}$$
在 $(0,1)$ 上的任意点却是间断点.

证明 对任意的 $x_0\in D(f)$，$x_0\in(0,1)\cap\mathbf{Q}$，$\forall \varepsilon>0$，存在 $\delta=\min\{\varepsilon,1-x_0\}>0$，使得当 $|x-x_0|<\delta$，$x\in D(f)$，即当 $x<1$，$x\in D(f)$ 时，$x\in(0,1)\cap\mathbf{Q}$，此时，
$$|f(x)-f(x_0)|=|x-x_0|<\delta\leqslant\varepsilon.$$
若 $x_0\in(2,3)\cap\bar{\mathbf{Q}}$，$\forall \varepsilon>0$，则 $\exists \delta=\min\{\varepsilon,x_0-2,3-x_0\}>0$，使得当 $|x-x_0|<\delta$，$x\in D(f)$，即 $x\in(2,3)\cap\bar{\mathbf{Q}}$ 时，此时 $|f(x)-f(x_0)|=|x-2-(x_0-2)|=|x-x_0|<\delta\leqslant\varepsilon$. 因此，$f(x)$ 在点 x_0 连续. 由于 x_0 是定义域中的任意点，因此函数是连续的.

对任意的 $x_0\in D(f^{-1})$，如果 $x_0\in(0,1)\cap\mathbf{Q}$，则存在 $\varepsilon_0=1$，$\forall 0<\delta<1$，使得当 $|x-x_0|<\delta$，$x\in D(f^{-1})$ 时，总有无理数 x_1 满足 $|x_1-x_0|<\delta<1$，但
$$|f^{-1}(x_1)-f^{-1}(x_0)|=|2+x_1-x_0|\geqslant 2-|x_1-x_0|>1=\varepsilon_0,$$
若 $x_0\in(0,1)\cap\bar{\mathbf{Q}}$，同样存在 $\varepsilon_0=1>0$，$\forall 0<\delta<1$，使得当 $|x-x_0|<\delta$，$x\in D(f^{-1})$ 时，总有有理数 x_2 满足 $|x_2-x_0|<\delta<1$，但
$$|f^{-1}(x_2)-f^{-1}(x_0)|=|x_2-2-x_0|\geqslant 2-|x_2-x_0|>1=\varepsilon_0.$$
因此，由连续的定义知，函数 $f^{-1}(x)$ 在点 x_0 间断.

例 2.3.2 是说连续函数的逆运算结果不是连续的，即连续函数的逆运算得到的函数未必连续. 从定义 2.3.1 还易知下面的例 2.3.3 是对的.

例 2.3.3 函数 $f(x)$ 在点 x_0 处连续的充分必要条件是 $\lim\limits_{\Delta x\to 0}\Delta y=0$. 其中，$\Delta y=f(x_0+\Delta x)-f(x_0)$，$\Delta x=x-x_0$，并且称 Δx 为自变量在 x_0 处的**改变量**，而 Δy 则称为函数相应于自变量的改变量 Δx 的**改变量**.

下面给出函数在区间 I 或区域 D 上的连续性. 如果函数在区间 I 内的任意点处连续，在 I 的端点处左连续或右连续，则说函数在此区间 I 上连续，而函数在区域 D 上的连续除在 D 内的任意点连续外，边界上的任意点或连续或单侧连续，则说函数在区域 D 上连续. 此外，也有**连续函数的和、差、积、商以及复合函数仍然是连续函数**.

下面我们剖析一元函数在一点处连续的定义，$\lim\limits_{x\to x_0}f(x)=f(x_0)$ 成立当且仅当下列三点都成立：

(1) $f(x)$ 在点 x_0 处有定义；

(2) $\lim\limits_{x \to x_0} f(x)$ 存在意指函数在点 x_0 附近也有定义且极限存在；

(3) 函数在点 x_0 处的极限值等于函数值.

定义中的"否则"指的是上述三点至少有一点不成立，也就是说当三点中至少有一点不成立时，函数在此点是间断的. 为此可依据这三点中至少有一点不成立来划分间断点的类型.

(1) $f(x)$ 在点 x_0 处没有定义，但 $\lim\limits_{x \to x_0} f(x)$ 存在，则 x_0 是间断点并称为**可去型间断点**；

(2) 如果 $\lim\limits_{x \to x_0} f(x)$ 不存在，但左右极限存在而不相等，则 x_0 是间断点并称为**跳跃型间断点**；

(3) 如果 $f(x)$ 在点 x_0 处有定义，$\lim\limits_{x \to x_0} f(x)$ 存在，但极限不为函数值，则 x_0 是间断点并称为**可去型间断点**；

(4) 如果 $\lim\limits_{x \to x_0} f(x)$ 不存在，且左右极限至少有一个不存在，或为无穷大或为振荡发散（即振荡变化不接近某常数），则 x_0 是间断点并称为**无穷型或振荡型间断点**.

可去型或跳跃型间断点称为**第一类间断点**；无穷型或振荡型间断点称为**第二类间断点**.

例 2.3.4 函数 $f(x) = \dfrac{\sin x}{x}$ 在 $x_0 = 0$ 处无定义，但 $\lim\limits_{x \to 0} \dfrac{\sin x}{x} = 1$，故 $x_0 = 0$ 是可去型间断点，属第一类间断点（图 2-2）.

例 2.3.5 函数 $f(x) = \begin{cases} x+1, & x \geqslant 0 \\ x-1, & x < 0 \end{cases}$，在 $x_0 = 0$ 处极限不存在，但右极限存在且为 1，左极限也存在且为 -1，故 $x_0 = 0$ 是跳跃型间断点，属第一类间断点（图 2-3）.

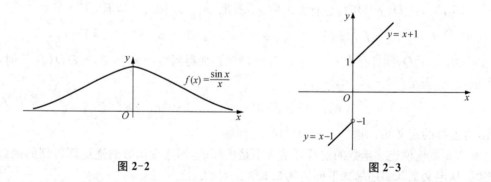

图 2-2   图 2-3

例 2.3.6 函数 $f(x) = \begin{cases} x\sin\dfrac{1}{x}, & x \neq 0 \\ 0.25, & x = 0 \end{cases}$，在 $x_0 = 0$ 处有定义，$\lim\limits_{x \to x_0} f(x)$ 存在，但 $\lim\limits_{x \to x_0} f(x) \neq 0.25$，故 $x_0 = 0$ 是可去型间断点，属第一类间断点（图 2-4）.

例 2.3.7 函数 $f(x) = \dfrac{1}{x-1}$ 在 $x_0 = 1$ 处的极限不存在. 因为

$$\lim_{x \to 1^+} \frac{1}{x-1} = +\infty, \quad \lim_{x \to 1^-} \frac{1}{x-1} = -\infty,$$

故 $x_0 = 1$ 是函数的无穷型间断点，属第二类间断点（图 2-5）.

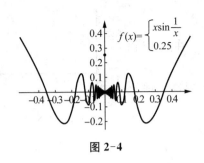

图 2-4

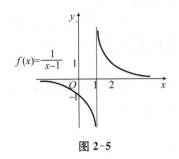

图 2-5

例 2.3.8 函数 $f(x)=\begin{cases}\sin\dfrac{\pi}{x}, & x>0,\\ 1, & x=0,\\ \sin\dfrac{\pi}{x}, & x<0\end{cases}$ 在 $x_0=0$ 处有定义,但

当 $x_n=\dfrac{1}{2n-\dfrac{1}{2}}\to 0\ (n\to\infty)$ 时,$f(x_n)=\sin\left(2n-\dfrac{1}{2}\right)\pi=-1\to -1$;

当 $x_n'=\dfrac{1}{2n+\dfrac{1}{2}}\to 0\ (n\to\infty)$ 时,$f(x_n')=\sin\left(2n+\dfrac{1}{2}\right)\pi=1\to 1$.

这表明,在 $x\to 0^+$ 的过程中,函数值在 -1 和 1 间振荡.同理,在 $x\to 0^-$ 的过程中,函数值也在 -1 和 1 间振荡.因此,$\lim\limits_{x\to 0}f(x)$ 不存在,即 $x_0=0$ 是振荡型间断点,属第二类间断点(图 2-6).

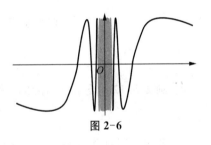

图 2-6

闭区间上连续函数有三个重要定理.

定理 2.3.1(有界性定理) 如果函数 $f(x)$ 在区间 $[a,b]$ 上连续,则函数一定是有界的.

定理 2.3.2(最值定理) 如果函数 $f(x)$ 在区间 $[a,b]$ 上连续,则函数在区间上一定有最大值和最小值,即存在 x_1 和 x_2,使得 $f(x_1)\leqslant f(x)\leqslant f(x_2),\forall x\in[a,b]$.

定理 2.3.3(介值定理) 如果函数 $f(x)$ 在区间 $[a,b]$ 上连续,μ 在函数端点处的实数值之间,即 $f(a)\leqslant \mu\leqslant f(b)$ 或 $f(b)\leqslant \mu\leqslant f(a)$,那么,在区间 $[a,b]$ 上至少有一点 c 使得 $f(c)=\mu$.特别地,当 $\mu=0$,即 $f(a)\cdot f(b)\leqslant 0$ 时,在区间 $[a,b]$ 上至少有一点 c 使得 $f(c)=0$(此定理也被称为**根存在定理**).

定理 2.3.4*(一致连续性定理) 如果函数 $f(x)$ 在区间 $[a,b]$ 上连续,则函数在区间 $[a,b]$ 上一致连续.

这些性质的证明因涉及较深的理论,在此我们不给出证明.特别地,这三个重要定理对定义在有界闭区域上的多元连续函数也是成立的.

例 2.3.9 函数 $f(x)=x^3-2x^2-x$ 在 $[1,3]$ 上是有界的且有最大值和最小值,介值定理也成立(图 2-7).

例 2.3.10 函数 $f(x)=\begin{cases} x, & 0\leqslant x\leqslant 1, \\ \dfrac{1}{x-1}, & 1<x\leqslant 2 \end{cases}$ 在 $[0,2]$ 上

有定义,且在 $x=1$ 处间断,但函数在 $[0,2]$ 上有界性定理、最值定理不成立(图 2-8).

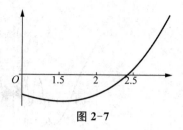

图 2-7

例 2.3.11 函数 $f(x)=\begin{cases} -1, & x=0, \\ 1-\dfrac{x^2}{2}, & 0<x<1, \\ 3, & x=1 \end{cases}$ 在开区间

$(0,1)$ 内连续,但在 $[0,1]$ 上不连续,对满足 $f(0)<2<f(1)$ 的实数 2,在 $[0,1]$ 上没有 c 使得 $f(c)=2$(图 2-9).

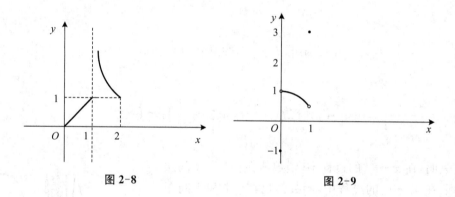

图 2-8   图 2-9

例 2.3.12 设 $f(x)$ 连续,c 是任意正实数,则 $g(x)=\begin{cases} -c, & f(x)<-c, \\ f(x), & |f(x)|\leqslant c, \\ c, & f(x)>c \end{cases}$ 也连续.

证明 对任意 $x\in D(g)=D(f)$,易知 $g(x)=\dfrac{|c+f(x)|-|c-f(x)|}{2}$,则由函数

$f(x)$ 连续有 $\dfrac{c+f(x)}{2}$ 和 $\dfrac{c-f(x)}{2}$ 都连续,进而 $\left|\dfrac{c+f(x)}{2}\right|$ 和 $\left|\dfrac{c-f(x)}{2}\right|$ 也都连续,从而 $g(x)$ 连续.

例 2.3.13 设 $f(x)$ 是在 $[a,b]$ 上连续的正函数,$\forall x_1, x_2, \cdots, x_n \in (a,b)$,则必有 $c\in (a,b)$ 使得 $f(c)=\sqrt[n]{f(x_1)\cdot f(x_2)\cdot\cdots\cdot f(x_n)}$.

证明 令 $f(x_0')=\min\{f(x_1),\cdots,f(x_n)\}$,$f(x_0'')=\max\{f(x_1),\cdots,f(x_n)\}$,则函数在 $[x_0', x_0'']$ 上连续且

$$f(x_0')\leqslant \sqrt[n]{f(x_1)\cdot f(x_2)\cdot\cdots\cdot f(x_n)}\leqslant f(x_0''),$$

于是由定理 2.3.3 知,至少有一点 $c\in[x_0', x_0'']\subset[a,b]$,使得

$$f(c) = \sqrt[n]{f(x_1) \cdot f(x_2) \cdots f(x_n)}.$$

例 2.3.14 设 $f(x)$ 在 $[0, 1]$ 上连续,且对任意的 $x \in [0, 1], f(x) \in \mathbf{Q}$,且 $f\left(\dfrac{1}{2}\right) = \dfrac{1}{2}$,那么当 $x \in [0, 1]$ 时,$f(x) = \dfrac{1}{2}$.

证明 用反证法证之. 若不然,存在 $c \in [0, 1]$ 使得 $f(c) \neq \dfrac{1}{2}$,不妨设 $f(c) > \dfrac{1}{2}$,于是由实数的稠密性知有无理数 α 使得 $\dfrac{1}{2} < \alpha < f(c)$,因此由定理 2.3.3 知,有 $\xi \in [0, 1]$ 使得 $f(\xi) = \alpha$,这与已知条件是矛盾的,故当 $x \in [0, 1]$ 时,$f(x) = \dfrac{1}{2}$.

例 2.3.15 对任意的正整数 n,$f(x)$ 在 $[0, n]$ 上连续,且 $f(0) = f(n)$,证明存在 $a, b \in (0, n)$ 使得 $f(a) = f(b)$.

证明 令 $g(x) = f(x+1) - f(x)$,则依题意对 $\forall k \in [0, n]$,有 $g(x)$ 在 $[0, 1]$,$[0, 2], \cdots, [0, n-1]$ 上连续,且有

$$\sum_{k=0}^{n-1} g(k) = f(n) - f(0) = 0.$$

于是令 $g(x_0') = \min_{x \in [0, n-1]} g(x)$,$g(x_0'') = \max_{x \in [0, n-1]} g(x)$,那么,$g(x_0') \leqslant \dfrac{1}{n} \sum_{k=0}^{n-1} g(k) \leqslant g(x_0'')$.

由定理 2.3.3 知,存在 $c \in [x_0', x_0''] \subset [0, n-1]$ 使得 $g(c) = 0$,即有 $f(c) = f(c+1)$,令 $a = c, b = c+1$,则 $f(a) = f(b)$.

例 2.3.16 函数 $f(x)$ 在区间 $[0, 1]$ 上连续,且 $f(0) = f(1)$,则至少有一点 $c \in \left[0, \dfrac{1}{2}\right]$ 使得 $f(c) = f\left(c + \dfrac{1}{2}\right)$.

证明 令 $g(x) = f(x) - f\left(x + \dfrac{1}{2}\right)$,则 $g(0) = f(0) - f\left(\dfrac{1}{2}\right)$,$g\left(\dfrac{1}{2}\right) = f\left(\dfrac{1}{2}\right) - f(1)$. 于是由已知有,$g(0) \cdot g\left(\dfrac{1}{2}\right) \leqslant 0$,由定理 2.3.3 知,至少有一点 $c \in \left[0, \dfrac{1}{2}\right]$ 使得 $g(c) = 0$,即 $f(c) = f\left(c + \dfrac{1}{2}\right)$.

例 2.3.17 证明 $3x = \dfrac{a+b}{2} \sin x + \dfrac{a+b}{2} \cos x \ (a > 0, b > 0)$ 至少有一个小于 $\dfrac{a+b}{2}$ 的正根.

证明 令 $f(x) = 3x - \dfrac{a+b}{2} \sin x - \dfrac{a+b}{2} \cos x$,则有 $f(0) = -\dfrac{a+b}{2} < 0$,且

$$f\left(\dfrac{a+b}{2}\right) = \dfrac{3(a+b)}{2} - \dfrac{a+b}{2} \sin \dfrac{a+b}{2} - \dfrac{a+b}{2} \cos \dfrac{a+b}{2} > \dfrac{a+b}{2} > 0,$$

故由定理 2.3.3 知有 $c \in \left[0, \dfrac{a+b}{2}\right]$,使得 $f(c)=0$.易知 0 不是方程的根,$\dfrac{a+b}{2}$ 也不是方程的根,故 c 是小于 $\dfrac{a+b}{2}$ 的正根.

例 2.3.18 证明如果 $f(x)$,$g(x)$ 都是连续的,则 $\min\{f(x),g(x)\}$,$\max\{f(x),g(x)\}$ 也都是连续的.

证明 由于 $f(x)$,$g(x)$ 连续,则 $|f(x)-g(x)|$ 也是连续的,而

$$\max\{f(x),g(x)\} = \frac{f(x)+g(x)+|f(x)-g(x)|}{2},$$

$$\min\{f(x),g(x)\} = \frac{f(x)+g(x)-|f(x)-g(x)|}{2}.$$

于是,由连续函数的和、差、积、商及复合函数仍然是连续函数知,$\min\{f(x),g(x)\}$,$\max\{f(x),g(x)\}$ 也都是连续的.

例 2.3.19* 设在 $(-\infty,+\infty)$ 上连续实值函数满足 $f\left(\dfrac{x+y}{2}\right)=\dfrac{1}{2}[f(x)+f(y)]$,则 $f(x)=ax+b$,其中,a,b 为实常数.

证明 先证当 $f(x+y)=f(x)+f(y)$ 时,$f(x)=ax$,其中,$a=f(1)$.令 $y=0$,则由条件有 $f(x)=f(x)+f(0)$,知 $f(0)=0$,进而有 $f(x)=f(x)$.于是对正整数 m,n,有

$$f(mx)=f[x+(m-1)x]=f(x)+(m-1)f(x)=mf(x),$$

$$f(x)=f\left(n \cdot \frac{x}{n}\right)=nf\left(\frac{x}{n}\right).$$

进而有 $f\left(\dfrac{x}{n}\right)=\dfrac{1}{n}f(x)$,$f\left(m \cdot \dfrac{x}{n}\right)=mf\left(\dfrac{1}{n}x\right)=\dfrac{m}{n}f(x)$.再令 $y=-x$,则有 $f(-x)=-f(x)$,从而有 $f\left(-\dfrac{mx}{n}\right)=-\dfrac{m}{n}f(x)$,注意到对任意正有理数 q 都有正整数 m,n,使得 $q=\dfrac{m}{n}$,于是 $f(qx)=qx$,对负有理数 $-q$,也有 $f(-qx)=-qf(x)$,即对任意的有理数 q,均有 $f(qx)=qx$.对于无理数 c 也成立 $f(cx)=cf(x)$.这是因为对于 c,我们可取一有理数列 q_n,使得 $\lim\limits_{n\to\infty} q_n=c$,这样由函数的连续性和已证结果便有 $\lim\limits_{n\to\infty}f(q_nx)=\lim\limits_{n\to\infty} q_nf(x)$,即有 $f(cx)=cf(x)$.因此,对任意的 c,$x \in (-\infty,+\infty)$,都有 $f(cx)=cf(x)$,于是,$f(x)=f(x \cdot 1)=x$,令 $x=1$,则 $f(1)=1$,进而在 $f(cx)=cf(x)$ 中取 $x=1$,有 $f(c)=cf(1)$,即 $f(x)=xf(1)=ax$,取 $a=f(1)$.

下面证明 $g\left(\dfrac{x+y}{2}\right)=\dfrac{1}{2}[g(x)+g(y)]$ 时,$g(x)=ax+b$,事实上,取 $y=0$,令 $b=g(0)$,$g\left(\dfrac{x}{2}\right)=\dfrac{1}{2}[g(x)+g(0)]=\dfrac{1}{2}[g(x)+b]$,于是,则有

$$\frac{1}{2}[g(x)+g(y)] = g\left(\frac{x+y}{2}\right)$$
$$=\frac{g(x+y)+b}{2},$$

即 $g(x+y)=f(x)+f(y)-b$,故令 $f(x)=g(x)-b$,则有
$$f(x+y)=g(x+y)-b$$
$$=g(x)+g(y)-2b$$
$$=f(x)+f(y).$$

从而由前段证明知 $f(x)=ax$,即有 $g(x)=ax+b$. 这表明满足 $f\left(\frac{x+y}{2}\right)=\frac{1}{2}[f(x)+f(y)]$ 的连续实值函数必为 $f(x)=ax+b$.

练习 2.3

1. 求出下列函数的间断点,并说明间断点的类型:

(1) $f(x)=\dfrac{\sin 3x^2}{x^2}$;

(2) $f(x)=\dfrac{1}{(1-x)^2}$;

(3) $f(x)=x\cos\dfrac{1}{x}$;

(4) $f(x)=\dfrac{x^2-1}{x^2-3x+2}$;

(5) $f(x)=\dfrac{\tan 2x}{x}$;

(6) $f(x)=\dfrac{x}{1-e^{-x}}$;

(7) $f(x)=(1+x)^{\frac{1}{1-e^{-x}}}$;

(8) $f(x)=\begin{cases}\dfrac{x^2-1}{x-1}, & x\geqslant 1, \\ 1, & x=1, \\ \dfrac{1}{1+2^{\frac{1}{x-1}}}, & x<1.\end{cases}$

2. 求 a,b 的值,使 $f(x)=\begin{cases}ax^2-b, & x<2, \\ 5, & x=2, \\ bx+a, & x>2\end{cases}$ 是连续函数.

3. 求 a,b 的值,使 $f(x)=\begin{cases}\dfrac{1}{x}\sin x-b, & x<0, \\ ab-3a-2b+7, & x=0, \\ 1+x\sin\dfrac{1}{x}, & x>0\end{cases}$ 是连续函数.

4. 证明方程 $3^x=9x$ 至少有两个正根,一个小于 $\dfrac{1}{2}$,一个大于 $\dfrac{1}{2}$.

5. 证明方程 $x = a\cos x + b (b > 0, a > 0)$ 至少有一个不超过 $a + b$ 的正根.

6. 设 $f(x)$ 在 $[a, b]$ 上为连续正函数, $\forall x_1, x_2, \cdots, x_n \in (a, b)$, 则必有 $c \in (a, b)$ 使得 $f(c) = \dfrac{n}{\dfrac{1}{f(x_1)} + \dfrac{1}{f(x_2)} + \cdots + \dfrac{1}{f(x_n)}}$.

7. 如果 $f(x)$ 在 (a, b) 上连续, 试问函数是否也有最大和最小值?

8. 如果函数 $f(x)$ 在 $[a, b]$ 上间断, 试问函数是否无界?

9. $f(x)$ 是定义在 $[a, b]$ 上的函数, 且函数值取遍 $f(a)$ 与 $f(b)$ 之间的任何数, 试问函数是否一定连续?

10. 设函数 $f(x)$ 在 $(x_0, +\infty)$ 上连续且有界, 那么, 对任意实数 T, 存在无穷大量数列 $x_n \in (x_0, +\infty)$ 使得 $\lim\limits_{n \to \infty}[f(x_n + T) - f(x_n)] = 0$.

11. 设 $f(x)$ 是一个非常数的连续的周期函数, 则函数必有基本周期.

12. 证明函数 $f(x) = \begin{cases} x, & x \in \mathbf{Q} \cap (0, 1) \\ x - 2, & x \notin \mathbf{Q} \cap (2, 3) \end{cases}$ 是连续函数.

13. 求 12 题中函数的反函数并证明其不是连续函数.

14. 举例说明 $|f(x)|$ 连续但 $f(x)$ 不连续.

15. 举例说明 $f[g(x)]$ 是连续的, 但 $f(x)$ 和 $g(x)$ 都不连续.

16. 如果 $f(x)$ 在区间 $[a, b]$ 上仅有有限个第一类间断点, 那么 $f(x)$ 是有界的.

本章要点与要求

(1) 要点: 数列的极限数量分析定义, 函数在无穷远处的极限数量分析定义, 函数在有限点 a 处的极限数量分析定义, 二元函数在有限点与无穷远点的极限数量分析定义, 基本极限等式 $\lim\limits_{x \to a} C = C$, $\lim\limits_{x \to \infty} C = C$, $\lim\limits_{n \to \infty} C = C$, $\lim\limits_{(x,y) \to (x_0, y_0)} x = x_0$, $\lim\limits_{(x,y) \to (x_0, y_0)} y = y_0$, $\lim\limits_{(x,y) \to (a, \infty)} C = C$, $\lim\limits_{(x,y) \to (x_0, \infty)} C = C$, $\lim\limits_{(x,y) \to (-\infty, y_0)} C = C$, $\lim\limits_{(x,y) \to (-\infty, \infty)} C = C$, $\cdots$; 极限的唯一性, 极限的局部有界性, 极限的局部保序性, 极限四则运算, 极限的复合运算; 无穷小量与无穷大量, 无穷小量的阶; 单调有界原理, 夹逼定理, 单侧极限准则, 数列的奇偶准则, 无穷小量准则; 两个重要极限 $\left[\lim\limits_{x \to \infty}\left(1 + \dfrac{1}{x}\right)^x = e, \lim\limits_{x \to 0} \dfrac{\sin x}{x} = 1\right]$; 无穷级数*(收敛与发散的定义, p-级数, 比较判别法, 比值法, 根值法, 交错级数, 莱比茨判别法, 绝对收敛与条件收敛); 函数在一点处的连续, 连续函数, 连续函数的和、差、积、商、复合仍然是连续函数, 连续函数的反函数的连续性, 分段函数的连续性, 一致连续*; 有界定理, 最值定理, 中间值定理.

(2) 要求: 理解函数的极限; 知道极限的数量分析定义; 能用极限数量分析定义证明简单的极限等式; 能讨论函数或数列的极限存在性; 知道无穷小量与无穷大量, 熟练掌握极限性质(唯一性、局部有界性、局部保序性), 极限四则运算, 复合运算, 两个重要极限; 会计算极限;知道级数的收敛与发散的概念*,了解级数收敛的判别法*;理解函数的连续;掌握闭区间上或有界闭区域上连续函数的性质(有界性、最值性、介值性);知道一致连续*.

习 题 2

1. 下列对数列极限式 $\lim\limits_{n\to\infty} y_n = L$ 的说法是否正确?

(1) 对任意给定的 $\varepsilon > 0$,存在自然数 N,当 $n \geq N$ 时,$|y_n - L| \leq \varepsilon$;

(2) 存在自然数 N,对任意给定的 $\varepsilon > 0$,当 $n \geq N$ 时,$|y_n - L| \leq \varepsilon$;

(3) 对任意给定的 $\varepsilon > 0$,存在实数 X,当 $n \geq X$ 时,$|y_n - L| \leq \varepsilon$;

(4) 对任意给定的 $0 < \varepsilon < 1$,存在自然数 N,当 $n \geq N$ 时,$|y_n - L| \leq \varepsilon$;

(5) 对任意给定的 $\varepsilon > 0$,存在自然数 N,当 $n > N$ 时,$|y_n - L| \leq K\varepsilon$,其中,$K$ 是一个与 ε 无关的常数.

2. 下列对 $\lim\limits_{x\to x_0} f(x) = L$ 的说法是否正确?

(1) 对任意给定的 $\varepsilon > 0$,存在 $\delta > 0$,使得当 $|x - x_0| < \delta$ 时,$|f(x) - L| \leq \varepsilon$;

(2) 对任意给定的 $\varepsilon > 0$,存在与 ε 和 x_0 有关的 $\delta > 0$,使得当 $0 < |x - x_0| < \delta$ 时,$|f(x) - L| \leq \varepsilon$;

(3) 对任意给定的 $\varepsilon > 0$,存在与 ε 有关且与 x_0 有关的 $\delta > 0$,使得当 $0 < |x - x_0| < \delta$ 时,$|f(x) - L| \leq K\varepsilon$,其中,$K$ 为一个以 ε 无关的常数;

(4) 对任意给定的 $\varepsilon > 0$,存在常数 $\delta > 0$,使得当 $0 < |x - x_0| < \delta$ 时,$|f(x) - L| \leq \varepsilon$;

(5) 对任意给定的 $\varepsilon > 0$,存在仅依赖于 ε 的 $\delta > 0$,使得当 $0 < |x - x_0| < \delta$ 时,$|f(x) - L| \leq \varepsilon$.

3. 下列叙述是否正确?

(1) 若 $\lim\limits_{x\to x_0} f(x) = 2$,则 $\lim\limits_{y\to x_0} [f(y) + 2] = 4$;

(2) 无穷小量的和、差、积、商仍为无穷小量;

(3) 无穷小量与一个极限存在的变量的积仍为无穷小量;

(4) 变量是一个常数与无穷小量的和,则这个常数定是这个变量的极限,反之变量也可表示为其极限与一个无穷小量的和;

(5) 无穷个无穷小量的和是无穷小量.

4. 下列说法是否正确?

(1) $\lim\limits_{x\to x_0} f(x) = \infty$ 是说函数的极限存在且为无穷;

(2) $\lim\limits_{x\to x_0} f(x) = \infty$ 是说函数的极限不存在,但函数的绝对值是无限增大的;

(3) 如果有数列 x_n 且 $\lim\limits_{n\to\infty} x_n = x_0$,$\lim\limits_{n\to\infty} f(x_n) = L$,但也有数列 y_n 且 $\lim\limits_{n\to\infty} y_n = x_0$,$\lim\limits_{n\to\infty} f(y_n) = \infty$,那么当 $x \to x_0$ 时,$f(x)$ 不是无穷大量;

(4) 无穷大量的和、差、积、商仍为无穷大量;

(5) 无穷大量与有界量的积是无穷大量.

5. 下列命题是否正确?

(1) 如果 $\lim\limits_{x\to x_0} f(x)$ 存在,$\lim\limits_{x\to x_0} g(x)$ 不存在,那么 $\lim\limits_{x\to x_0}[f(x)\pm g(x)]$,$\lim\limits_{x\to x_0}[f(x)\cdot g(x)]$ 一定不存在;

(2) 如果 $\lim\limits_{x\to x_0} f(x)$ 不存在,$\lim\limits_{x\to x_0} g(x)$ 不存在,那么 $\lim\limits_{x\to x_0}[f(x)\pm g(x)]$,$\lim\limits_{x\to x_0}[f(x)\cdot g(x)]$ 一定不存在;

(3) 如果 $\lim\limits_{x\to x_0} f(x)$ 存在且为 A,$\lim\limits_{x\to x_0} g(x)$ 存在且为 B,那么 $\lim\limits_{x\to x_0} f(x)^{g(x)}$ 也一定存在,且为 A^B;

(4) 如果 $\lim\limits_{u\to u_0} f(x)=A$,$\lim\limits_{x\to x_0} g(x)=u_0$,那么 $\lim\limits_{x\to x_0} f[g(x)]=f[\lim\limits_{x\to x_0} g(x)]$;

(5) 如果 $f(x)=L+o(1)$,$g(x)=M+o(1)$,那么存在常数 A,使得 $f[g(x)]=A+o(1)$.

6. 用定义证明下列等式:

(1) $\lim\limits_{n\to\infty}\dfrac{n+1}{2n+1}=\dfrac{1}{2}$;

(2) $\lim\limits_{x\to\infty}\dfrac{x+1}{2x+1}=\dfrac{1}{2}$;

(3) $\lim\limits_{x\to 5}\dfrac{x^2-6x+5}{x-5}=4$;

(4) $\dfrac{1}{2n^2+1}=o\left(\dfrac{1}{n+1}\right)$;

(5) $\lim\limits_{n\to\infty}\sqrt[n]{a}\ (a>1)=1$;

(6) $\lim\limits_{n\to\infty}\sqrt[n]{n}=1$;

(7) $\lim\limits_{n\to\infty}\dfrac{a^n}{n!}=0$;

(8) $\lim\limits_{n\to\infty}\dfrac{n^\alpha}{\alpha^n}=0\ (\alpha>1)$.

7. 计算下列极限:

(1) $\lim\limits_{n\to\infty}\dfrac{(-1)^n n+(-2)^n n^2+(-3)^n n^3}{n+2n^2+(-n)^3}$;

(2) $\lim\limits_{n\to\infty}\dfrac{(-1)^n+(-2)^n}{1+(-2)^{n+1}}$;

(3) $\lim\limits_{n\to\infty}(\sqrt{n^4+n+1}-n^2)(n+3)$;

(4) $\lim\limits_{n\to\infty}\dfrac{\sqrt[3]{n}\sin n^2}{n+1}$;

(5) $\lim\limits_{n\to\infty}\left(\dfrac{n+1}{2n+1}\right)^{\frac{2n+1}{n+1}}$;

(6) $\lim\limits_{n\to\infty}\left(\dfrac{a-1+\sqrt[n]{b}}{a}\right)^n$;

(7) $\lim\limits_{n\to\infty} n(\sqrt[n]{a}-1)\ (a>0)$;

(8) $\lim\limits_{n\to\infty} n(\sqrt[n]{a}-\sqrt[n+1]{a})\ (a>0)$;

(9) $\lim\limits_{n\to\infty}\dfrac{\ln n}{n}$;

(10) $\lim\limits_{n\to\infty}\left(\dfrac{7}{3}+\dfrac{1}{2^2}+\dfrac{1}{3^2}+\cdots+\dfrac{1}{n^2}\right)$;

(11) $\lim\limits_{n\to\infty}\left(3+\dfrac{\sin^2 1}{2}+\cdots+\dfrac{\sin^2 n}{2^n}\right)$;

(12) $\lim\limits_{n\to\infty}\left(1+\dfrac{\cos 1!}{1\cdot 2}+\dfrac{\cos^2 2!}{2\cdot 3}+\cdots+\dfrac{\cos^n n!}{n(n+1)}\right)$;

(13) $\lim\limits_{n\to\infty}\sqrt{1+\sqrt{1+\cdots+\sqrt{1}}}$;

(14) $\lim\limits_{n\to\infty}\left(1+\dfrac{1}{2+\dfrac{1}{2+\cdots}}\right)$;

(15) $\lim\limits_{n\to\infty}\left(1+\dfrac{1}{1+\dfrac{1}{1+\cdots}}\right)$;

(16) $\lim\limits_{n\to\infty}\left(3+\dfrac{1}{3+\dfrac{1}{3+\cdots}}\right)$;

(17) $\lim\limits_{x\to 0^-}\left(e^{\frac{1}{x}}\sin\dfrac{1}{x^2}+\dfrac{\arcsin x^2}{x}\right)$;

(18) $\lim\limits_{x\to 0^+}\dfrac{\sqrt[3]{1+x}-1}{\sqrt{1+x}-1}$;

(19) $\lim\limits_{x\to 0^+}\dfrac{\sqrt[m]{1+x}-\sqrt[n]{1-x}}{x}$;

(20) $\lim\limits_{x\to 0}(1+x^2)^{\cot^2 x}$;

(21) $\lim\limits_{x\to 0}(\cos 2x)^{\cot^2 x}$;

(22) $\lim\limits_{x\to 0}\left(\dfrac{(1+x)^{\frac{1}{x}}}{e}\right)^{\frac{1}{x}}$;

(23) $\lim\limits_{x\to 1}\left(\dfrac{1}{\ln x}-\dfrac{1}{x-1}\right)$;

(24) $\lim\limits_{x\to 0}\left(\cot x-\dfrac{1}{x}\right)$;

(25) $\lim\limits_{x\to 0}\left(\dfrac{2}{\pi}\arccos x\right)^{\cot x}$;

(26) $\lim\limits_{x\to 0}\left(\dfrac{\sin 2x}{x}\right)^{\frac{x^2}{\tan x}}$;

(27) $\lim\limits_{x\to 0}(1+\sin x-\tan x)^{\frac{1}{\arctan x^2}}$;

(28) $\lim\limits_{x\to 0}\left(\dfrac{1}{\tan x}-\dfrac{1}{\sin x}\right)$;

(29) $\lim\limits_{x\to\infty}(\sin\sqrt{x+1}-\sin\sqrt{x})$;

(30) $\lim\limits_{x\to\infty}\left(\cos\dfrac{1}{x}-\sin\dfrac{1}{x}\right)^x$;

(31) $\lim\limits_{\substack{x\to 2\\y\to -4}}\dfrac{y+4}{x^2 y-xy+4x^2-4x}$;

(32) $\lim\limits_{\substack{x\to y\\y\to 0}}\dfrac{x-y+2\sqrt{x}-2\sqrt{y}}{\sqrt{x}-\sqrt{y}}$;

(33) $\lim\limits_{\substack{x\to 1\\y\to 1}}\dfrac{x^m-y^m}{\sqrt{x}-\sqrt{y}}$;

(34) $\lim\limits_{\substack{x\to 1\\y\to 1}}\dfrac{\sqrt[n]{x}-\sqrt[n]{y}}{\sqrt{x}-\sqrt{y}}$;

(35) $\lim\limits_{\substack{x\to 0\\y\to 2}}\dfrac{1-\cos xy}{x^2}$;

(36) $\lim\limits_{\substack{x\to 1\\y\to 1}}\dfrac{\ln x+\ln y}{xy-1}$.

8. 已知 $\lim\limits_{x\to\infty}\left(\dfrac{x^2+1}{x+1}-ax-b\right)=0$，求 a,b.

9. 已知 $\lim\limits_{x\to 0}\left(\dfrac{\sin 3x}{x^2}+\dfrac{f(x)}{x}\right)=0$，求 $f(0)$.

10. 设 $\lim\limits_{x\to -1}\dfrac{x^3-ax-x+4}{x+1}=b$，求 a,b.

11. 求下列函数中的参数 a,b，使其连续：

(1) $f(x)=\begin{cases}x^a\sin\dfrac{1}{x}, & x>0,\\ e^x+b, & x\leqslant 0.\end{cases}$

(2) $f(x)=\begin{cases}\dfrac{\cos x}{x+2}, & x\geqslant 0,\\ \dfrac{\sqrt{a}-\sqrt{a-x}}{x}, & x<0.\end{cases}$

(3) $f(x)=\begin{cases}\dfrac{x^2-4}{x-2}, & x\neq 2,\\ a, & x=2.\end{cases}$

(4) $f(x)=\begin{cases}e^x, & x<0,\\ a+x, & x\geqslant 0.\end{cases}$

(5) $f(x)=\begin{cases}\left(1+\dfrac{x}{b}\right)^{\frac{1}{x}}, & x>0, \\ 1, & x=0, \\ \dfrac{\sqrt{a}-\sqrt{a-x}}{x}, & x<0.\end{cases}$ (6) $f(x)=\begin{cases}\dfrac{\sin(x^2-a)}{x-2}, & x\neq 2, \\ b, & x=2.\end{cases}$

12. 试证 $x=a\sin x+b(a>0, b>0)$ 至少有一个不超过 $a+b$ 的正根.

13. 设函数 $f(x), g(x)$ 在 $[a, b]$ 上连续, 且 $f(a)<g(a), f(b)>g(b)$, 则至少存在一点 $c\in[a, b]$ 使得 $f(c)=g(c)$.

14. 求下列级数的和:

(1) $\sum\limits_{n=1}^{\infty}\dfrac{1}{(3n-2)(3n+1)}$;   (2) $\sum\limits_{n=1}^{\infty}\dfrac{n}{(n+1)!}$;

(3) $1-\dfrac{1}{2}+\dfrac{1}{4}-\dfrac{1}{8}+\cdots+\dfrac{(-1)^{n-1}}{2^{n-1}}+\cdots$;   (4) $\sum\limits_{n=1}^{\infty}q^n\sin nx\,(|q|<1)$.

15. 判别下列级数的收敛性:

(1) $\sum\limits_{n=1}^{\infty}\left(\dfrac{1}{3^n}+\ln\dfrac{1}{n}\right)$;   (2) $\sum\limits_{n=1}^{\infty}\dfrac{1}{[4+(-1)^n]^n}$;

(3) $\sum\limits_{n=1}^{\infty}\sin\dfrac{n\pi}{6}$;   (4) $\sum\limits_{n=1}^{\infty}(-1)^{n+1}\dfrac{1}{1+\ln n}$;

(5) $\sum\limits_{n=1}^{\infty}n\ln\left(1+\dfrac{1}{n}\right)$;   (6) $\sum\limits_{n=1}^{\infty}\dfrac{a^n}{n^3}$;

(7) $\sum\limits_{n=1}^{\infty}\dfrac{(-x)^n}{n}$;   (8) $\sum\limits_{n=1}^{\infty}\dfrac{(-1)^n(n-1)}{(n+1)\sqrt[100]{n}}$;

(9) $\sum\limits_{n=1}^{\infty}\sin n^2$;   (10) $\sum\limits_{n=1}^{\infty}\dfrac{\sin n\sin n^2}{n^2}$;

(11) $\sum\limits_{n=1}^{\infty}\dfrac{n^2\sin nx}{2^n}$;   (12) $\sum\limits_{n=1}^{\infty}\left[\dfrac{x(x+n)}{n}\right]^n$.

16. 计算下列极限:

(1) $\lim\limits_{n\to\infty}\dfrac{n^n}{(n!)^2}$;

(2) 设 $\sum\limits_{n=0}^{k}a_n=0$, 求 $\lim\limits_{n\to\infty}(a_0\sqrt{n}+a_1\sqrt{n+1}+\cdots+a_k\sqrt{n+k})$;

(3) $\lim\limits_{n\to\infty}\left(1+x+\dfrac{x^2}{2!}+\dfrac{x^3}{3!}+\cdots+\dfrac{x^n}{n!}\right)$;

(4) $\lim\limits_{n\to\infty}\left(\cos\dfrac{x}{2}\cos\dfrac{x^2}{4}\cos\dfrac{x^3}{2^3}\cdots\cos\dfrac{x}{2^n}\right)$.

17. 证明下列函数在指定区间上是有界的,并指出存在最值的函数:

(1) $f(x)=\dfrac{1}{x}+x^x, x\in[1,100]$.

(2) $f(x)=\begin{cases} \sin x\sin\dfrac{1}{x}, & x\neq 0, \\ \dfrac{x^2}{x^2+1}, & x=0. \end{cases}$

(3) $f(x)=\dfrac{\sin x}{x}(-\infty,+\infty)$.

(4) $f(x)=\begin{cases} \dfrac{2^x+1}{2^{x+1}}, & x\geqslant 0, \\ \dfrac{1}{x^2+1}, & x<0. \end{cases}$

18. 证明在$[a,b]$上连续的函数,对任意$x\in[a,b]$,总有$y\in[a,b]$使得$|f(y)|\leqslant\dfrac{1}{2}|f(x)|$,则至少有一点$c\in[a,b]$使得$f(c)=0$.

19. 如果函数$f(x)$在$[a,b]$上单调且是连续的,那么$f(x)$有界且存在最值.

20. 证明函数$f(x)=\begin{cases} \sin\dfrac{1}{x-a}, & x\neq a, \\ 0, & x=a \end{cases}$在$[a,b]$上不连续,但在此区间上任意一点的值都在$f(a)$和$f(b)$之间.

21. 设$f(x)$是定义在$[a,b]$上的单调函数,且在$f(a)$和$f(b)$之间的所有数为其函数值,则函数在此区间上连续.

22. 设函数$f(x)$在$[0,4]$上连续,对任意的$x\in[0,4]$,$f(x)$都是无理数,且$f(\pi)=\pi$,则$f(x)=\pi,\forall x\in[0,4]$.

第 3 章 微 分

【学习概要】 本章学习微积分的微分学,与前一章相同,也是从"割圆术"的"割之弥细,所失弥少"处理的圆面积和曲线一点处的切线等问题认识"割圆术"的本质,即将一个量分解成一个易处理的变量(如正多边形的面积、自变量的改变量的线性部分)与另一可近似忽略的变量(如"所失弥少"的面积、自变量的高阶项)之和,引出函数的微分(全微分)与相应的导数或偏导数的定义,由此研究了基本初等函数的可微性,并给出了它们的微分与微商(导数)的公式,进而研究了函数的可微与连续的关系、可微与可导的关系;与此同时,研究了函数的和、差、积、商、复合与逆运算所得的函数的可微性,也给出了这些函数的微分与微商(导数)的运算公式;高阶微分与高阶微商(导数)在本章中也得到讨论;微分的理论应用(线性化技术)与实际应用(如几何中的斜率、经济中的边际和弹性以及各种变化率)也在本章以例题形式给出了讨论.标有星号 * 的为选学内容.每节都附有练习题,章末附有习题,书末附有这些题的答案或提示.

3.1 微分与导数的基本概念

我们知道函数在一点处附近动态变化结果有极限和连续两个概念,但这不足以认识和描述各种各样的自然现象,如国民生产总值的增长问题,三大产业的产值各自对国民生产总值的贡献问题.注意到 1.1 节中"割圆术"的核心是将圆割成一个正 n 边形与"所失弥少"部分.具体如例 1.1.1 的切线问题中割线斜率 $S_n = \dfrac{y_n - y_0}{x_n - x_0}$,若记 $\Delta y = y_n - y_0$,$\Delta x = x_n - x_0 = \dfrac{1}{n}$,则有 $\Delta y = y_n - y_0 = 2x_0 \cdot \dfrac{1}{n} + \dfrac{1}{n^2} = 2x_0 \Delta x + (\Delta x)^2$. 再如例 1.1.4 变速运动的物体的速度问题中将时间 t_0 分割所得的时间段 $\left[\dfrac{n-1}{n} t_0, t_0\right]$ 上的位移改变量 $\Delta s = (2t_0 + 1) \cdot \dfrac{t_0}{n} - \dfrac{t_0^2}{n^2} = (2t_0 + 1) \cdot \Delta t - (\Delta t)^2$. 这两例割出的状态的共性是"因割引出的函数的改变量 Δy,Δs 是自变量的改变量 Δx,Δt 的常数倍与自变量的改变量 Δx,Δt 的高阶无穷小量的和".而常数正是函数的改变量与自变量的改变量的比的极限.本章研究的问题为是否存在这样的常数使得函数的改变量表示成这个常数与自变量的改变量的积加上改变量的高阶无穷小量的问题.为此,我们再来考察一个边长为 x 的正方形在边长 x 增加 Δx 后,面

积 S 增加的数量 ΔS. 由于正方形的面积为边长的平方,故正方形的面积是边长 x 的函数,即为 $S=x^2$,此时,函数的改变量 $\Delta S=(x+\Delta x)^2-x^2=2x\Delta x+(\Delta x)^2$ 也是 Δx 的常数 $2x$ 倍(Δx 的线性部分)与 Δx 的平方(Δx 的高阶无穷小量)的和. 显然,这个线性部分在面积的改变量中占比很大,高阶项接近零(可忽略). 这个线性部分常称为面积函数的微分,即计算面积时常可用这个线性部分 $2x\Delta x$ 来近似,极限意义为 $\lim\limits_{\Delta x \to 0}\dfrac{\Delta S}{2x\Delta x}=\lim\limits_{\Delta x\to 0}\left(1+\dfrac{(\Delta x)^2}{2x\Delta x}\right)=1$,也就是说函数的改变量 ΔS 与 $2x\Delta x$ 是等价的无穷小量. 此处的 $2x\Delta x$ 常称为面积函数 $S(x)$ 在 x 处的微分. 一般地,我们有下列函数的微分与导数的定义.

定义 3.1.1 设函数 $y=f(x)$ 在某 $U_{x_0}(\delta)$ 内有定义,如果在 x_0 处任取改变量 Δx,存在常数 A(与 Δx 无关),使得相应的函数的改变量 $\Delta y=\Delta f(x)=A\Delta x+o(\Delta x)$,则称函数 $f(x)$ 在 x_0 处可微,$A\Delta x$ 称为函数 $f(x)$ 在 x_0 处的微分,并记为 $\mathrm{d}y$,即有 $\mathrm{d}y=A\Delta x$,而常数 A 又被称为函数在 x_0 处的导数,记为 $y'(x_0)$,$f'(x_0)$,$[f(x)]'\big|_{x=x_0}$ 及 $\dfrac{\mathrm{d}y}{\mathrm{d}x}\big|_{x=x_0}$,此时也说函数在 x_0 处可导.

由于 $\lim\limits_{\Delta x\to 0}\dfrac{\Delta y}{\Delta x}=\lim\limits_{\Delta x\to 0}A=A$,因此导数 $f'(x_0)=A$ 是函数改变量与自变量改变量的比的极限. 等价地说,$f'(x_0)=\lim\limits_{x\to x_0}\dfrac{f(x)-f(x_0)}{x-x_0}$. 注意到,函数 x 满足 $\Delta x=1\cdot\Delta x+o(\Delta x)$,故由定义有 $\mathrm{d}x=\Delta x$,进而定义中的函数的微分可表示为 $\mathrm{d}y=A\mathrm{d}x$,此时 $A=\dfrac{\mathrm{d}y}{\mathrm{d}x}$,这也说明函数的导数是函数与其自变量的微分商,简称**微商**. 习惯上,改变量的比 $\dfrac{\Delta y}{\Delta x}$ 称为**平均变化率**,导数则称为瞬时变化率,简称**变化率**. 如果函数是成本函数,x 是产量,这个比描述的是单位产量所需要的成本. 这正是经济学中的边际概念. 又 $\Delta y\sim A\Delta x(\Delta x\to 0)$,故导数在经济中常称作**边际**. 导数还有一称呼是物理中的**速度**. 再就是我们在点 $O(x_0,f(x_0))$ 作曲线 $y=f(x)$ 的切线交直线 $x=x_0+\Delta x$ 于点 C,而 $y=f(x_0)$ 与直线 $x=x_0+\Delta x$ 的交点记为 B,则 B,C 两点的距离是 $A\Delta x$,即 $\overline{BC}=A\Delta x$,这意味着在直角三角形 OBC 中,$A=\tan\angle COB$,这也是直线 OC 的斜率,就是说导数 $f'(x_0)$ 是在 $(x_0,f(x_0))$ 处的切线的**斜率**.

再由定义知 Δx 充分小时,$\Delta y\approx \mathrm{d}y$,即有函数 $f(x)$ 在 x_0 附近的线性化公式
$$f(x)\approx f(x_0)+f'(x_0)(x-x_0).$$

由于微分和导数都是函数的改变量与自变量的改变量的比这一关于 $\Delta x\to 0$ 的函数的极限,而极限可分为左右极限,因此如有特别需要,微分和导数也可分为右微分和左微分或右导数和左导数. 例如,当 $\Delta x>0$ 时,若 $\Delta y=\Delta f(x)=A\Delta x+o_+(\Delta x)$ 成立,其中,A 为常数,$o_+(\Delta x)$ 是 $\Delta x\to 0^+$ 时 Δx 的高阶无穷小,则 $A\Delta x$ 称为函数 $f(x)$ 在 x_0 处的**右微分**,并将其记为 $\mathrm{d}_+y\big|_{x=x_0}$,即有 $\mathrm{d}_+y\big|_{x=x_0}=A\Delta x$,而 A 称为 x_0 处的**右导数**,记为 $f'_+(x_0)$,换成

改变量的比的极限形式即为 $f'_+(x_0) = \lim\limits_{\Delta x \to 0^+} \dfrac{f(x_0+\Delta x)-f(x_0)}{\Delta x}$. 类似地,当 $\Delta x < 0$ 时,成立 $\Delta y = \Delta f(x) = A\Delta x + o_-(\Delta x)$,其中,$A$ 为常数,$o_-(\Delta x)$ 是 $\Delta x \to 0^-$ 时 Δx 的高阶无穷小,则 $A\Delta x$ 称为函数 $f(x)$ 在 x_0 处的**左微分**,并记为 $\mathrm{d}_- y \big|_{x=x_0}$,即 $\mathrm{d}_- y \big|_{x=x_0} = A\Delta x$,而 A 称为 x_0 处的**左导数**,记为 $f'_-(x_0)$,即 $f'_-(x_0) = \lim\limits_{\Delta x \to 0^-} \dfrac{f(x_0+\Delta x)-f(x_0)}{\Delta x}$. 右微分与左微分、右导数与左导数都称为**单侧微分或单侧导数**.

由极限存在准则知: $\mathrm{d}y \big|_{x=x_0} = A\Delta x$ 的充分必要条件是 $\mathrm{d}_+ y \big|_{x=x_0} = \mathrm{d}_- y \big|_{x=x_0}$,也有 $f'(x_0)$ 存在的充分必要条件是 $f'_+(x_0)$ 存在、$f'_-(x_0)$ 存在且 $f'_+(x_0) = f'_-(x_0)$.

事实上,由 $\mathrm{d}y \big|_{x=x_0} = A\Delta x$ 和微分定义,有 $\Delta y = A\Delta x + o(\Delta x) = A\Delta x + o_+(\Delta x)$ 和 $\Delta y = A\Delta x + o_-(\Delta x)$. 又由右微分和左微分的定义知 $\mathrm{d}_+ y \big|_{x=x_0} = A\Delta x = \mathrm{d}_- y \big|_{x=x_0}$,且 $f'_+(x_0) = f'_-(x_0)$. 反过来,由已知条件 $\mathrm{d}_+ y \big|_{x=x_0} = \mathrm{d}_- y \big|_{x=x_0}$,不妨设为 $A\Delta x$,由单侧微分的定义知,

$$\Delta y = \mathrm{d}_+ y \big|_{x=x_0} + o_+(\Delta x) = A\Delta x + o_+(\Delta x) = A\Delta x + o(\Delta x),$$

且 $\Delta y = \mathrm{d}_- y \big|_{x=x_0} + o_-(\Delta x) = A\Delta x + o_-(\Delta x) = A\Delta x + o(\Delta x)$. 从而有 $\Delta y = A\Delta x + o(\Delta x)$,故由微分定义知 $\mathrm{d}y \big|_{x=x_0} = A\Delta x$. 又 $f'(x_0)$ 存在,即有 $f'(x_0) = \lim\limits_{\Delta x \to 0} \dfrac{f(x_0+\Delta x)-f(x_0)}{\Delta x}$,从而由极限存在准则有

$$f'_+(x_0) = \lim\limits_{\Delta x \to 0^+} \dfrac{f(x_0+\Delta x)-f(x_0)}{\Delta x} = \lim\limits_{\Delta x \to 0} \dfrac{f(x_0+\Delta x)-f(x_0)}{\Delta x} = f'(x_0),$$

$$f'_-(x_0) = \lim\limits_{\Delta x \to 0^-} \dfrac{f(x_0+\Delta x)-f(x_0)}{\Delta x} = \lim\limits_{\Delta x \to 0} \dfrac{f(x_0+\Delta x)-f(x_0)}{\Delta x} = f'(x_0),$$

因此,$f'_+(x_0) = f'_-(x_0)$. 反之,由 $f'_+(x_0) = f'_-(x_0)$ 知

$$f'_+(x_0) = \lim\limits_{\Delta x \to 0^+} \dfrac{f(x_0+\Delta x)-f(x_0)}{\Delta x},\ f'_-(x_0) = \lim\limits_{\Delta x \to 0^-} \dfrac{f(x_0+\Delta x)-f(x_0)}{\Delta x}.$$

因此,由极限存在准则有 $f'(x_0)$ 存在,且为

$$f'(x_0) = \lim\limits_{\Delta x \to 0} \dfrac{f(x_0+\Delta x)-f(x_0)}{\Delta x} = \lim\limits_{\Delta x \to 0^+} \dfrac{f(x_0+\Delta x)-f(x_0)}{\Delta x} = f'_+(x_0).$$

从右微分定义知 $\Delta y = \Delta f(x) = A\Delta x + o_+(\Delta x)$,我们有 $\Delta y = A\Delta x + o_+(\Delta x) \to 0$,$\Delta x \to 0^+$,故知函数在 x_0 处右连续,也从左微分定义知 $\Delta y = A\Delta x + o_-(\Delta x) \to 0$,$\Delta x \to 0^-$ 进而知函数在 x_0 处左连续,因此有下列定理.

定理 3.1.1 如果函数 $f(x)$ 在 x_0 处可微,那么函数 $f(x)$ 在 x_0 处连续.

证明 由已知函数是右可微的也是左可微的,据前段结论函数在 x_0 处右连续且在

x_0 处左连续,又函数在 x_0 处连续的充分必要条件是右连续且左连续,故定理成立.

例 3.1.1 求函数 $y = x^n$ 在 x 处的微分.

解
$$(x + \Delta x)^n - x^n$$
$$= nx^{n-1}\Delta x + \frac{n(n-1)}{2!}x^{n-2}\Delta x^2 + \frac{n(n-1)(n-2)}{3!}x^{n-3}(\Delta x)^3 + \cdots + (\Delta x)^n$$
$$= nx^{n-1}\Delta x + o(\Delta x),$$

故函数可微(可导),且 $dx^n = nx^{n-1}dx$,$(x^n)' = nx^{n-1}$.

例 3.1.2 求 $y = \sin x$ 在 x 处的微分.

解
$$\sin(x + \Delta x) - \sin x = \sin x \cos \Delta x + \cos x \sin \Delta x - \sin x$$
$$= \sin x(\cos \Delta x - 1) + \cos x \sin \Delta x$$
$$= \cos x \Delta x + o(\Delta x),$$

因此函数可微(可导),且 $d\sin x = \cos x dx$,$(\sin x)' = \cos x$.

同理可得 $d\cos x = -\sin x dx$,$(\cos x)' = -\sin x$.

例 3.1.3 求 $y = a^x$ 和 $y = \log_a x$ 在 x 处的微分.

解
$$a^{x+\Delta x} - a^x = a^x(a^{\Delta x} - 1) = a^x \ln a \Delta x + a^x o(1) \cdot \Delta x = a^x \ln a \Delta x + o(\Delta x),$$

故函数可微(可导),且有 $da^x = a^x \ln a dx$,$(a^x)' = a^x \ln a$.

$$\log_a(x + \Delta x) - \log_a x = \log_a\left(1 + \frac{\Delta x}{x}\right) = \frac{\Delta x}{x} \log_a\left(1 + \frac{\Delta x}{x}\right)^{\frac{x}{\Delta x}}$$
$$= \frac{\Delta x}{x}[\log_a e + o(1)] = \frac{\log_a e}{x}\Delta x + o(\Delta x)$$
$$= \frac{1}{x \ln a}\Delta x + o(\Delta x),$$

由微分定义知,对数函数也是可微的,且 $d\log_a x = \frac{1}{x \ln a}dx$,$(\log_a x)' = \frac{1}{x \ln a}$.

上述三个求幂函数、正弦函数、余弦函数、指数函数与对数函数的微分公式或导数公式的例子均是由微分定义得到的,现将这些式子集中列在下面:

(1) $d(x^n) = nx^{n-1}dx$,$(x^n)' = nx^{n-1}$;

(2) $d\sin x = \cos x dx$,$(\sin x)' = \cos x$;

(3) $d\cos x = -\sin x dx$,$(\cos x)' = -\sin x$;

(4) $da^x = a^x \ln a dx$,$(a^x)' = a^x \ln a$;

(5) $d\log_a x = \frac{\log_a e}{x}dx = \frac{1}{x \ln a}dx$,$(\log_a x)' = \frac{\log_a e}{x} = \frac{1}{x \ln a}$.

导数 $f'(x)$ 记为 $[f(x)]'$,而 $[f(x)]'$ 中的"( )'"和 $\frac{df(x)}{dx}$ 中的"$\frac{d}{dx}$"是一种求导的运算符号.

练习 3.1

1. 用定义求函数在指定点处的微分与导数：

   (1) $f(x)=x^3-2$，$x=1$；　　(2) $f(x)=\dfrac{1}{x^2}$，$x=1$；

   (3) $f(x)=\sqrt[3]{x}$，$x=1$；　　(4) $f(x)=x+\dfrac{1}{x}$，$x=1$.

2. 设函数 $g(x)$ 在 $x=a$ 处连续，令 $f(x)=|x-a|g(x)$，求 $\mathrm{d}_+f(x)\big|_{x=a}$ 和 $f'_-(a)$.

3. 指出下列函数在指定点的可微性，可微时求出微分和导数：

   (1) $f(x)=\begin{cases}x+2, & 0\leqslant x<1,\\ 3x-1, & x\geqslant 1\end{cases}$，在 $x=1$ 处；

   (2) $f(x)=\begin{cases}x, & x<0,\\ \ln(1+x), & x\geqslant 0\end{cases}$，在 $x=0$ 处；

   (3) $f(x)=\begin{cases}\dfrac{x^2-1}{x-1}, & x\neq 1,\\ 1, & x=1\end{cases}$，在 $x=1$ 处；

   (4) $f(x)=\begin{cases}x^2\sin\dfrac{1}{x}, & x\neq 0,\\ 0, & x=0\end{cases}$，在 $x=0$ 处.

4. 求抛物线 $y=x^2$ 上两点 $(1,1)$ 和 $(3,9)$ 的割线 S 的方程，并求点 (a,a^2) 的切线 T 的方程和法线 N 的方程，使切线 T 平行于割线 S.

3.2　微分、导数运算法则

3.2.1　微分、导数四则运算及举例

定理 3.2.1　设 $f(x)$，$g(x)$ 是两个可微函数，那么

(1) 函数 $\alpha f(x)\pm\beta g(x)$ 也是可微的，且有

$$\mathrm{d}[\alpha f(x)\pm\beta g(x)]=\alpha\mathrm{d}f(x)\pm\beta\mathrm{d}g(x)$$

或

$$[\alpha f(x)\pm\beta g(x)]'=\alpha f'(x)\pm\beta g'(x);$$

(2) 函数 $f(x)g(x)$ 也是可微的，且有

$$\mathrm{d}[f(x)g(x)]=g(x)\mathrm{d}f(x)+f(x)\mathrm{d}g(x)$$

或

$$[f(x)g(x)]'=g(x)f'(x)+f(x)g'(x);$$

(3) 函数 $\dfrac{f(x)}{g(x)}[g(x)\neq 0]$ 也是可微的，且有

$$d\left[\frac{f(x)}{g(x)}\right] = \frac{g(x)df(x) - f(x)dg(x)}{g^2(x)}$$

或

$$\left[\frac{f(x)}{g(x)}\right]' = \frac{g(x)f'(x) - f(x)g'(x)}{g^2(x)}.$$

证明 (1) 由已知有 $\Delta f(x) = f'(x)\Delta x + o_f(\Delta x)$，$\Delta g(x) = g'(x)\Delta x + o_g(\Delta x)$，于是，

$$\begin{aligned}\Delta[\alpha f(x) \pm \beta g(x)] &= \alpha \Delta f(x) \pm \beta \Delta g(x) \\ &= \alpha f'(x)\Delta x \pm \beta g'(x)\Delta x + \alpha o_f(\Delta x) \pm \beta o_g(\Delta x) \\ &= [\alpha f'(x) \pm \beta g'(x)]\Delta x + o(\Delta x),\end{aligned}$$

这是因为 $\lim\limits_{\Delta x \to 0}\dfrac{\alpha o_f(\Delta x) \pm \beta o_g(\Delta x)}{\Delta x} = \alpha \lim\limits_{\Delta x \to 0}\dfrac{o_f(\Delta x)}{\Delta x} \pm \beta \lim\limits_{\Delta x \to 0}\dfrac{o_g(\Delta x)}{\Delta x} = 0$，因此，函数 $\alpha f(x) \pm \beta g(x)$ 可微(可导)，且

$$\begin{aligned}d[\alpha f(x) \pm \beta g(x)] &= [\alpha f'(x) \pm \beta g'(x)]\Delta x = \alpha f'(x)\Delta x \pm \beta g'(x)\Delta x \\ &= \alpha df(x) \pm \beta dg(x),\end{aligned}$$

$$[\alpha f(x) \pm \beta g(x)]' = \alpha f'(x) \pm \beta g'(x).$$

同理有(2).

(3) 首先证明 $\dfrac{1}{g(x)}$ 的可微性. 由

$$\Delta\left[\frac{1}{g(x)}\right] = \frac{1}{g(x+\Delta x)} - \frac{1}{g(x)} = \frac{g(x) - g(x+\Delta x)}{g(x+\Delta x)g(x)} = \frac{-g'(x)\Delta x + o(\Delta x)}{g(x+\Delta x)g(x)},$$

可知 $g(x+\Delta x)g(x)\Delta\left[\dfrac{1}{g(x)}\right] = -g'(x)\Delta x + o(\Delta x)$，

且

$$\Delta\left[\frac{1}{g(x)}\right] = o(1),$$

又由 $g(x)$ 可微知 $g(x+\Delta x) = g(x) + g'(x)\Delta x + o(\Delta x)$，将其代入前一式可得

$$[g^2(x) + g(x)g'(x)\Delta x + g(x)o(\Delta x)]\Delta\left[\frac{1}{g(x)}\right] = -g'(x)\Delta x + o(\Delta x),$$

即

$$\begin{aligned}\Delta\left[\frac{1}{g(x)}\right] &= -\frac{g'(x)}{g^2(x)}\Delta x + \frac{1}{g^2(x)}o(\Delta x) - \frac{1}{g^2(x)}[g(x)o(\Delta x) \\ &\quad + g(x)g'(x)\Delta x]\Delta\left[\frac{1}{g(x)}\right] \\ &= -\frac{g'(x)}{g^2(x)}\Delta x + o(\Delta x),\end{aligned}$$

这是因为

$$\lim_{\Delta x\to 0}\frac{o(\Delta x)-[g(x)o(\Delta x)+g(x)g'(x)\Delta x]\Delta\left[\frac{1}{g(x)}\right]}{g^2(x)\Delta x}$$

$$=\lim_{\Delta x\to 0}\frac{o(\Delta x)-[g(x)o(\Delta x)+g(x)g'(x)\Delta x]o(1)}{g^2(x)\Delta x}=0.$$

这就证明了 $\dfrac{1}{g(x)}$ 是可微的，且 $\mathrm{d}\left[\dfrac{1}{g(x)}\right]=-\dfrac{g'(x)}{g^2(x)}\mathrm{d}x=-\dfrac{\mathrm{d}g(x)}{g^2(x)}$.

再证明 $\dfrac{f(x)}{g(x)}$ 是可微的. 由(2)的结论，我们知 $\dfrac{f(x)}{g(x)}$ 是可微的，且有

$$\mathrm{d}\frac{f(x)}{g(x)}=\mathrm{d}f(x)\cdot\frac{1}{g(x)}+f(x)\cdot\mathrm{d}\left[\frac{1}{g(x)}\right]=\frac{g(x)\mathrm{d}f(x)-f(x)\mathrm{d}g(x)}{g^2(x)}.$$

这便完成了(3)的证明. 下面的例子是应用定理 3.2.1 求微分或导数的例子.

例 3.2.1 求 $\mathrm{d}\tan x$ 和 $(\tan x)'$.

解 利用定理 3.2.1(3)，我们有

$$\mathrm{d}\tan x=\mathrm{d}\left(\frac{\sin x}{\cos x}\right)=\frac{\cos x\,\mathrm{d}\sin x-\sin x\,\mathrm{d}\cos x}{\cos^2 x}$$

$$=\frac{\cos^2 x+\sin^2 x}{\cos^2 x}\mathrm{d}x=\sec^2 x\,\mathrm{d}x,$$

于是

$$(\tan x)'=\sec^2 x.$$

例 3.2.2 求 $\mathrm{d}\sec x$ 和 $(\sec x)'$.

解 由于 $\sec x=\dfrac{1}{\cos x}$，故 $\mathrm{d}\sec x=\mathrm{d}\left(\dfrac{1}{\cos x}\right)=\dfrac{-(-\sin x\,\mathrm{d}x)}{\cos^2 x}=\sec x\tan x\,\mathrm{d}x$，从而有

$$\mathrm{d}\sec x=\sec x\tan x\,\mathrm{d}x,\quad (\sec x)'=\sec x\tan x.$$

例 3.2.3 计算 $\mathrm{d}(\sin x\log_a x)$ 和 $(\sin x\log_a x)'$.

解 由于 $\mathrm{d}(\sin x\log_a x)=\sin x\,\mathrm{d}\log_a x+\log_a x\,\mathrm{d}\sin x$

$$=\sin x\cdot\frac{1}{x}\log_a e\,\mathrm{d}x+\cos x\log_a x\,\mathrm{d}x$$

$$=\left(\sin x\cdot\frac{1}{x}\log_a e+\cos x\log_a x\right)\mathrm{d}x,$$

故 $(\sin x\log_a x)'=\sin x\cdot\dfrac{1}{x}\log_a e+\cos x\log_a x$.

3.2.2 复合函数微分运算法则及举例

定理 3.2.2 设函数 $f(u)$ 可微，$u=g(x)$ 可微，那么复合函数 $f[g(x)]$ 也可微，且

$$\mathrm{d}f[g(x)] = f'[g(x)]g'(x)\mathrm{d}x, \quad \{f[g(x)]\}' = f'[g(x)]g'(x).$$

证明 由已知有 $\Delta f(u) = f'(u)\Delta u + o(\Delta u)$ 和 $\Delta u = g'(x)\Delta x + o(\Delta x)$，因此，有

$$\begin{aligned}
\Delta f[g(x)] &= f[g(x)+\Delta g(x)] - f[g(x)] \\
&= f(u+\Delta u) - f(u) = f'(u)\Delta u + o(\Delta u) \\
&= f'(u)g'(x)\Delta x + f'(u) \cdot o(\Delta x) + o(\Delta u) \\
&= f'(u)g'(x)\Delta x + o(\Delta x),
\end{aligned}$$

这是因为 $\lim\limits_{\Delta x \to 0} \dfrac{f'(u) \cdot o(\Delta x) + o(\Delta u)}{\Delta x} = 0 + \lim\limits_{\Delta x \to 0} \dfrac{o(\Delta u)}{\Delta x} = 0 + \lim\limits_{\Delta x \to 0} \dfrac{o(\Delta u)}{\dfrac{\Delta u}{g'(x)}} = 0,$

当 $\Delta x \to 0$ 时，$\Delta u \to 0$，$\dfrac{\Delta u}{g'(x)} \sim \Delta x$.

于是，复合函数 $f[g(x)]$ 是可微的，且有

$$\mathrm{d}f[g(x)] = f'[g(x)]g'(x)\mathrm{d}x, \quad \{f[g(x)]\}' = f'[g(x)]g'(x).$$

注意 $g'(x)\mathrm{d}x = \mathrm{d}[g(x)]$，进而有

$$\mathrm{d}f[g(x)] = f'[g(x)]g'(x)\mathrm{d}x = f'[g(x)]\mathrm{d}g(x) = f'(u)\mathrm{d}u,$$

即 $\mathrm{d}f(u) = f'(u)\mathrm{d}u$.

此式与 x 为自变量的函数 $f(x)$ 的微分 $\mathrm{d}f(x) = f'(x)\mathrm{d}x$ 在形式上相同. 这一特性常常称为**微分形式不变性**. 这也意味着有 $\mathrm{d}f(u) = \mathrm{d}f(v) = \mathrm{d}f(s) = \mathrm{d}f(t) = \cdots$，即微分形式中函数的自变量仍为一虚拟变量. 这样基本初等函数的微分公式都可将自变量用中间变量 u 替换，即有 $\mathrm{d}\sin u = \cos u \mathrm{d}u$, $\mathrm{d}\sin v = \cos v \mathrm{d}v$, $\mathrm{d}\cos u = -\sin u \mathrm{d}u$, $\mathrm{d}\cos v = -\sin v \mathrm{d}v$, 等等. 这样，定理 3.2.1 和定理 3.2.2 也都可写成下列微分公式：

$$\mathrm{d}(\alpha u \pm \beta v) = \alpha \mathrm{d}u \pm \beta \mathrm{d}v; \mathrm{d}(uv) = u\mathrm{d}v + v\mathrm{d}u; \mathrm{d}\left(\dfrac{v}{u}\right) = \dfrac{u\mathrm{d}v - v\mathrm{d}u}{u^2}; \mathrm{d}f(u) = f'(u)\mathrm{d}u.$$

例 3.2.4 计算 $\mathrm{d}(x^\alpha)(\alpha \in \mathbf{R})$，$(x^\alpha)'$.

解 由于 $\mathrm{d}(x^\alpha) = \mathrm{d}\mathrm{e}^{\alpha \ln x} = \mathrm{e}^{\alpha \ln x}\mathrm{d}(\alpha \ln x) = \alpha x^\alpha \dfrac{1}{x}\mathrm{d}x = \alpha x^{\alpha-1}\mathrm{d}x$，因此，对幂为实数的幂函数的微分与导数公式为

$$\mathrm{d}(x^\alpha) = \alpha x^{\alpha-1}\mathrm{d}x, \quad (x^\alpha)' = \alpha x^{\alpha-1}.$$

换成中间变量也有 $\mathrm{d}(u^\alpha) = \alpha u^{\alpha-1}\mathrm{d}u$.

例 3.2.5 计算 $\mathrm{d}(x^x)$ 和 $(x^x)'$.

解 由于 $\mathrm{d}(x^x) = \mathrm{d}\mathrm{e}^{x \ln x} = \mathrm{e}^{x \ln x}\mathrm{d}(x \ln x) = x^x(\ln x \mathrm{d}x + x \mathrm{d}\ln x) = x^x\left(\ln x \mathrm{d}x + x \dfrac{1}{x}\mathrm{d}x\right)$，故 $\mathrm{d}(x^x) = x^x(\ln x + 1)\mathrm{d}x$，$(x^x)' = x^x(\ln x + 1)$.

例 3.2.6 计算 $\mathrm{d}[\sqrt{a^2+x^2}\ln(x+\sqrt{a^2+x^2})]$ 和 $\dfrac{\mathrm{d}[\sqrt{a^2+x^2}\ln(x+\sqrt{a^2+x^2})]}{\mathrm{d}x}$.

解 $d[\sqrt{a^2+x^2}\ln(x+\sqrt{a^2+x^2})]$

$=\sqrt{a^2+x^2}\dfrac{d(x+\sqrt{a^2+x^2})}{x+\sqrt{a^2+x^2}}+\ln(x+\sqrt{a^2+x^2})\dfrac{x\,dx}{\sqrt{a^2+x^2}}$

$=\sqrt{a^2+x^2}\dfrac{dx+\dfrac{x\,dx}{\sqrt{a^2+x^2}}}{x+\sqrt{a^2+x^2}}+\ln(x+\sqrt{a^2+x^2})\dfrac{x\,dx}{\sqrt{a^2+x^2}}$

$=\sqrt{a^2+x^2}\dfrac{\dfrac{(x+\sqrt{a^2+x^2})\,dx}{\sqrt{a^2+x^2}}}{x+\sqrt{a^2+x^2}}+\ln(x+\sqrt{a^2+x^2})\dfrac{x\,dx}{\sqrt{a^2+x^2}}$

$=dx+\dfrac{x\ln(x+\sqrt{a^2+x^2})\,dx}{\sqrt{a^2+x^2}}$

$=\dfrac{\sqrt{a^2+x^2}+x\ln(x+\sqrt{a^2+x^2})}{\sqrt{a^2+x^2}}\,dx,$

且

$$\dfrac{d[\sqrt{a^2+x^2}\ln(x+\sqrt{a^2+x^2})]}{dx}=\dfrac{\sqrt{a^2+x^2}+x\ln(x+\sqrt{a^2+x^2})}{\sqrt{a^2+x^2}}.$$

3.2.3 隐函数与反函数微分和导数计算举例

例 3.2.7 已知 $xy+e^y=y^2$，计算 dy 和 y'.

解 对方程两边微分 $d(xy+e^y)=d(y^2)$，得到 $x\,dy+y\,dx+e^y\,dy=2y\,dy$，解 dy 的方程得 $dy=\dfrac{y\,dx}{2y-e^y-x}$，$y'=\dfrac{y}{2y-e^y-x}$.

例 3.2.8 求函数 $y=f(x)$ 的反函数的微分与导数.

解 因为此函数的反函数意指变量 x 是 y 的函数且 $f'(x)\neq 0$（反函数存在条件），故可对 $y=f(x)$ 两边微分，从而得 $dy=f'(x)dx$，于是 $dx=\dfrac{1}{f'(x)}dy$，且有

$$[f^{-1}(x)]'=\dfrac{1}{f'(x)}.$$

例 3.2.7 中由方程确定的函数 y 称为**隐函数**，因 y 没有明确的函数关系. 求隐函数的微分或导数用微分法是较方便的方法. 例 3.2.8 将反函数的直接函数看成一个 y 关于 x 的隐函数，求微分，再求出微商，便得到导数. 由此，我们有反三角函数的微分与导数公式：

(1) $d\arcsin x=\dfrac{1}{\sqrt{1-x^2}}dx$，$(\arcsin x)'=\dfrac{1}{\sqrt{1-x^2}}$；

(2) $\mathrm{d}\arccos x = -\dfrac{1}{\sqrt{1-x^2}}\mathrm{d}x$, $(\arccos x)' = -\dfrac{1}{\sqrt{1-x^2}}$;

(3) $\mathrm{d}\arctan x = \dfrac{1}{1+x^2}\mathrm{d}x$, $(\arctan x)' = \dfrac{1}{1+x^2}$;

(4) $\mathrm{d}\operatorname{arccot} x = -\dfrac{1}{1+x^2}\mathrm{d}x$, $(\operatorname{arccot} x)' = -\dfrac{1}{1+x^2}$.

至此,为方便查找和记忆,我们可将基本初等函数的微分、导数公式以及函数的微分与导数运算公式列出如下:

1. 基本初等函数的微分与导数公式

(1) $\mathrm{d}C = 0$, $\qquad\qquad\qquad (C)' = 0$.

(2) $\mathrm{d}x^\alpha = \alpha x^{\alpha-1}\mathrm{d}x$, $\qquad\qquad (x^\alpha)' = \alpha x^{\alpha-1}$.

特别地,当

$\alpha = \dfrac{1}{2}$ 时,$\mathrm{d}\sqrt{x} = \dfrac{1}{2\sqrt{x}}\mathrm{d}x$, $(\sqrt{x})' = \dfrac{1}{2\sqrt{x}}$;

$\alpha = -1$ 时,$\mathrm{d}\dfrac{1}{x} = -\dfrac{1}{x^2}\mathrm{d}x$, $\left(\dfrac{1}{x}\right)' = -\dfrac{1}{x^2}$.

(3) $\mathrm{d}a^x = a^x \ln a\,\mathrm{d}x$, $(a^x)' = a^x \ln a$.

特别地,当 $a = \mathrm{e}$ 时,$\mathrm{d}\mathrm{e}^x = \mathrm{e}^x\mathrm{d}x$, $(\mathrm{e}^x) = \mathrm{e}^x$.

(4) $\mathrm{d}\log_a x = \dfrac{1}{x}\log_a \mathrm{e}\,\mathrm{d}x$, $\qquad (\log_a x)' = \dfrac{1}{x}\log_a \mathrm{e}$.

特别地,当 $a = \mathrm{e}$ 时,$\mathrm{d}\ln x = \dfrac{1}{x}\mathrm{d}x$, $(\ln x)' = \dfrac{1}{x}$.

(5) $\mathrm{d}\sin x = \cos x\,\mathrm{d}x$, $\qquad\qquad (\sin x)' = \cos x$.

(6) $\mathrm{d}\cos x = -\sin x\,\mathrm{d}x$, $\qquad\qquad (\cos x)' = -\sin x$.

(7) $\mathrm{d}\tan x = \sec^2 x\,\mathrm{d}x = \dfrac{1}{\cos^2 x}\mathrm{d}x$, $\quad (\tan x) = \sec^2 x = \dfrac{1}{\cos^2 x}$.

(8) $\mathrm{d}\cot x = -\csc^2 x\,\mathrm{d}x = -\dfrac{1}{\sin^2 x}\mathrm{d}x$, $\quad (\cot x)' = -\csc^2 x = -\dfrac{1}{\sin^2 x}$.

(9) $\mathrm{d}\sec x = \sec x \tan x\,\mathrm{d}x$, $\qquad (\sec x)' = \sec x \tan x$.

(10) $\mathrm{d}\csc x = -\csc x \cot x\,\mathrm{d}x$, $\qquad (\csc x)' = -\csc x \cot x$.

(11) $\mathrm{d}\arcsin x = \dfrac{1}{\sqrt{1-x^2}}\mathrm{d}x$, $\qquad (\arcsin x)' = \dfrac{1}{\sqrt{1-x^2}}$.

(12) $\mathrm{d}\arccos x = -\dfrac{1}{\sqrt{1-x^2}}\mathrm{d}x$, $\qquad (\arccos x)' = -\dfrac{1}{\sqrt{1-x^2}}$.

(13) $\mathrm{d}\arctan x = \dfrac{1}{1+x^2}\mathrm{d}x$, $\qquad (\arctan x)' = \dfrac{1}{1+x^2}$.

(14) $\mathrm{d}\,\mathrm{arccot}\, x = -\dfrac{1}{1+x^2}\mathrm{d}x$, $(\mathrm{arccot}\, x)' = -\dfrac{1}{1+x^2}$.

2. 函数微分与导数运算律

(1) $\mathrm{d}[\alpha f(x) \pm \beta g(x)] = \alpha \mathrm{d}f(x) \pm \beta \mathrm{d}g(x)$, $[\alpha f(x) \pm \beta g(x)]' = \alpha f'(x) \pm \beta g'(x)$;

(2) $\mathrm{d}[f(x)g(x)] = f(x)\mathrm{d}g(x) + g(x)\mathrm{d}f(x)$,
$[f(x)g(x)]' = f(x)g'(x) + g(x)f'(x)$;

(3) $\mathrm{d}\left(\dfrac{f(x)}{g(x)}\right) = \dfrac{g(x)\mathrm{d}f(x) - f(x)\mathrm{d}g(x)}{g^2(x)}$, $\left(\dfrac{f(x)}{g(x)}\right)' = \dfrac{g(x)f'(x) - f(x)g'(x)}{g^2(x)}$;

(4) $\mathrm{d}f[g(x)] = f'[g(x)]\mathrm{d}g(x) = f'[g(x)]g'(x)\mathrm{d}x$,
$\{f[g(x)]\}' = f'[g(x)]g'(x)$.

例 3.2.7 是求由方程或方程组确定的隐函数的微分，做法是对方程两边求微分，解出所确定的函数的因变量的微分式即可，而导数则是微分商。再看两个例子.

例 3.2.9 已知方程 $xy = \arctan\dfrac{y}{x}$，求 $\mathrm{d}y$，$\mathrm{d}x$ 及 $y'(x)$.

解 对方程两边微分，可得

$$y\mathrm{d}x + x\mathrm{d}y = \dfrac{x\mathrm{d}y - y\mathrm{d}x}{x^2 + y^2},$$

整理得

$$x\dfrac{x^2+y^2-1}{x^2+y^2}\mathrm{d}y = -y\dfrac{x^2+y^2+1}{x^2+y^2}\mathrm{d}x.$$

因此，$\mathrm{d}y = -\dfrac{y(x^2+y^2+1)}{x(x^2+y^2-1)}\mathrm{d}x$，$\mathrm{d}x = \dfrac{x(1-x^2+y^2)}{y(x^2+y^2+1)}\mathrm{d}y$，$y' = -\dfrac{y(x^2+y^2+1)}{x(x^2+y^2-1)}$.

如果仅仅是求隐函数 $y(x)$ 的导数，还可对方程两边的 x 求导，得到关于隐函数 $y(x)$ 的导数的方程，从所得方程中解出隐函数的导数 $y'(x)$ 即可. 如此题，对方程两边的 x 求导得

$$y + xy'(x) = \dfrac{1}{1+\left(\dfrac{y}{x}\right)^2} \cdot \dfrac{xy'-y}{x^2} = \dfrac{xy'-y}{x^2+y^2}.$$

于是，从上述方程求得 $y' = -\dfrac{y(x^2+y^2+1)}{x(x^2+y^2-1)}$. 于是有

$$\mathrm{d}y = -\dfrac{y(x^2+y^2+1)}{x(x^2+y^2-1)}\mathrm{d}x, \quad \mathrm{d}x = \dfrac{x(1-x^2+y^2)}{y(x^2+y^2+1)}\mathrm{d}y.$$

例 3.2.9 我们用两种方法得到了所求问题的解. 第一种微分法直接简单，在微分过程中见变量就微分，建立微分方程后，从微分方程中解出所求的即可. 第二种求导法不是很直接，必须在求导过程中分清函数、自变量，以及复合形式. 不过两个变量的方程确定一个变

量是另一个变量的函数是辩证的,求微分或导数时依所求问题而定.

例 3.2.10 隐函数 $y(x)$ 是由方程组 $y=t^2-t\cos t$ 和 $x=t+\sin t$ 确定的,求 $y'(0)$.

解 首先,当 $x=0$ 时,$t=0$. 再对两式微分得
$$\mathrm{d}y = 2t\,\mathrm{d}t - \cos t\,\mathrm{d}t + t\sin t\,\mathrm{d}t = (2t - \cos t + t\sin t)\mathrm{d}t,$$
以及 $\mathrm{d}x = \mathrm{d}t + \cos t\,\mathrm{d}t$.

因此,
$$y'(x) = \frac{\mathrm{d}y}{\mathrm{d}x} = \frac{2t - \cos t + t\sin t}{1 + \cos t}.$$

于是,代入 $x=0$,$t=0$ 可得 $y'(0) = -\frac{1}{2}$.

3.2.4 高阶微分与导数

从前面的例子中可知一个函数在 x 处的导数还是 x 的函数,我们称之为导函数,简称导数. 而隐函数的导数通常不仅是 x 的函数,还依赖于函数 y. 这就是说求函数在某点的导数可先求出导函数,然后求导函数在这点的函数值. 这是在导函数在此点有定义的情况下进行的,但是在不知是否有定义的情形下,还是用导数定义求之为好. 例 3.2.4、例 3.2.5 的求微分、导数的方法又叫**对数求导**的方法. 不同于函数的导数仍是自变量的函数,函数的微分不仅是 x 的函数,还与 $\mathrm{d}x$ 有关,不过 $\mathrm{d}x$ 是自变量的增量仅仅是引出函数改变量的一个变量,对不同的 x 可以有同一个增量 $\mathrm{d}x$,简言之,$\mathrm{d}x$ 中的 x 是一虚变量. 因此,函数的微分也仅是 x 的函数,如果微分还是可微的,可对其微分再求微分,再求微分时 $\mathrm{d}x$ 是关于 x 的一个常量. 于是,我们有
$$\mathrm{d}(\mathrm{d}y) = \mathrm{d}[f'(x)\mathrm{d}x] = \mathrm{d}x\,\mathrm{d}f'(x) = [f'(x)]'(\mathrm{d}x)^2,$$
记上式中的 $[f'(x)]'$ 为 $f''(x)$ 或 $f^{(2)}(x)$,称为函数的**二阶导数**,同时记 $\mathrm{d}(\mathrm{d}y)$ 为 $\mathrm{d}^2 y$ 并称为函数的**二阶微分**. 于是由微分式有
$$\mathrm{d}^2 y = \mathrm{d}(\mathrm{d}y) = [f''(x)\mathrm{d}x]\mathrm{d}x = f^{(2)}(x)(\mathrm{d}x)^2.$$

一般地,$(\mathrm{d}x)^2$ 又记为 $\mathrm{d}x^2$,这样,二阶微分 $\mathrm{d}^2 f(x) = f^{(2)}(x)\mathrm{d}x^2$,而二阶导数也可表示为 $f''(x) = \frac{\mathrm{d}^2 f(x)}{\mathrm{d}x^2}$. 一般地,我们可给出如下的高阶微分与导数的定义.

定义 3.2.1 设函数 $y=f(x)$,称 $\mathrm{d}(\mathrm{d}^{n-1}y) = [f^{(n-1)}(x)]'\mathrm{d}x^{n-1}$ 为函数 y 的 n 阶微分,记为 $\mathrm{d}^n y$,即 $\mathrm{d}^n y = \mathrm{d}(\mathrm{d}^{n-1}y) = [f^{(n-1)}(x)]'\mathrm{d}x^{n-1}$,此时 $[f^{(n-1)}(x)]'$ 称为函数的 n 阶导数,记为 $f^{(n)}(x)$,即有 $f^{(n)}(x) = [f^{(n-1)}(x)]'$,于是,$\mathrm{d}^n y = f^{(n)}(x)\mathrm{d}x^n$. 二阶或二阶以上的微分(导数)称为**高阶微分(导数)**.

对于高阶微分来说,一阶微分的形式不变性就不成立了. 例如,函数 $y=\sin x^2$ 就不具有二阶微分不变性,这是因为
$$\mathrm{d}^2 y = (\sin x^2)''\mathrm{d}x^2 = (2x\cos x^2)'\mathrm{d}x^2 = (2\cos x^2 - 4x^2\sin x^2)\mathrm{d}x^2 \neq -\sin x^2\mathrm{d}(x^2),$$

即 $d^2 f(u) \neq f''(u) du^2$.

例 3.2.11 求 $f(x) = x^n$ 的 m 阶导数和微分.

解 由于 $df(x) = nx^{n-1} dx$, $d^2 f(x) = n(n-1)x^{n-2} dx^2$, $\cdots$, 易知:

(1) 当 $m < n$ 时, $d^m f(x) = n(n-1)\cdots(n-m+1) x^{n-m} dx^m$;

(2) 当 $m = n$ 时, $d^m f(x) = m! dx^m$;

(3) 当 $m > n$ 时, $d^m f(x) = 0$.

例 3.2.12 计算:(1) $d^n \left(\dfrac{1}{x}\right)$; (2) $d^n \sin x$; (3) $d^n \cos x$; (4) $d^n a^x$.

解 易计算得到:

(1) $d^n \left(\dfrac{1}{x}\right) = \dfrac{(-1)^n n!}{x^{n+1}} dx^n$; (2) $d^n \sin x = \sin\left(\dfrac{n\pi}{2} + x\right) dx^n$;

(3) $d^n \cos x = \cos\left(\dfrac{n\pi}{2} + x\right) dx^n$; (4) $d^n a^x = a^x (\ln a)^n dx^n$.

此题留给读者自己动手计算. 这四个式子可用作求高阶导数的公式. 关于高阶微分与导数也有和、差、积、商的运算法则,由于商可以转变为积的形式,故以高阶导数形式列出和、差、积的运算式.

定理 3.2.1 $[\alpha f(x) \pm \beta g(x)]^{(n)} = \alpha f^{(n)}(x) \pm \beta g^{(n)}(x)$.

定理 3.2.2 $[f(x)g(x)]^n = \sum\limits_{k=0}^{n} \dfrac{n(n-1)\cdots(n-k+1)}{k!} f^{(n-k)} g^{(k)}$,

其中, $f(x)$ 记为 $f^{(0)}(x)$.

从这两个运算法则可发现求和的高阶导数比求积的高阶导数要容易些,故在求高阶导数时,尽量将函数分解成和的形式会简便些.

例 3.2.13 设 $f(x) = \cos 3x \sin 2x$, 求 $f^{(n)}(x)$.

解 $f(x) = \cos 3x \sin 2x = \dfrac{1}{2}(\sin 5x - \sin x)$, 故有

$$f^{(n)}(x) = \dfrac{1}{2}(\sin 5x - \sin x)^{(n)} = \dfrac{5^n}{2} \sin\left(\dfrac{n\pi}{2} + 5x\right) - \dfrac{1}{2} \sin\left(\dfrac{n\pi}{2} + x\right).$$

当然,还有些有理函数也可拆项以便求高阶导数,这里就不一一举例了.

3.2.5 变化率与弹性

导数通常作为一种变化率在自然科学和社会科学中得到使用. 有时为了分析变量间变化的敏感程度,需要考虑**相对变化率**,即一个变量的增长率与另一个变量的增长率的比,这个比值称为函数的**点弹性**,记为 E_{yx}, 即为

$$E_{yx} = \dfrac{\dfrac{\Delta y}{y(x)}}{\dfrac{\Delta x}{x}} \to \dfrac{xy'}{y(x)} \quad (\Delta x \to 0).$$

正因为如此,常常称 $\dfrac{xy'}{y(x)}$ 为函数在 x 处的点弹性,且其实际意义是自变量改变 1% 会改变因变量 $E_{yx}\%$. 实际生活中,这一术语在经济学中用得较为频繁,例如需求(Q)价格(p)弹性等. 由于经济学家的偏好与需求价格函数(也称需求函数)所反映出的需求价格的反向关系的特性,经济学中的需求价格弹性往往在增长率比的前面添加一个负号,即 $E_{Qp}=-p\dfrac{Q'(p)}{Q(p)}$. 通常,理性的厂商为增加收益决定是否涨价时,决策的重要的经济因素之一是商品的需求价格弹性. 这个问题以及用导数求解实际问题将在 3.4 节和下一章中有较多的讨论.

练习 3.2

1. 用定义求下列函数的微分及导数:

(1) $y=2x^2+3x$;

(2) $f(x)=\dfrac{1}{x^2}$;

(3) $f(x)=\sqrt{x}$;

(4) $f(x)=\sqrt[3]{x}$.

2. 求下列函数的微分与导数:

(1) $y=\sqrt{x}+\dfrac{1}{\sqrt[3]{x}}$;

(2) $y=\sqrt{x}\sin\sqrt{x}$;

(3) $y=\dfrac{1}{\sqrt{2x+1}}$;

(4) $y=\dfrac{\sqrt{x+1}(2-x)^5}{(x+3)^7}$;

(5) $y=\sin\mathrm{e}^{\sqrt{\tan 3x}}$;

(6) $y=\ln\left|\dfrac{x^2-4}{2x+5}\right|$;

(7) $y=\sin(\arctan\sqrt{1+x^2})$;

(8) $y=\arctan(\arcsin\sqrt{1+x^2})$;

(9) $y=\left(1+\dfrac{1}{x}\right)^x$;

(10) $y=\left(1+\dfrac{\sin x}{x}\right)^{\frac{x}{\cos x}}$.

3. 给出下列方程,求指定的微分及导数:

(1) $x^6+y^6=36$, $\dfrac{\mathrm{d}^2 y}{\mathrm{d}x^2}$;

(2) $x^2+4xy+y^2=13$, $\left.\dfrac{\mathrm{d}y}{\mathrm{d}x}\right|_{(1,2)}$;

(3) $\mathrm{e}^y+xy=\mathrm{e}$, $\left.\dfrac{\mathrm{d}y}{\mathrm{d}x}\right|_{x=0}$;

(4) $y=x^{\frac{1}{y}}$, $\left.\dfrac{\mathrm{d}y}{\mathrm{d}x}\right|_{x=1}$;

(5) $x=\sin t$, $y=\sin 2t$, $\left.\dfrac{\mathrm{d}y}{\mathrm{d}x}\right|_{t=\frac{\pi}{4}}$ 和 $\left.\mathrm{d}x\right|_{t=\frac{\pi}{4}}$;

(6) $x=3\mathrm{e}^{-t}$, $y=2\mathrm{e}^t$, $\dfrac{\mathrm{d}^2 y}{\mathrm{d}x^2}$.

4. 求下列函数的 n 阶导数:

(1) $f(x)=\dfrac{x}{2x+1}$;

(2) $f(x)=a^{bx+c}$;

(3) $f(x)=\ln\dfrac{1+x}{1-x}$;

(4) $f(x)=\sin^8 x+\cos^8 x$;

(5) $f(x)=\dfrac{1}{4x^2+6x+2}$;

(6) $f(x)=\mathrm{e}^{ax}\sin bx$.

5. 利用导数的定义求下列极限：

(1) $\lim\limits_{x \to 0} \dfrac{\sin(3+x)^2 - \sin 9}{x}$;

(2) $\lim\limits_{x \to \pi} \dfrac{e^{\sin x} - 1}{x - \pi}$;

(3) $\lim\limits_{x \to 0} \dfrac{\sqrt[3]{1+\tan x} - \sqrt{1+\sin x}}{x}$;

(4) $\lim\limits_{x \to 0} \dfrac{\sin(a+2x) - 2\sin(a+x) + \sin a}{x}$;

(5) $\lim\limits_{x \to 0} \dfrac{\cos\left(\dfrac{\pi}{2}+2x\right) - \cos\left(\dfrac{\pi}{2}-3x\right)}{\dfrac{\pi x}{2}}$;

(6) $\lim\limits_{x \to 0} \dfrac{x - 2\arctan\dfrac{\sin x}{a+\sqrt{a^2-1}+\cos x}}{\dfrac{1}{\sqrt{a^2-1}}x}$.

3.3 多变量函数的微分与偏导数

3.3.1 二元函数的微分与偏导数定义及计算举例

与单变量函数类似，可以定义多变量函数的微分与偏导数，由于两个变量的函数在几何上较直观，因此我们以二元函数为例来讨论多变量的微分与偏导数，并基于此理解多于两个自变量的函数的微分与偏导数。

定义 3.3.1 设二元函数 $z = f(x, y)$ 在点 (x_0, y_0) 的某邻域内有定义，如果在点 (x_0, y_0) 处分别任取自变量 x 和 y 的改变量 Δx 和 Δy，均有常数 A 和 B，使得函数的改变量

$$\Delta z = f(x_0 + \Delta x, y_0 + \Delta y) - f(x_0, y_0) = A\Delta x + B\Delta y + o(\Delta x) + o(\Delta y),$$

或者

$$\Delta z = A\Delta x + B\Delta y + o(\sqrt{(\Delta x)^2 + (\Delta y)^2}).$$

那么，称函数在点 (x_0, y_0) 处是可微的，且 $A\Delta x + B\Delta y$ 称为二元函数 $z = f(x, y)$ 在 (x_0, y_0) 处的**全微分**，简称微分，记为 $dz\big|_{(x_0, y_0)}$，即 $dz\big|_{(x_0, y_0)} = A\Delta x + B\Delta y$，而 A 和 B 则分别称为函数在点 (x_0, y_0) 处 x 的**偏导数**和 y 的**偏导数**，并分别记为 $f'_x(x_0, y_0)$ 或 $\dfrac{\partial z}{\partial x}\big|_{(x_0, y_0)}$ 和 $f'_y(x_0, y_0)$ 或 $\dfrac{\partial z}{\partial y}\big|_{(x_0, y_0)}$。注意到 $dx = \Delta x, dy = \Delta y$，则

$$dz\big|_{(x_0, y_0)} = f'_x(x_0, y_0)dx + f'_y(x_0, y_0)dy.$$

也可用定义求二元函数在任意点 (x, y) 处的微分与偏导数。在微分定义式中，令 $\Delta y = 0$，则有

$$\Delta_x z = f(x_0 + \Delta x, y_0) - f(x_0, y_0) = A\Delta x + o_x(\Delta x).$$

上式右边的增量是自变量 x 取增量后引出的函数的增量，称为 x 的偏增量，这个偏增量对自变量 y 没有任何贡献。换句话说，y 被固定为 y_0，是一常数，即 x 的偏增量是一元函数

$f(x, y_0)$ 的增量,并由上式有

$$A = \lim_{\Delta x \to 0} \frac{\Delta_x z}{\Delta x} = \lim_{\Delta x \to 0} \frac{f(x_0 + \Delta x, y_0) - f(x_0, y_0)}{\Delta x},$$

同样地,也有

$$B = \lim_{\Delta y \to 0} \frac{\Delta_y z}{\Delta y} = \lim_{\Delta y \to 0} \frac{f(x_0, y_0 + \Delta y) - f(x_0, y_0)}{\Delta y}.$$

因此偏导数的定义与上面两式是等价的. 对任意点(x, y)的全微分与偏导数可类似定义. 值得注意的是,上述极限是单极限,并不是二元函数的重极限,理解这一点差异对理解二元函数**可微必定连续**、**可微必有偏导数**、**偏导数存在未必连续**、**偏导数存在未必可微**、**偏导数连续则可微**等关系是有益的. 例如函数

$$f(x, y) = \begin{cases} 1, & (x, y) \in \{(x, y) \mid x = 1 \text{ 或 } y = 2\}, \\ 2, & (x, y) \notin \{(x, y) \mid x = 1 \text{ 或 } y = 2\}. \end{cases}$$

在点$(1, 2)$处的偏导数存在,但不是可微的. 事实上,

$$\Delta_x f = f(1 + \Delta x, 2) - f(1, 2) = 0 \Delta x + o(\Delta x),$$
$$\Delta_y f = f(1, 2 + \Delta y) - f(1, 2) = 0 \Delta y + o(\Delta y).$$

从而有 $f'_x(1, 2) = f'_y(1, 2) = 0$,但 $\lim\limits_{\substack{x \to 1 \\ y \to 2}} f(x, y) \neq f(1, 2)$,因而不连续. 这是因为点$(x, y)$沿直线 $x = 1$ 或 $y = 2$ 趋于点$(1, 2)$的极限均为 1,而沿直线 $y = 2x$ 趋于点$(1, 2)$的极限为 2,不是同一常数,因而$\lim\limits_{\substack{x \to 1 \\ y \to 2}} f(x, y)$不存在,进而函数在此点也不可微. 至于偏导数连续则函数可微,这是因为由 $f'_x(x, y)$, $f'_y(x, y)$ 都在点(x_0, y_0)处连续和极限的无穷小量准则知 $f'_x(x, y) = f'_x(x_0, y_0) + o_x(1)$, $f'_y(x, y) = f'_y(x_0, y_0) + o_y(1)$. 进而有

$$\begin{aligned}
\Delta z &= f(x_0 + \Delta x, y_0 + \Delta y) - f(x_0, y_0) \\
&= f(x_0 + \Delta x, y_0 + \Delta y) - f(x_0, y_0 + \Delta y) + f(x_0, y_0 + \Delta y) - f(x_0, y_0) \\
&= [f'_x(x_0, y_0 + \Delta y) + o_x(\Delta x)]\Delta x + [f'_y(x_0, y_0) + o_y(\Delta y)]\Delta y \\
&= [f'_x(x_0, y_0) + o_x(1) + o_x(\Delta x)]\Delta x + f'_y(x_0, y_0)\Delta y + o_y(\Delta y) \cdot \Delta y \\
&= f'_x(x_0, y_0)\Delta x + f'_y(x_0, y_0)\Delta y + o(\sqrt{(\Delta x)^2 + (\Delta x)^2}).
\end{aligned}$$

由定义,我们知函数在(x_0, y_0)处可微. 也可求二元函数在任意点处的微分与偏导数,比如例 3.3.1 和例 3.3.2.

例 3.3.1 求 $z = f(x, y) = x^2 + y^2$ 在任意点(x, y)的微分与偏导数.

解 因为
$$\begin{aligned}
\Delta z &= f(x + \Delta x, y + \Delta y) - f(x, y) \\
&= (x + \Delta x)^2 + (y + \Delta y)^2 - x^2 - y^2 \\
&= 2x\Delta x + 2y\Delta y + \Delta x \cdot \Delta x + \Delta y \cdot \Delta y \\
&= 2x\Delta x + 2y\Delta y + o_x(1) \cdot \Delta x + o_y(1) \cdot \Delta y,
\end{aligned}$$

所以 $dz = 2x\Delta x + 2y\Delta y = 2x dx + 2y dy$，$\dfrac{\partial z}{\partial x} = 2x$ 和 $\dfrac{\partial z}{\partial y} = 2y$.

例 3.3.2 求 $z = \sin x + a^y$ 的微分与偏导数.

解 $\Delta z = \sin(x + \Delta x) - \sin x + a^{y + \Delta y} - a^y$
$= \cos x \Delta x + a^y \ln a \Delta y + o_x(1)\Delta x + o_y(1)\Delta y$.

因此，由定义知函数是可微的，且 $dz = \cos x \Delta x + a^y \ln a \Delta y$，$\dfrac{\partial z}{\partial x} = \cos x$，$\dfrac{\partial z}{\partial y} = a^y \ln a$.

注意到，$\Delta x = \Delta x + 0 \cdot \Delta y + 0 \cdot \Delta x + 0 \cdot \Delta y$，故函数 x 是可微的，且 $dx = \Delta x$，同理有 $dy = \Delta y$，故可微函数的微分可简写为

$$dz\Big|_{(x_0, y_0)} = \dfrac{\partial z}{\partial x}\Big|_{(x_0, y_0)} dx + \dfrac{\partial z}{\partial y}\Big|_{(x_0, y_0)} dy,$$

而任意点的微分则为 $dz = \dfrac{\partial z}{\partial x} dx + \dfrac{\partial z}{\partial y} dy$，比较两式知，求一点的微分只要求出任意点的微分式后将所指定的点代入式中即可. 求二元函数任意点的微分只需对函数式中的每个变量微分，若变量为单变量函数，则使用微分形式不变性. 然后在所得微分等式中解出指定的函数的微分则为所求，而自变量的微分系数则是函数关于这个变量的偏导数. 如果仅是求偏导数还可这样求：求一个二元函数 $f(x, y)$ 关于 x 的偏导数，只需视 y 为常数对 x 求导即可，而求 y 的偏导数，也只需视 x 为常数对 y 求导即可. 这样一来一元函数的求导公式、微分公式、运算法则和二元函数的微分定义式都可用于求多元函数的全微分和偏导数. 比如说，如果 $z = f(u, v)$，$u = \varphi(x, y)$，$v = \phi(x, y)$，则由全微分式有

$$dz = f'_u(u, v) du + f'_v(u, v) dv$$
$$= f'_u(\varphi_x dx + \varphi_y dy) + f'_v(\phi_x dx + \phi_y dy)$$
$$= (f'_u \varphi_x + f'_v \phi_x) dx + (f'_u \varphi_y + f'_v \phi_y) dy$$

这样由微分定义知求偏导的链式法则

$$\dfrac{\partial z}{\partial x} = \dfrac{\partial z}{\partial u} \cdot \dfrac{\partial u}{\partial x} + \dfrac{\partial z}{\partial v} \cdot \dfrac{\partial v}{\partial x},$$
$$\dfrac{\partial z}{\partial y} = \dfrac{\partial z}{\partial u} \cdot \dfrac{\partial u}{\partial y} + \dfrac{\partial z}{\partial v} \cdot \dfrac{\partial v}{\partial y}.$$

又按链式法则和全微分定义知

$$dz = \dfrac{\partial z}{\partial x} dx + \dfrac{\partial z}{\partial y} dy$$
$$= f'_u \varphi_x dx + f'_u \varphi_y dy + f'_v \phi_x dx + f'_v \phi_y dy$$
$$= f'_u (\varphi_x dx + \varphi_y dy) + f'_v (\phi_x dx + \phi_y dy)$$
$$= f'_u du + f'_v dv.$$

这个形式和 u, v 是自变量的形式一样，这是全微分形式不变性. 总之，无论是单变量

函数还是多变量函数,其一阶微分都具有不变性. 求三元或三元以上的函数的偏导数或微分也是如此. 一般地,求多元函数的某个变量的偏导数,视其他自变量为常数,而求多元函数的微分也对其式的每个变量微分便可,求导和微分时运用一元函数的求导或微分公式以及运算法则便可完成多元函数的偏导数或微分的计算. 下面给出求偏导数和全微分的例子.

例 3.3.3 求函数 $f(x,y)=\ln(x+\sqrt{x^2+y^2})$ 的偏导数与微分.

解 $f'_x(x,y)=[\ln(x+\sqrt{x^2+y^2})]'_x=\dfrac{1+\dfrac{2x}{2\sqrt{x^2+y^2}}}{x+\sqrt{x^2+y^2}}=\dfrac{1}{\sqrt{x^2+y^2}},$

$$f'_y(x,y)=\dfrac{y}{(x+\sqrt{x^2+y^2})\sqrt{x^2+y^2}},$$

因此,函数的微分 $\mathrm{d}f(x,y)=\dfrac{\mathrm{d}x}{\sqrt{x^2+y^2}}+\dfrac{y\mathrm{d}y}{(x+\sqrt{x^2+y^2})\sqrt{x^2+y^2}}.$ 当然求微分也可直接运用微分公式与运算法则. 例如,

$$\begin{aligned}\mathrm{d}f(x,y)&=\mathrm{d}\ln(x+\sqrt{x^2+y^2})=\dfrac{1}{x+\sqrt{x^2+y^2}}\mathrm{d}(x+\sqrt{x^2+y^2})\\&=\dfrac{1}{x+\sqrt{x^2+y^2}}\left(\mathrm{d}x+\dfrac{x\mathrm{d}x+y\mathrm{d}y}{\sqrt{x^2+y^2}}\right)\\&=\dfrac{(x+\sqrt{x^2+y^2})\mathrm{d}x+y\mathrm{d}y}{(x+\sqrt{x^2+y^2})\sqrt{x^2+y^2}}\\&=\dfrac{\mathrm{d}x}{\sqrt{x^2+y^2}}+\dfrac{y\mathrm{d}y}{(x+\sqrt{x^2+y^2})\sqrt{x^2+y^2}}.\end{aligned}$$

例 3.3.4 求函数 $f(x,y,z)=\dfrac{1}{\sqrt{x^2+y^2+z^2}}$ 的偏导数 $\dfrac{\partial f}{\partial x},\dfrac{\partial f}{\partial y},\dfrac{\partial f}{\partial z}.$

解 对 x 求偏导,视 y,z 为常数,于是有

$$\dfrac{\partial f}{\partial x}=f'_x(x,y,z)=\left(\dfrac{1}{\sqrt{x^2+y^2+z^2}}\right)'_x=\dfrac{-x}{(x^2+y^2+z^2)\sqrt{x^2+y^2+z^2}}.$$

对 y 求偏导,视 x,z 为常数,于是有

$$\dfrac{\partial f}{\partial y}=f'_y(x,y,z)=\left(\dfrac{1}{\sqrt{x^2+y^2+z^2}}\right)'_y=\dfrac{-y}{(x^2+y^2+z^2)\sqrt{x^2+y^2+z^2}}.$$

同理,有 $\dfrac{\partial f}{\partial z}=f'_z(x,y,z)=\left(\dfrac{1}{\sqrt{x^2+y^2+z^2}}\right)'_z=\dfrac{-z}{(x^2+y^2+z^2)\sqrt{x^2+y^2+z^2}}.$

例 3.3.5 求函数 $f(x, y) = (\sin x)^{\cos y}$ 的偏导数及微分.

解 $f'_x(x, y) = [(\sin x)^{\cos y}]'_x = \cos y (\sin x)^{\cos y - 1} \cos x,$

$f'_y(x, y) = -(\sin x)^{\cos y} \sin y \ln \sin x,$

因此,$df(x, y) = (\sin x)^{\cos y - 1} \cos y \cos x \, dx - (\sin x)^{\cos y} \ln \sin x \sin y \, dy.$

也可直接求微分,而得偏导数.

$$d(\sin x)^{\cos y} = de^{\cos y \ln \sin x} = e^{\cos y \ln \sin x} d(\cos y \ln \sin x)$$

$$= (\sin x)^{\cos y} \left[\ln \sin x (-\sin y) dy + \cos y \frac{\cos x}{\sin x} dx \right]$$

$$= \cos y (\sin x)^{\cos y - 1} \cos x \, dx - (\sin x)^{\cos y} \ln \sin x \sin y \, dy.$$

由定义有 $\dfrac{\partial z}{\partial x} = \cos y (\sin x)^{\cos y - 1} \cos x,\ \dfrac{\partial z}{\partial y} = -(\sin x)^{\cos y} \ln \sin x \sin y.$

例 3.3.6 计算 $d(\sin xy)^{\cos \frac{x}{y}}$.

解 $d(\sin xy)^{\cos \frac{x}{y}} = de^{\cos \frac{x}{y} \ln \sin xy}$

$$= e^{\cos \frac{x}{y} \ln \sin xy} d\left(\cos \frac{x}{y} \ln \sin xy \right)$$

$$= (\sin xy)^{\cos \frac{x}{y}} \left[-\ln \sin xy \sin \frac{x}{y} d\left(\frac{x}{y} \right) + \cos \frac{x}{y} \cdot \frac{\cos xy}{\sin xy} d(xy) \right]$$

$$= (\sin xy)^{\cos \frac{x}{y}} \left[-\ln \sin xy \sin \frac{x}{y} \frac{y dx - x dy}{y^2} + \cos \frac{x}{y} \cdot \frac{\cos xy}{\sin xy} (x dy + y dx) \right]$$

$$= (\sin xy)^{\cos \frac{x}{y}} \left[\left(\frac{\cos xy}{\sin xy} \cos \frac{x}{y} y - \frac{1}{y} \ln \sin xy \sin \frac{x}{y} \right) dx \right.$$

$$\left. + \left(x \frac{\cos xy}{\sin xy} \cos \frac{x}{y} + \frac{x}{y^2} \ln \sin xy \sin \frac{x}{y} \right) dy \right].$$

例 3.3.7 已知 $x^2 + y^2 + z^2 = e^{xyz}$,求 dy 及 $\dfrac{\partial y}{\partial x}, \dfrac{\partial y}{\partial z}$.

解 从所要计算的偏导数可知,y 是由已知方程所确定的 x, z 的二元函数,于是可对方程两边的 x 求导,得 $2x + 2y \dfrac{\partial y}{\partial x} = e^{xyz} (xyz)'_x = e^{xyz} \left(yz + x \dfrac{\partial y}{\partial x} z \right)$,从所得式子中解出 $\dfrac{\partial y}{\partial x}$ 即为所求. 求解时要求 $2y - xze^{xyz} \neq 0$,此为函数 $F(x, y, z) = x^2 + y^2 + z^2 - e^{xyz}$ 关于 z 的偏导数 $F_z \neq 0$,这便是 $F(x, y, z) = 0$ 确定隐函数 $z(x, y)$ 的条件. 即隐函数存在条件. 解得 $\dfrac{\partial y}{\partial x} = \dfrac{yze^{xyz} - 2x}{2y - xze^{xyz}}$,同理可求得 $\dfrac{\partial y}{\partial z} = \dfrac{yxe^{xyz} - 2z}{2y - xze^{xyz}}$,而

$$dy = \frac{yze^{xyz} - 2x}{2y - xze^{xyz}} dx + \frac{yxe^{xyz} - 2z}{2y - xze^{xyz}} dz.$$

此外,也可对方程两边微分求之,对方程两边微分有 $d(x^2 + y^2 + z^2) = de^{xyz}$,即有

$$2x\mathrm{d}x+2y\mathrm{d}y+2z\mathrm{d}z=\mathrm{d}\mathrm{e}^{xyz}=\mathrm{e}^{xyz}(yz\mathrm{d}x+xz\mathrm{d}y+xy\mathrm{d}z).$$

现从所得到的式子中求出 $\mathrm{d}y$，即为

$$\mathrm{d}y=\frac{\mathrm{e}^{xyz}yz-2x}{2y-\mathrm{e}^{xyz}xz}\mathrm{d}x+\frac{\mathrm{e}^{xyz}yx-2z}{2y-\mathrm{e}^{xyz}xz}\mathrm{d}z,$$

进而得

$$\frac{\partial y}{\partial x}=\frac{yz\mathrm{e}^{xyz}-2x}{2y-xz\mathrm{e}^{xyz}},\quad \frac{\partial y}{\partial z}=\frac{yx\mathrm{e}^{xyz}-2z}{2y-xz\mathrm{e}^{xyz}}.$$

例 3.3.7 中的 $y(z,x)$ 常称为由一个方程确定的隐函数，仿照例 3.3.6、例 3.3.7 的做法，可求由多个方程确定的隐函数的偏导数与微分．

例 3.3.8 设有方程组 $\begin{cases}u^2-v=3x+y,\\ u-2v^2=x-2y,\end{cases}$ 求 $\dfrac{\partial u}{\partial x},\dfrac{\partial u}{\partial y},\dfrac{\partial v}{\partial x},\dfrac{\partial v}{\partial y}$．

解 从所求的偏导数可知 u,v 是 x,y 的函数．于是对方程组中的第一个方程两边微分，得

$$2u\mathrm{d}u-\mathrm{d}v=3\mathrm{d}x+\mathrm{d}y.$$

对方程组中的第二个方程两边微分，可得

$$\mathrm{d}u-4v\mathrm{d}v=\mathrm{d}x-2\mathrm{d}y.$$

两式联立，可求得

$$\mathrm{d}u=\frac{12v-1}{8uv-1}\mathrm{d}x+\frac{4v+2}{8uv-1}\mathrm{d}y,$$

$$\mathrm{d}v=\frac{3-2u}{8uv-1}\mathrm{d}x+\frac{1+4u}{8uv-1}\mathrm{d}y.$$

因此，可得

$$\frac{\partial u}{\partial x}=\frac{12v-1}{8uv-1},\quad \frac{\partial u}{\partial y}=\frac{4v+2}{8uv-1},$$

$$\frac{\partial v}{\partial x}=\frac{3-2u}{8uv-1},\quad \frac{\partial v}{\partial y}=\frac{1+4u}{8uv-1}.$$

3.3.2 多元函数的高阶微分与偏导数及计算举例

类似导数的变化率说法，偏导数也有变化率的说法．如 $\dfrac{\partial z}{\partial x}$ 是变量 z 关于 x 的变化率，而 $\dfrac{\partial z}{\partial y}$ 则是变量 z 关于 y 的变化率，在经济学中 $\dfrac{\partial z}{\partial x}$ 是关于 x 的边际，$\dfrac{\partial z}{\partial y}$ 是关于 y 的边际．再如经济学中函数 z 关于 x 的弹性函数是 $E_{zx}=\dfrac{x}{z}\dfrac{\partial z}{\partial x}$ 等．注意到上面的一些例子，其二元函数的微分、偏导数仍然是二元函数，即多元函数的微分、偏导数还是多元函数，故类似于一元

函数的讨论,我们也有多元函数的**高阶微分**与**高阶偏导数**. 即如果二元函数的全微分

$$dz = \frac{\partial z}{\partial x}dx + \frac{\partial z}{\partial y}dy$$

作为 x, y 的二元函数还是可微的,则对其微分记为 d^2z,并称为 z 的二阶微分. 也就是

$$d^2z = d(dz)$$
$$= \left(\frac{\partial}{\partial x}\left(\frac{\partial z}{\partial x}\right)dx\right)dx + \left(\frac{\partial}{\partial y}\left(\frac{\partial z}{\partial x}\right)dx\right)dy + \left(\frac{\partial}{\partial x}\left(\frac{\partial z}{\partial y}\right)dy\right)dx + \left(\frac{\partial}{\partial y}\left(\frac{\partial z}{\partial y}\right)dy\right)dy$$
$$= \frac{\partial}{\partial x}\left(\frac{\partial z}{\partial x}\right)dx^2 + \frac{\partial}{\partial y}\left(\frac{\partial z}{\partial x}\right)dxdy + \frac{\partial}{\partial x}\left(\frac{\partial z}{\partial y}\right)dydx + \frac{\partial}{\partial y}\left(\frac{\partial z}{\partial y}\right)dy^2.$$

式中, $\frac{\partial}{\partial x}\left(\frac{\partial z}{\partial x}\right)$ 称为二元函数 z 关于 x 的二阶偏导数,记为 $\frac{\partial^2 z}{\partial x^2}$ 或 z''_{xx}, 即

$$\frac{\partial^2 z}{\partial x^2} = \frac{\partial}{\partial x}\left(\frac{\partial z}{\partial x}\right) \text{ 或 } z''_{xx} = (z'_x)'_x;$$

$\frac{\partial}{\partial y}\left(\frac{\partial z}{\partial x}\right)$ 称为二元函数 z 关于 x, y 的**二阶混合偏导数**,记为 $\frac{\partial^2 z}{\partial y \partial x}$ 或 z''_{xy}, 即

$$\frac{\partial^2 z}{\partial y \partial x} = \frac{\partial}{\partial y}\left(\frac{\partial z}{\partial x}\right) \text{ 或 } z''_{xy} = (z'_x)'_y;$$

$\frac{\partial}{\partial y}\left(\frac{\partial z}{\partial y}\right)$ 称为二元函数 z 关于 y 的二阶偏导数,记为 $\frac{\partial^2 z}{\partial y^2}$ 或 z''_{yy}, 即

$$\frac{\partial^2 z}{\partial y^2} = \frac{\partial}{\partial y}\left(\frac{\partial z}{\partial y}\right) \text{ 或 } z''_{yy} = (z'_y)'_y;$$

$\frac{\partial}{\partial x}\left(\frac{\partial z}{\partial y}\right)$ 称为二元函数 z 关于 y, x 的二阶混合偏导数,记为 $\frac{\partial^2 z}{\partial x \partial y}$ 或 z''_{yx}, 即

$$\frac{\partial^2 z}{\partial x \partial y} = \frac{\partial}{\partial x}\left(\frac{\partial z}{\partial y}\right) \text{ 或 } z''_{yx} = (z'_y)'_x.$$

在这些偏导数中,若混合偏导数是连续的,则必定相等,即有 $\frac{\partial^2 z}{\partial y \partial x} = \frac{\partial^2 z}{\partial x \partial y}$. 于是,二阶微分的表达式可为

$$d^2z = \frac{\partial^2 z}{\partial x^2}dx^2 + 2\frac{\partial^2 z}{\partial y \partial x}dxdy + \frac{\partial^2 z}{\partial y^2}dy^2,$$

为方便记忆和推广,也记为

$$\left(\frac{\partial}{\partial x} + \frac{\partial}{\partial y}\right)^2 z(x, y).$$

其中，$\left(\dfrac{\partial}{\partial x}+\dfrac{\partial}{\partial y}\right)^2=\left(\dfrac{\partial}{\partial x}\right)^2+2\dfrac{\partial}{\partial x}\cdot\dfrac{\partial}{\partial y}+\left(\dfrac{\partial}{\partial y}\right)^2=\dfrac{\partial^2}{\partial x^2}+2\dfrac{\partial^2}{\partial x\partial y}+\dfrac{\partial^2}{\partial y^2}$
是一种算子记号. 比如二阶微分即为
$$d^2z=\left(\dfrac{\partial}{\partial x}+\dfrac{\partial}{\partial y}\right)^2 z(x,y).$$

一般地，函数 f 的 n 阶偏导数是对其 $n-1$ 阶偏导数求偏导数所得，如
$$\dfrac{\partial^n}{\partial x^n}=\dfrac{\partial}{\partial x}\cdot\dfrac{\partial^{n-1}}{\partial x^{n-1}},\ \dfrac{\partial^n}{\partial y\partial x^{n-1}}=\dfrac{\partial}{\partial y}\cdot\dfrac{\partial^{n-1}}{\partial x^{n-1}},\ \dfrac{\partial^{n+1}}{\partial y^2\partial x^{n-1}}=\dfrac{\partial}{\partial y}\left(\dfrac{\partial}{\partial y}\cdot\dfrac{\partial^{n-1}}{\partial x^{n-1}}\right),$$

而且高阶混合偏导数连续时也是相等的，故引入算子 $\dfrac{\partial}{\partial x}+\dfrac{\partial}{\partial y}$ 是合理的也是方便的，这样，
$$dz=\left(\dfrac{\partial}{\partial x}+\dfrac{\partial}{\partial y}\right)z(x,y),$$
$$d^2z=\left(\dfrac{\partial}{\partial x}+\dfrac{\partial}{\partial y}\right)^2 z(x,y),$$
$$d^3z=\left(\dfrac{\partial}{\partial x}+\dfrac{\partial}{\partial y}\right)^3 z(x,y)=\dfrac{\partial^3 z}{\partial x^3}dx^3+3\dfrac{\partial^3 z}{\partial x^2\partial y}dx^2dy+3\dfrac{\partial^3 z}{\partial x\partial y^2}dxdy^2+\dfrac{\partial^3 z}{\partial y^3}dy^3,$$
……
$$d^n z=\left(\dfrac{\partial}{\partial x}+\dfrac{\partial}{\partial y}\right)^n z(x,y).$$

关于多元函数的高阶微分与偏导数的计算，我们举两例见其一斑.

例 3.3.9 设二元函数 $z=\sin(x+2y)$，计算 $d^3 z$ 和 $\dfrac{\partial^4 z}{\partial x^2\partial y^2}$.

解 $z'''_{xxx}=\sin\left(x+2y+\dfrac{3\pi}{2}\right)$，$z'''_{xxy}=2\cos(x+2y+\pi)$，

$z'''_{yyx}=4\cos(x+2y+\pi)$，$z'''_{yyy}=8\sin\left(x+2y+\dfrac{3\pi}{2}\right)$，

由 $d^3z=\left(\dfrac{\partial z}{\partial x}+\dfrac{\partial z}{\partial y}\right)^3 z=\dfrac{\partial^3 z}{\partial x^3}dx^3+3\dfrac{\partial^3 z}{\partial x^2\partial y}dx^2 dy+3\dfrac{\partial^3 z}{\partial x\partial y^2}dxdy^2+\dfrac{\partial^3 z}{\partial y^3}dy^3$，有

$$d^3z=\sin\left(x+2y+\dfrac{3\pi}{2}\right)dx^3+6\cos(x+2y+\pi)dx^2dy$$
$$+12\cos(x+y+\pi)dxdy^2+8\sin\left(x+y+\dfrac{3\pi}{2}\right)dy^3.$$

又由 $z''_{yy}=(z'_y)'_y=[2\cos(x+2y)]'_y=-4\sin(x+2y)$，故有

$$z'''_{yyx}=(z''_{yy})'_x=[-4\sin(x+2y)]'_x=-4\cos(x+2y),$$
$$z^{(4)}_{yyxx}=(z''_{yy})''_{xx}=[-4\cos(x+2y)]'_x=4\sin(x+2y).$$

例 3.3.10 设 $f(x,y,z) = \dfrac{\sin x}{(2z+1)(1+2y)}$，计算 $\dfrac{\partial^{n+m+k} f}{\partial z^k \partial y^m \partial x^n}$.

解 注意到求偏导数的本质是对某个自变量求偏导，其余自变量均视为常量这一特性，对函数 f 求 x 的 n 阶偏导数，将 y, z 都看成常数，我们有

$$\frac{\partial^n f}{\partial x^n} = \frac{1}{(2z+1)(1+2y)}(\sin x)^{(n)} = \frac{1}{(2z+1)(1+2y)} \sin\left(\frac{n\pi}{2} + x\right),$$

依此，类似地有

$$\frac{\partial^{n+m} f}{\partial y^m \partial x^n} = \frac{\sin\left(\dfrac{n\pi}{2} + x\right)}{2z+1} \left(\frac{1}{1+2y}\right)^{(m)}_y = \frac{(-1)^m m! 2^m}{(1+2y)^{m+1}} \cdot \frac{\sin\left(\dfrac{n\pi}{2} + x\right)}{2z+1},$$

$$\frac{\partial^{n+m+k} f}{\partial z^k \partial y^m \partial x^n} = \frac{(-1)^m m! 2^m}{(1+2y)^{m+1}} \sin\left(\frac{n\pi}{2} + x\right) \left(\frac{1}{2z+1}\right)^{(k)}_z$$

$$= \frac{(-1)^{m+k} k! m! 2^{m+k}}{(2z+1)^{k+1}(1+2y)^{m+1}} \sin\left(\frac{n\pi}{2} + x\right).$$

类似于一元函数，二元函数也有线性化公式. 函数 $f(x,y)$ 在点 (x_0, y_0) 处的全微分定义中的项 $o_1(1) \cdot \Delta x + o_2(1) \cdot \Delta y$ 满足

$$\lim_{(\Delta x, \Delta y) \to (0,0)} \frac{o_1(1) \cdot \Delta x + o_2(1) \cdot \Delta y}{\sqrt{(\Delta x)^2 + (\Delta y)^2}} = 0,$$

故 $o_1(1) \cdot \Delta x + o_2(1) \cdot \Delta y$ 是 $\rho = \sqrt{(\Delta x)^2 + (\Delta y)^2}$ 的高阶无穷小，故当 $\Delta x, \Delta y$ 充分小时，函数改变量中略去此项，则有 $\Delta z \approx \mathrm{d}z$. 于是二元函数在点 (x_0, y_0) 处的线性化公式为

$$f(x_0 + \Delta x, y_0 + \Delta y) \approx f(x_0, y_0) + \left.\frac{\partial z}{\partial x}\right|_{(x_0, y_0)} (x - x_0) + \left.\frac{\partial z}{\partial y}\right|_{(x_0, y_0)} (y - y_0).$$

于是，在 $\Delta x, \Delta y$ 充分小时，可利用上式求 $f(x_0 + \Delta x, y_0 + \Delta y)$ 的近似值.

练习 3.3

1. 用定义求函数 $f(x,y) = xy$ 的微分和各偏导数.
2. 求下列函数的偏导数：
   (1) $f(x,y) = y^5 - 3xy$；
   (2) $f(x,y) = \sin x \cos y$；
   (3) $f(x,y) = \dfrac{ax + by}{cx + dy}$；
   (4) $f(x,y) = (3x + 5y)^{100}$；
   (5) $f(x,y) = \arctan \sqrt{x^2 + y^2}$；
   (6) $f(x,y) = \arccos \dfrac{y}{\sqrt{x^2 + y^2}}$.
3. 求下列函数的二阶偏导数：
   (1) $f(x,y) = x^3 y^5 + 2x^4 y$；
   (2) $f(x,y) = e^{xe^y}$；

(3) $f(x, y) = \dfrac{xy}{x-y}$;   (4) $f(x, y) = \arctan \dfrac{x+y}{1-xy}$;

(5) $f(x, y, z) = \dfrac{xyz}{\sqrt{x^2+y^2+z^2}}$;   (6) $f(x, y, z) = x^{y^z}$.

4. 求下列给出的方程(组)中指定的微分及偏导数:

(1) $x^2 + 2y^2 + 3z^2 = 1 \left(\dfrac{\partial z}{\partial x}, \dfrac{\partial^2 z}{\partial x \partial y}, \dfrac{\partial^2 z}{\partial y^2} \right)$;

(2) $e^{xyz} = x + y + xyz \left(\dfrac{\partial^2 z}{\partial x^2}, \dfrac{\partial^2 z}{\partial x \partial y}, \dfrac{\partial^2 z}{\partial y^2} \right)$;

(3) $\sin(y+z) = z + x \left(\dfrac{\partial z}{\partial x}, \dfrac{\partial^2 z}{\partial x \partial y}, \dfrac{\partial^2 z}{\partial y^2} \right)$;

(4) $x = u\cos \dfrac{u}{v},\ y = u\sin \dfrac{v}{u} \left(\dfrac{\partial u}{\partial x}, \dfrac{\partial u}{\partial y}, \dfrac{\partial v}{\partial y}, \dfrac{\partial v}{\partial x},\ \mathrm{d}u,\ \mathrm{d}v \right)$.

5. 求下列函数中指定的偏导数及偏导数式子:

(1) $z = \dfrac{\sin y}{2x+1}$, 计算 $\dfrac{\partial^n z}{\partial x^n}, \dfrac{\partial^n z}{\partial y^n}$;

(2) $z = \ln(x+y)$, 计算 $\dfrac{\partial^n z}{\partial x^n}, \dfrac{\partial^n z}{\partial y^n}$;

(3) $z = \ln(e^x + e^y)$, 计算 $\left(\dfrac{\partial^2 z}{\partial x^2} \cdot \dfrac{\partial^2 z}{\partial y^2} \right) \Big|_{(0,0)}$;

(4) $u = \dfrac{1}{\sqrt{x^2+y^2+z^2}}$, 计算 $\left(\dfrac{\partial^2 u}{\partial x^2} + \dfrac{\partial^2 u}{\partial y^2} + \dfrac{\partial^2 u}{\partial z^2} \right) \Big|_{(1,2,3)}$.

3.4 自然科学与社会科学中的变化率

函数 $f(x)$ 的导数 $f'(x)$ 被解释为关于 x 的变化率,这种变化率在物理学、化学、生物学、经济学以及其他科学中都有应用,在本节中我们以例题的形式来介绍作为变化率的导数的一些初步应用.

例 3.4.1(物理中的速度与加速度) 在物理学中位移函数的变化率称为速度,速度的变化率称为加速度,而加速度的变化率则称为拙速度(jerk)$j(t)$,即突然加速或突然中止运动的那种速度,就是我们坐在车上行驶过程中突然碰到的前倾后仰的那种感觉到的速度. 这种速度是位移函数的三阶导数,即 $j(t) = S'''(t)$. 设物体的位移是时刻 t 的函数,为 $S(t) = t^3 - 6t^2 + 9t$. 求在时刻分别为 2 秒和 4 秒时的速度,时刻为 4 秒时的加速度,什么时候物体运动是向前的,什么时候速度是上升的? 时刻为 4 秒时的拙速度是多少?

解 由于 $S'(t) = 3t^2 - 12t + 9$,故在时刻为 2 秒时的速度为 -3 m/s,时刻为 4 秒时的速度是 9 m/s. 当然,速度是正的时候物体是朝着运动方向向前移动的,故由 $S'(t) > 0$,可求

得当 $t<1$ 或 $t>3$ 时物体是向前的;当加速度和速度都是正的时候,速度是上升的,也就是当 $S''(t)>0$ 和 $S'(t)>0$ 时,速度上升,即当时间在第 3 秒后的速度是上升的;时刻为 4 秒时的拽速度 $j(4)=6$.

例 3.4.2(曲线的切线与法线) 在几何中函数在 x_0 处的变化率被解释为曲线在点 $(x_0, f(x_0))$ 处的切线的斜率,在此点与切线垂直的直线称为法线. 设函数 $f(x)=\sin x$,求曲线在点 $\left(\dfrac{\pi}{4}, \dfrac{\sqrt{2}}{2}\right)$ 处的切线、法线方程以及在点 $\left(\dfrac{\pi}{4}, \dfrac{\sqrt{2}}{2}\right)$ 和 $\left(\dfrac{\pi}{2}, 1\right)$ 间的曲线的近似直线段.

解 由于 $f'\left(\dfrac{\pi}{4}\right)=\cos\dfrac{\pi}{4}=\dfrac{\sqrt{2}}{2}$,即切线的斜率为 $\dfrac{\sqrt{2}}{2}$,故由直线的点斜式可求得切线方程为 $y=\dfrac{4\sqrt{2}-\sqrt{2}\pi}{8}+\dfrac{\sqrt{2}}{2}x$,又由于法线与切线垂直,故知其斜率是切线的负倒数,即法线的斜率是 $-\sqrt{2}$,因此法线方程为 $y=\dfrac{\sqrt{2}(2+\pi)}{4}-\sqrt{2}x$. 由微分定义知

$$f(x)=f(x_0)+f'(x_0)(x-x_0)+o((x-x_0)).$$

于是在点 x_0 附近 $f(x)\approx f(x_0)+f'(x_0)(x-x_0)$,这个近似式的右边正是曲线在 $(x_0, f(x_0))$ 处的切线,这表明在点 x_0 附近的曲线段可由切线段来近似(即线性近似或线性化),这也正是"以直代曲"的理论依据. 对于所求的曲线段的近似直线段是

$$y=\dfrac{4\sqrt{2}-\sqrt{2}\pi}{8}+\dfrac{\sqrt{2}}{2}x\left(\dfrac{\pi}{4}\leqslant x\leqslant\dfrac{\pi}{2}\right).$$

例 3.4.3 计算近似值 $e^{-0.015}$ 和 $(1.015)^{0.015}$.

解 为计算 $e^{-0.015}$,借用函数 $f(x)=e^x$,由上例,有

$$f(x_0+\Delta x)\approx f(x_0)+f'(x_0)\Delta x, |\Delta x| 充分小.$$

于是,取 $x_0=0, \Delta x=0.015$,则有

$$e^{-0.015}=f(x_0+\Delta x)\approx f(x_0)+f'(x_0)\Delta x$$
$$=e^0-e^0\times 0.015=1-0.015=0.985.$$

为计算 $(1.015)^{0.015}$,令 $f(x,y)=x^y, x_0=1, y_0=0, \Delta x=0.015, \Delta y=0.015$,那么,由二元函数的线性化公式有

$$(1.015)^{0.015}=f(x_0+\Delta x, y_0+\Delta y)$$
$$\approx f(x_0, y_0)+yx^{y-1}\big|_{(x_0, y_0)}\Delta x+x^y\ln x\big|_{(x_0, y_0)}\Delta y$$
$$=1+0\times 0.015+0\times 0.015=1.$$

例 3.4.4(变化率的相对比问题) 已知厂商的产量年增长率为 20%,设生产函数为 $P(K,L)=L^{0.5}K^{0.5}, L=100, K=100$ 万,试求该厂商资本年增长率为何才能确保产量年增长率为 20%.

解 为此引入符号，产量记为 P，劳动记为 L，资本记为 K，则此问题中已知是 $\dfrac{\mathrm{d}P}{\mathrm{d}t}=20\%$，要求的是 $\dfrac{\mathrm{d}K}{\mathrm{d}t}=?$ 现对生产函数两边的 t 求导，并代入 L,K 值，有

$$\frac{\partial P}{\partial t}=\frac{\partial P}{\partial K}\cdot\frac{\partial K}{\partial t}=L^{0.5}0.5K^{-0.5}\frac{\partial K}{\partial t}=0.5\frac{\partial K}{\partial t},$$

于是可求得资本的年增长率为 40%。

这类变化率相对比问题的核心是用一个变量的变化率去计算另一个变量的变化率。此类问题的求解必须明确已知的变化和所求变化率，之后，建立两个变量的数学模型，求出两变量的变化率的关系即可。

例 3.4.5 设厂商生产 x 单位某产品的总成本为 $C(x)=10\,000+5x+0.01x^2$，且产品的需求函数为 $p=17-0.05x$。

(1) 求平均成本、边际成本、边际利润，并解释其经济意义。
(2) 求需求价格弹性，并解释其经济意义。
(3) 产量为何时，利润是递增的，平均成本是递减的？
(4) 价格弹性为何时为增收可提价？

解 (1) 平均成本是单位产量的成本 $\bar{C}(x)$，即

$$\bar{C}(x)=\frac{C(x)}{x}=\frac{10\,000+5x+0.01x^2}{x}=\frac{10\,000}{x}+5+0.01x,$$

而边际成本即为总成本的变化率，也就是总成本函数的导数 $C'(x)$，即 $C'(x)=5+0.02x$，其意义是每多生产一个单位产量所需增加的成本。利润是收益与成本的差，利润函数 $g(x)$ 是收益函数 $R(x)$ 与总成本函数 $C(x)$ 的差，即 $g(x)=R(x)-C(x)$，其中，收益函数为价格与销量的积，总成本函数是固定成本与变动成本之和，变动成本常随产量增加而增加。在产销平衡下，收益函数也是价格与产量的积，即 $R(x)=px$，因此利润函数为

$$g(x)=R(x)-C(x)=px-C(x)=12x-10\,000-0.06x^2.$$

边际利润则为 $g'(x)=12-0.12x$，其经济意义是每多生产一个单位的产量所带来的利润为 $g'(x)$。

(2) 需求价格弹性是需求量关于价格的弹性，因而有

$$E_{Qp}=-p\frac{Q'(p)}{Q}=\frac{20p}{340-20p},$$

其经济意义是价格上涨 1%，需求量减少 $\dfrac{20p}{340-20p}\%$。

(3) 边际利润的意义是每多生产一个单位的产量所带来的利润的增加，故欲使利润是递增的，边际利润必须是正的，由 $g'(x)>0$，即 $x<100$，也就是说厂商生产的产量不能超过 100 单位，才能确保利润是递增的。又边际平均成本

$$\bar{C}'(x) = -\frac{10\,000}{x^2} + 0.01,$$

欲使平均成本是递减的,由边际的含义知,边际平均成本必须小于零,即 $\bar{C}'(x) < 0$,产量不超过 1 000 单位时平均成本是递减的.

(4) 依题意,欲增加收益,收益关于价格的边际必须是正. 为求收益关于价格的边际,此时的收益函数应视为价格的函数,在产销平衡下,收益函数中需求是价格的函数,因此由复合函数求导法则有

$$R'(p) = x + px'(p) = x\left(1 - \frac{-px'(p)}{x}\right) = x(1 - E_{Qp}),$$

欲 $R'(p) > 0$,需求价格弹性必须小于 1,就是说,商品处在低弹性($E_{Qp} < 1$)时涨价能增加收益.

例 3.4.6 设某厂商生产 A,B 两种商品的总成本函数为 $C(x, y) = 3x + 2y$,x, y 分别为这两种产品的产量,厂商面对市场的需求函数分别为 $Q_A = 8 - p_A + 2p_B$,$Q_B = 10 + 2p_A - 5p_B$,如果产销平衡,试求:

(1) A 商品的边际需求;
(2) 产量 x 的边际收益,产量 y 的边际利润;
(3) A 商品需求关于 B 商品价格的弹性;
(4) 产量 y 关于自身价格的变化率对价格 p_A 的边际利润的影响.

解 (1) A 商品的边际需求为 $Q'_A(p_A) = -1$.

(2) $R(x, y) = p_A x + p_B y = (60 - 5x - 2y)x + (26 - 2x - y)y$,
故产量 x 的边际收益为 $R'_x(x, y) = 60 - 10x - 4y$,又利润函数

$$g(x, y) = R(x, y) - C(x, y) = 57x - 5x^2 - 4xy + 24y - y^2,$$

故产量 y 的边际利润 $g'_y(x, y) = -4x + 24 - 2y$.

(3) A 商品需求关于 B 商品价格的弹性

$$E_{Q_A p_B} = \frac{2p_B}{8 - p_A + 2p_B} = 1 - \frac{8 - p_A}{8 - p_A + 2p_B} > 0,$$

此弹性表明,A 商品的需求与 B 商品的价格成同向变化,这意味着 B 商品的价格上涨,A 商品的需求量会增加,表明两种商品互为替代品.

(4) 产量 y 关于自身价格的变化率 $y'_{p_B} = -5$,产量 x 关于自身价格的变化率 $x'(p_A) = -1$,而利润价格函数为 $g[x(p_A, p_B), y(p_A, p_B)]$,故价格 p_A 的边际利润为

$$g'_{p_A} = \frac{\partial g}{\partial x}\frac{\partial x}{\partial p_A} + \frac{\partial g}{\partial y}\frac{\partial y}{\partial p_A}\frac{\partial p_A}{\partial y}\frac{\partial y}{\partial p_B} = \frac{\partial g}{\partial x}\frac{\partial x}{\partial p_A} + \frac{\partial g}{\partial y}\frac{\partial y}{\partial p_B} = -\frac{\partial g}{\partial x} - 5\frac{\partial g}{\partial y},$$

于是产量 y 关于自身价格的变化率对价格 p_A 的边际利润的影响为 $\frac{\partial g}{\partial y}$.

例 3.4.7 设某厂商生产甲、乙两种商品销往丁市场,该市场的需求 Q 与甲商品的价格

p_1 和乙商品的价格 p_2 及消费者收入 I 的函数关系是 $Q=100p_1^{-0.4}p_2^{-0.6}I^{2.5}$,假设产销平衡.

(1) 试分析厂商的收益与价格弹性的关系;

(2) 讨论两种商品的关系;

(3) 推断该商品的属性.

解 (1) 设厂商生产甲、乙两商品的产量分别为 x,y,则依题意有收益函数

$$R(x,y)=p_1x+p_2y,$$

甲、乙商品的收益关于价格的边际函数为

$$R'_{p_1}(x,y)=x+p_1x'(p_1)=x(1+E_{xp_1}),$$
$$R'_{p_2}(x,y)=y+p_2y'(p_2)=y(1+E_{yp_2}),$$

又可求得 $E_{xp_1}=-0.4$,$E_{xp_2}=-0.6$.由商品收益关于价格 p_1 的边际知,提高甲商品的自身价格可增收,而 $E_{yp_1}=-0.4$,$E_{yp_2}=-0.6$,同样,由商品收益关于价格 p_2 的边际知,提高乙商品的价格也能增收.

(2) 由 $E_{xp_2}=-0.6$ 也知,第二种商品提价会减少第一种商品的需求量,这说明这两种商品是互补商品.

(3) $E_{QI}=I \cdot \dfrac{Q'(I)}{Q}=2.5>1$,这意味着,消费者的收入增加,此两种商品的需求量也会增加,且增加的百分比大于收入增加的百分比,故此两种商品都属于奢侈品.

例 3.4.8[变化率与数学模型(C‑D 生产模型)建模] 我们都知道生产商品既需要劳动也需要资本,即商品的产量(记为 P)是劳动(记为 L)和资本(记为 K)的函数 $P(L,K)$,为建立起这个函数关系式,我们假设:

(1) 当劳动或资本为零时,产量也为零,即 $P(0,K)=0$,$P(L,0)=0$;

(2) 劳动的边际产量与劳动的平均产量成比例;

(3) 资本的边际产量也与资本的平均产量成比例.

这三个假设与生产实际是相符的.于是有下列数学模型:

$$\frac{\partial P}{\partial L}=\alpha\frac{P}{L},$$
$$\frac{\partial P}{\partial K}=\beta\frac{P}{K},$$

其中,α,β 是比例常数.

对这个模型的求解,要在学了第 4 章和第 5 章后可进行,并能求得 $P(L,K)=AL^\alpha K^\beta$.

练习 3.4

1. 求曲线 $y=(x+1)e^x$ 上点 $(0,1)$ 处的切线和法线.

2. 分别求当 $|x|$ 充分小时,曲线 $y=\sqrt[n]{a^n+x}$ 和曲线 $y=\sqrt{a^2+x}$ 的近似直线($a>0$).

3. 求当 $|x|$，$|y|$ 充分小时，曲面 $z=\ln(2+x+y)$ 的线性近似式.

4. 计算 $\arctan 1.05$，$\sqrt[3]{1.02}$，$0.97^{1.05}$，$\dfrac{1.03^2}{\sqrt[3]{0.98}\sqrt[4]{1.05^3}}$.

5. 某人乘坐的小车在 t 小时的运动方程为 $s(t)=5+\dfrac{1}{4}t^4-3t^3+2t^2+t$(100 千米)，求小车的速度、加速度. 小车行驶到 4 小时，此人突然前倾，此时的 $j(t)$ 是多少？

6. 某厂商生产 x 单位产品的成本函数为 $C(x)=1\,100+\dfrac{x^2}{1\,200}$，求：(1) 生产 900 单位产品时的成本与平均成本；(2) 生产 900 单位到 1 000 单位产品时总成本的平均变化率；(3) 生产 900 单位产品时的边际成本.

7. 某厂商生产的商品的市场价格函数 $p=20-2Q$，其中，Q 为销量，生产 x 单位所需要的成本为 $C(x)=50\,000-60x+\dfrac{x^2}{2}$. 试求：(1) 需求价格弹性. (2) 价格为 3 时的需求价格弹性. (3) 在价格为 3 时上涨一个百分点，收益是增加还是减少？(4) 边际利润为零时的产量.

8. 某厂商生产甲、乙两种产品的总成本函数是产量 x，y 的函数 $C(x,y)=5x^2+2xy+7y^2+6$，其中 x，y 分别是甲、乙两种产品的产量，该厂商将产品销往某个市场，价格函数为 $p_1=55-Q_1-Q_2$，$p_2=70-Q_1-2Q_2$，p_1，Q_1，p_2，Q_2 分别是市场销售甲、乙两种产品的价格和销量，假定产销是平衡的，试求：(1) $x=6$，$y=7$ 时的边际成本；(2) $p_1=10$，$p_2=5$ 时市场对甲、乙两种产品的需求价格弹性；(3) 厂商生产甲、乙两种产品的边际收益函数；(4) 边际利润为零时的产量.

9. 某厂商生产某种产品的总成本函数是产量的函数 $C(x)=\dfrac{x^2}{2}+x$，其中 x 是产品的产量，该厂商将产品销往两个市场(Ⅰ)和(Ⅱ)，两市场的价格函数分别为 $p_1=55-Q_1-Q_2$，$p_2=70-Q_1-2Q_2$，p_1，Q_1，p_2，Q_2 分别是(Ⅰ)和(Ⅱ)两市场销售产品的价格和销量. 试求：(1) 两市场的需求的交叉价格弹性函数，并给出两市场的关系；(2) 收益对两市场的价格弹性函数；(3) 边际利润为零时的产量，并解释其经济意义.

10. 某企业生产量(P)是资本(K)和劳动(L)的函数 $P(K,L)=3KL^2$. (1) 分别求劳动、资本的边际产量；(2) 分别求资本、劳动的平均产量；(3) 求企业家用于通过资本和劳动的增量来计算产量的增量的计算式.

11. 某企业生产两种商品的产量分别为 x 和 y，这两种商品的价格需求函数分别为 $p_1=7-\dfrac{7x}{6}-\dfrac{y}{3}+9I$ 和 $p_2=8-\dfrac{2x}{3}-\dfrac{y}{3}+I$，其中 I 是消费者可支配收入. 试求：(1) 商品各自的需求价格弹性函数；(2) 某一商品的需求对另一商品的价格弹性函数；(3) 各商品的需求收入弹性函数；(4) 企业的两种商品各单位产量对企业的正边际收益的产量.

本章要点与要求

(1) 要点:微分与微商,全微分与偏导数,基本初等函数的微分公式,函数的和、差、积、商、复合及逆的微分法则,高阶微分与高阶微商(导数),变化率,边际,弹性,微分近似式(线性化公式).

(2) 要求:掌握微分与微商的定义、全微分与偏导数的定义、高阶微分与高阶微商(导数)的定义;掌握基本初等函数的微分公式、求导公式,理解一元函数的可微与连续的关系、一元函数的可微与可导的关系;理解多元函数的可微与偏导数存在的关系、可微与连续的关系、偏导数存在与连续的关系,知道连续的二阶混合偏导数是相等的结论;掌握微分的四则运算及微分形式不变性;能熟练求出各类函数的高阶微分与高阶微商(导数),特别是二阶微分与导数;能对经济问题进行边际分析和弹性分析.

习 题 3

1. 求函数 $f(x)=\begin{cases} x^2+1, & -\infty<x<1, \\ 3x-x, & 1\leqslant x<+\infty \end{cases}$ 的导数.

2. 设 $f(x)=(\sin^2 x-\sin^2 a)g(x)$,其中 $g(x)$ 是连续函数,求 $f'(a)$.

3. 求下列函数的导数:

(1) $y=\ln\cos(x^2+1)$;

(2) $y=a^{\cot\sqrt{1-x^2}}$;

(3) $y=(1+x^2)^{\sin x^2}$;

(4) $y=\sqrt[3]{3+\tan x}$;

(5) $y=\ln(x-\cos 3x)$;

(6) $y=\sqrt{\dfrac{1-\sin x}{1+\sin x}}$;

(7) $y=\dfrac{x}{2}\sqrt{a^2-x^2}+\dfrac{a}{2}\arcsin\dfrac{x}{a}\ (a>0)$;

(8) $y=\ln(\cos^2 x+\sqrt{1-\cos^2 x})$;

(9) $y=\arctan e^x+\ln\sqrt{\dfrac{e^{2x}}{e^{2x}+1}}$;

(10) $y=\dfrac{x\sqrt{1-x^2}}{1+x^2}-\dfrac{3}{\sqrt{2}}\arctan\dfrac{\sqrt{2}x}{\sqrt{1+x^2}}$;

(11) $y=\ln|e^x-\sqrt{1+e^{2x}}|$;

(12) $y=\sqrt{1-e^{2x}}\arcsin e^x-e^x$;

(13) $z=\dfrac{x}{y^2}$;

(14) $z=\dfrac{y}{x}+\dfrac{x}{y}$;

(15) $z=\ln(3x^2+2y^3)$;

(16) $z=\arctan\dfrac{x}{y}$;

(17) $z=\arcsin xy$;

(18) $z=\arctan\dfrac{x+y}{1-xy}$;

(19) $z = \arcsin \dfrac{xy}{\sqrt{x^2+y^2}}$;

(20) $z = (\cos x)^{\sin y}$;

(21) $z = \left(\dfrac{x}{y}\right)^{\frac{y}{x}}$;

(22) $z = \dfrac{\sin(x^2+y^2)}{\sqrt{x^2+y^2}}$;

(23) $z = x \ln \dfrac{x+\sqrt{x-y^2}}{y}$;

(24) $z = \sqrt{x^2+y^2} - x \ln|x+\sqrt{x^2+y^2}|$.

4. 求下列隐函数的微分:

(1) $2y = \sin x + \cos y$, 求 dy;

(2) $\arctan y = e^{x+y}$, 求 dy;

(3) $\arcsin \dfrac{x}{y} = e^{\frac{y}{x}}$, 求 dx;

(4) $z = \sqrt{x^2+y^2} \tan \dfrac{\sqrt{x^2+y^2}}{z}$, 求 dz;

(5) $x^3 + y^3 + z^3 = 3xyz$, 求 dz;

(6) $\dfrac{x}{z} = \dfrac{z}{y}$, 求 dz;

(7) 求(1)中函数的 $d^2 y$;

(8) $2x + 3y + z = \sin(x+y+z)$, 求 $d^2 z$.

5. 求下列函数的高阶导数:

(1) $f(x) = x^2 e^x$, 求 $f^{(100)}(x)$;

(2) $f(x) = \sin x \cos x$, 求 $f^{(n)}(x)$;

(3) $f(x) = \dfrac{x^3}{x^2-2x-3}$, 求 $f^{(n)}(x)$;

(4) $z(x,y) = \dfrac{x}{x+1} \sin y$, 求 $\dfrac{\partial^{n+m} z}{\partial x^n \partial y^m}$;

(5) $z(x,y) = \dfrac{2x+3y}{6xy+2x+3y+1}$, 求 $\dfrac{\partial^{n+m} z}{\partial x^n \partial y^m}$;

(6) $z^3 - 3xyz = 1$, 求 $\dfrac{\partial^2 z}{\partial x \partial y}$.

6. 求连接曲线 $y = x^2$ 上两点 $(1, 1)$ 和 $(3, 9)$ 的割线方程并求平行于此割线的切线方程.

7. 计算 $\ln 0.998$ 和 $\sqrt{(1.02)^3 + (1.97)^3}$.

8. 求 $|x|$ 充分小时,曲线 $y = e^{x^2+x}$ 的近似直线,$|x|$,$|y|$ 都充分小时,曲面 $z = e^{x^2+y^2}$ 的近似平面.

9. 假设某产品的生产总成本函数为 $C(x) = 400 + 3x + \dfrac{x^2}{2}$,需求函数为 $p = \dfrac{100}{\sqrt{x}}$,其中 x 为产量,p 为价格,总假定产销平衡,试求:(1) 边际成本;(2) 边际收益;(3) 边际利润;(4) 收益的价格弹性.

10. 设生产某商品的固定成本为 60 000 元,变动成本为每件 20 元,价格函数 $p = 60 - 0.001x$ (x 为销量).试求:(1) 总成本函数和边际成本;(2) 收益函数和边际收益;(3) 利润函数和边际利润;(4) 需求对价格的弹性.

第 4 章　微分中值定理与原函数

【学习概要】　本章学习应用微分(导数)求函数的极大极小值方法以及求解最优化问题的方法;分析函数图象的几何特性(单调性、凹向与拐向)的方法;学习未定式极限的计算方法(洛必达法则).这些方法都是基于中值定理(罗尔定理、拉格朗日中值定理、柯西中值定理).这部分内容我们着重证明了费马定理,罗尔定理是应用费马(Fermat)定理的例子,拉格朗日中值定理和柯西中值定理则是应用罗尔定理的例子.函数极值判定法、单调性判定法、凹向判定法、未定式极限计算方法、拉格朗日中值定理的推论等结论也都是应用中值定理的例子.基于拉格朗日中值定理的推论给出了原函数与不定积分的定义,与此同时,据不定积分的定义,介绍了基本初等函数的不定积分公式;分析了微分运算和不定积分运算的互为逆运算属性,由此得出函数的和函数、积函数、复合函数的不定积分运算公式.介绍了幂级数的和函数的逐步积分公式;一些简单的微分方程与求解公式以不定积分计算例子出现.标有星号 * 的为选学内容.每节都附有练习题,章末附有习题,书末附有这些题的答案或提示.

4.1　中值定理

毛泽东主席对实践的系列论述中,将生产斗争、阶级斗争和科学实验归结为三大社会实践,并认为人的正确思想来源于这三大社会实践活动.人类在这三大社会实践活动中获得正确的知识,又用以指导人们在认识自然、征服自然、改造自然中的各实践活动.微积分正是人们在三大社会实践活动中获得的理论知识,当然也是认识自然和改造自然的有利工具.如前章所论及的微分与导数正是源于处理曲线的切线斜率、变速运动的速度等曲的和变的客观实际问题,反之,线性化等一些实际问题借用微分也可得到方便的处理.此外,随着知识的增加和深入,自然现象能得到较好的数学描述(数学模型或函数),这样,自然现象的变化与突变必然也会体现在数学模型中的一些变量的数值上,如生产者所关心的利润达到最大时的产量、消费者选择最满意的商品组合的数量等最优化问题.这些问题的最优值的计算也需要微分和导数这类工具.另一方面,第 2 章中碰到的有悖于极限四则运算条件的未定式极限的计算有时是不方便的,甚至不可能计算.人们在不断计算实验中认识到所论极限的函数结构具有改变量比的特性,这一特性蕴含着这类极限计算与函数的微分和导数的某种联系.这些问题的处理都离不开中值定理.

观察也是科学实验.一个明显的几何事实(图 4-1)是值得观察的.从图 4-1 中,我们看

到函数 $y=f(x)$ 是连续光滑的,即是连续且可微的,且在点 x_0 处的函数值 $f(x_0)$ 比附近的函数值都要大,常称为极大值. 更一般地,极大值被定义为 $f(x)$ 在某 $U_{x_0}(\delta)$ 内有定义,如果 $\forall x\in U_{x_0}(\delta)$ 恒成立 $f(x)\leqslant f(x_0)$,那么 $f(x_0)$ 称为函数 $f(x)$ 的极大值; $\forall x\in U_{x_0}(\delta)$ 恒成立 $f(x)\geqslant f(x_0)$,那么 $f(x_0)$ 称为函数 $f(x)$ 的极小值;极大值、极小值统称为极值,而 x_0 则称为极值点. 进一步注意到函数在点 $(x_0,f(x_0))$ 处的切线平行于 x 坐标轴,这意味着函数在

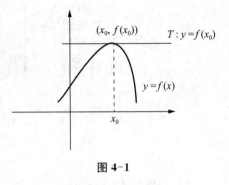

图 4-1

极值点 x_0 处的微分或导数为零. 这一结论是否具有一般性呢?回答是肯定的,法国数学家费马作了肯定的回答,并将这一事实抽象成下列定理 4.1.1.

定理 4.1.1(费马定理) 如果函数 $f(x)$ 在某 $U_{x_0}(\delta)$ 内连续,在 x_0 处可微,且 $f(x_0)$ 为函数 $f(x)$ 的极值,那么,$\mathrm{d}f(x)\big|_{x=x_0}=0$.

证明 不妨设 $f(x_0)$ 为极大值,则自变量在 x_0 处取一个改变量 Δx,相应的函数改变量 $\Delta f(x)\leqslant 0$,且由可微知存在 A 使得

$$A\Delta x + o(\Delta x) = \Delta f(x) \leqslant 0.$$

当 $A=0$ 时,$A\Delta x=0$;当 $A\neq 0$ 时,不妨设 $A>0$,于是由 $o(\Delta x)$ 知,存在 $\delta>0$,使得当 $0<\Delta x<\delta$ 时,有 $|A\Delta x|-\dfrac{|A\Delta x|}{2}\leqslant \Delta f\leqslant 0$. 于是,$|A\Delta x|\leqslant 0$,从而有 $A\Delta x=0$. 总之,对于常数 A,总有 $A\Delta x=0$. 即由微分定义知 $\mathrm{d}f(x)\big|_{x=x_0}=A\Delta x=0$.

定理 4.1.1 告诉我们对于一个可微函数取到极值的点必为微分等于零的点,但微分为零的点未必是极值点,例如,函数 $f(x)=x^3$ 在 $x=0$ 点处的微分为零,但 $f(0)$ 不是极值,因为这个函数是单调增函数. 另外,函数取到极值的点也未必是函数微分为零的点,例如,函数 $f(x)=|x|$ 在 $x=0$ 点处取到极小值,但 $\mathrm{d}f\big|_{x=0}$ 不存在. 这就是说微分为零的点仅仅是取到极值的必要条件,而不是充分条件. 因此,我们求到这样的点是否为取到极值的点还需进一步判断. 这两例中的函数都取到了极值,极值点一个是微分为零的点,另一个则是微分不存在的点. 这表明函数取到极值的点可能是微分为零的点,也可能是微分不存在(不可微)的点. 为讨论极值的需要,称微分为零和不存在的点为函数的关键点,其中微分为零的点又称为驻点.

定理 4.1.2(罗尔定理) 如果函数 $f(x)$ 在 $[a,b]$ 上连续,在 (a,b) 内可微,且 $f(a)=f(b)$,那么至少有一点 $\xi\in(a,b)$ 使得 $\mathrm{d}f(x)\big|_{x=\xi}=0$.

证明 用定理 4.1.1(费马定理)来证明定理 4.1.2. 为此只需说明函数在开区间上至少有一个极值点即可. 注意到,函数在闭区间上连续,故知函数在闭区间上有最大、最小值. (1)如果最大值、最小值都在区间端点取到,则由函数端点值相等知道,函数为常数,此时,$\mathrm{d}f(x)=0$,即函数在任意点处的微分都为零,因而结论已证. (2)如果最大值、最小值至少有一个在开区间内取到,设在 ξ 点处,则此点也为极值点. 于是由定理 4.1.1(费马定

理)可知 $\mathrm{d}f(x)\big|_{x=\xi}=0$. 因此函数在开区间上至少有一极值点, 即至少存在一点 $\xi\in(a,b)$, 使得 $\mathrm{d}f(x)\big|_{x=\xi}=0$.

作为定理 4.1.2 的一个应用的例子,我们来证明下列定理 4.1.3.

定理 4.1.3(柯西中值定理) 如果函数 $f(x),g(x)$ 在 $[a,b]$ 上连续, 在 (a,b) 内可微, 且 $\mathrm{d}g(x)\neq 0$, 则至少存在一点 $\xi\in(a,b)$, 使得

$$\frac{\mathrm{d}f(x)\big|_{x=\xi}}{\mathrm{d}g(x)\big|_{x=\xi}}=\frac{f(b)-f(a)}{g(b)-g(a)} \text{ 或 } \frac{f'(\xi)}{g'(\xi)}=\frac{f(b)-f(a)}{g(b)-g(a)}.$$

证明 要证明的结论的另一形式是

$$\mathrm{d}f(x)\big|_{x=\xi}-\frac{f(b)-f(a)}{g(b)-g(a)}\mathrm{d}g(x)\big|_{x=\xi}=0.$$

由函数和的微分法则易知这个等式正是两个函数的和至少存在一点使得其微分等于零的结论. 这个结论启发我们用定理 4.1.2(罗尔定理) 来证明它. 为方便叙述, 引入一个辅助函数

$$F(x)=f(x)-\frac{f(b)-f(a)}{g(b)-g(a)}g(x).$$

由已知以及连续函数的和是连续的、可微函数的和也是可微的知道, 函数 $F(x)$ 在 $[a,b]$ 上连续, 在 (a,b) 内可微, 且有

$$F(a)=f(a)-\frac{f(b)-f(a)}{g(b)-g(a)}g(a)=\frac{f(a)g(b)-f(b)g(a)}{g(b)-g(a)},$$

$$F(b)=f(b)-\frac{f(b)-f(a)}{g(b)-g(a)}g(b)=\frac{f(a)g(b)-f(b)g(a)}{g(b)-g(a)}.$$

即 $F(a)=F(b)$. 由定理 4.1.2 知, 至少有一点 $\xi\in(a,b)$ 使得 $\mathrm{d}F(x)\big|_{x=\xi}=0$, 即

$$\mathrm{d}f(x)\big|_{x=\xi}=\frac{f(b)-f(a)}{g(b)-g(a)}\mathrm{d}g(x)\big|_{x=\xi},$$

又因为 $\mathrm{d}g(x)\neq 0$, 故有 $\dfrac{\mathrm{d}f(x)\big|_{x=\xi}}{\mathrm{d}g(x)\big|_{x=\xi}}=\dfrac{f(b)-f(a)}{g(b)-g(a)}$ 或 $\dfrac{f'(\xi)}{g'(\xi)}=\dfrac{f(b)-f(a)}{g(b)-g(a)}$.

在定理 4.1.3 中, 特别取 $g(x)=x$ 便可得到下面的定理 4.1.4.

定理 4.1.4(拉格朗日中值定理) 如果函数在 $[a,b]$ 上连续, 在 (a,b) 内可导, 那么至少有一点 $\xi\in(a,b)$ 使得 $\mathrm{d}f(x)\big|_{x=\xi}=\dfrac{f(b)-f(a)}{b-a}\mathrm{d}x$, 或 $f'(\xi)=\dfrac{f(b)-f(a)}{b-a}$.

例 4.1.1 如果函数 $f(x)$ 在区间 I 上连续且在区间 I 内 $\mathrm{d}f>0$ 或 ≥ 0 ($\mathrm{d}f<0$ 或 ≤ 0), 那么函数在区间 I 上单调递增或单调不减(单调递减或单调不增).

证明 不妨证单调递增情形,其余类同. 任取 $x_1, x_2 \in I$,不妨设为 $x_1 < x_2$,由已知,函数在区间 $[x_1, x_2]$ 上连续,在 (x_1, x_2) 内可微. 于是,由定理 4.1.4 知道至少有一点 $\xi \in (x_1, x_2)$ 使得 $\mathrm{d}f\big|_{x=\xi} = \dfrac{f(x_2) - f(x_1)}{x_2 - x_1}\mathrm{d}x$. 又由 $\mathrm{d}f > 0$ 知, $\dfrac{f(x_2) - f(x_1)}{x_2 - x_1}\mathrm{d}x > 0$,并注意到 $\mathrm{d}x$ 的系数是常数,故有 $\dfrac{f(x_2) - f(x_1)}{x_2 - x_1} > 0$,即有 $f(x_2) > f(x_1)$. 故由函数的单调递增的定义知 $f(x)$ 在区间 I 上是单调递增的.

此例也称函数**单调性判别法**. 此法还有另一便于应用的描述形式:**如果函数 $f(x)$ 在区间 I 上连续且在区间 I 内 $f'(x) > 0$ 或 $\geqslant 0$ [$f'(x) < 0$ 或 $\leqslant 0$],那么函数 $f(x)$ 在区间 I 上单调递增或单调不减(单调递减或单调不增)**. 事实上,在 I 中任取 x_1, x_2,且 $x_1 < x_2$,由已知函数 $f(x)$ 在 $[x_1, x_2]$ 上连续,在 (x_1, x_2) 内可微,于是由定理 4.1.4 知道至少有一点 $\xi \in (x_1, x_2)$ 使得

$$0 < f'(\xi) = \frac{f(x_2) - f(x_1)}{x_2 - x_1},$$

即有 $f(x_2) > f(x_1)$. 故由函数的单调递增定义知函数是单调递增的.

例 4.1.2(洛必达法则) 如果函数 $f(x), g(x)$ 在点 a 的某空心邻域内可导,且 $\lim\limits_{x \to a} f(x) = 0$, $\lim\limits_{x \to a} g(x) = 0$, $g'(x) \neq 0$,那么,若 $\lim\limits_{x \to a} \dfrac{f'(x)}{g'(x)} = L$ 或为实数或为 ∞,则有

$$\lim_{x \to a} \frac{f(x)}{g(x)} = \lim_{x \to a} \frac{f'(x)}{g'(x)}.$$

证明 注意到结论涉及两个函数的商与其各自导数的商的关系,而此种关系至此只有定理 4.1.3 中的结论有此类形式. 这意味着要证明例 4.1.2,显然有效的工具应是定理 4.1.3. 为此,补充定义 $f(a) = 0, g(a) = 0$,则这两个函数都在点 a 连续,且对点 a 的右邻域内的任意一点 x,两个函数都在 $[a, x]$ 上连续,在 (a, x) 内可导,由定理 4.1.3 知道,至少存在一点 $\xi \in (a, x)$ 使得

$$\lim_{x \to a^+} \frac{f(x)}{g(x)} = \lim_{x \to a^+} \frac{f(x) - f(a)}{g(x) - g(a)} = \lim_{x \to a^+} \frac{\mathrm{d}f(x)\big|_{x=\xi}}{\mathrm{d}g(x)\big|_{x=\xi}} = \lim_{x \to a^+} \frac{f'(\xi)}{g'(\xi)}.$$

由夹逼定理知, $x \to a^+$ 必有 $\xi \to a^+$,因此,

$$\lim_{\xi \to a^+} \frac{f'(\xi)}{g'(\xi)} = \lim_{x \to a^+} \frac{f'(x)}{g'(x)} = L(\text{或}\infty),$$

即

$$\lim_{x \to a^+} \frac{f(x)}{g(x)} = \lim_{x \to a^+} \frac{f'(x)}{g'(x)}.$$

同理也有

$$\lim_{x \to a^-} \frac{f(x)}{g(x)} = \lim_{x \to a^-} \frac{f'(x)}{g'(x)}.$$

再由单边极限准则便可得例 4.1.2 的结论,

$$\lim_{x \to a} \frac{f(x)}{g(x)} = \lim_{x \to a} \frac{f'(x)}{g'(x)}.$$

这便证明了例 4.1.2. 例 4.1.2 实际上给出了一个求两个无穷小量比的极限的方法(常称为无穷小量与无穷小量的比的**洛必达法则**,常记为 $\dfrac{\mathbf{0}}{\mathbf{0}}$ 型的洛必达法则).

例 4.1.3 如果函数 $f(x)$ 在区间 I 上连续且在区间 I 内二阶微分 $\mathrm{d}^2 f(x) > 0 (\geqslant 0)$,或 $\mathrm{d}^2 f(x) < 0 (\leqslant 0)$,那么对任意的 $x_1, x_2 \in I$,任意的实数 $\alpha \in (0, 1)$,都有

$$f[\alpha x_1 + (1-\alpha) x_2] < (\leqslant) \alpha f(x_1) + (1-\alpha) f(x_2) \qquad ①$$

或

$$f[\alpha x_1 + (1-\alpha) x_2] > (\geqslant) \alpha f(x_1) + (1-\alpha) f(x_2). \qquad ②$$

证明 我们就 $\mathrm{d}^2 f(x) > (\geqslant) 0$ 的情形加以证明. 对任意的 $x_1, x_2 \in I$ 和任意的实数 $\alpha \in (0, 1)$,为方便见,不妨设 $x_1 < x_2$,于是由拉格朗日中值定理,有

$$\begin{aligned}
& \{\alpha f(x_1) + (1-\alpha) f(x_2) - f[\alpha x_1 + (1-\alpha) x_2]\} \mathrm{d}x \\
={} & \{\alpha f(x_1) + (1-\alpha) f(x_2) - (1-\alpha+\alpha) f[\alpha x_1 + (1-\alpha) x_2]\} \mathrm{d}x \\
={} & -\alpha \{f[\alpha x_1 + (1-\alpha) x_2] - f(x_1)\} \mathrm{d}x + (1-\alpha) \{f(x_2) - f[\alpha x_1 + (1-\alpha) x_2]\} \mathrm{d}x \\
={} & -\alpha(1-\alpha)(x_2-x_1) \mathrm{d}f(x) \Big|_{x=\xi_1} + (1-\alpha)\alpha(x_2-x_1) \mathrm{d}f(x) \Big|_{x=\xi_2} \\
={} & (1-\alpha)\alpha(x_2-x_1) \left[\mathrm{d}f(x) \Big|_{x=\xi_2} - \mathrm{d}f(x) \Big|_{x=\xi_1} \right] \\
={} & (1-\alpha)\alpha(x_2-x_1)(\xi_2-\xi_1) \mathrm{d}^2 f(x) \Big|_{x=\eta} > (\geqslant) 0,
\end{aligned}$$

其中,$\xi_1 \in (x_1, \alpha x_1 + (1-\alpha) x_2)$,$\xi_2 \in (\alpha x_1 + (1-\alpha) x_2, x_2)$. 注意到 $\mathrm{d}x$ 的系数是常数,故这个常数大于零或大于等于零,即有

$$f[\alpha x_1 + (1-\alpha) x_2] < (\leqslant) \alpha f(x_1) + (1-\alpha) f(x_2).$$

类似地,当 $\mathrm{d}^2 f(x) < 0 (\leqslant 0)$ 时,也有

$$f[\alpha x_1 + (1-\alpha) x_2] > (\geqslant) \alpha f(x_1) + (1-\alpha) f(x_2).$$

例 4.1.4 如果 $f(x)$ 在点 x_0 的某邻域内有 $n+1$ 阶导数,则在点 x_0 的某邻域内至少存在一点 ξ,使得

$$f(x) = f(x_0) + f'(x_0)(x-x_0) + \frac{f^{(2)}(x_0)}{2!}(x-x_0)^2 + \cdots$$
$$+ \frac{f^{(n)}(x_0)}{n!}(x-x_0)^n + R_n(x),$$

其中，$R_n(x) = \dfrac{f^{(n+1)}(\xi)}{(n+1)!}(x-x_0)^{n+1}$，且 $R_n(x) = o((x-x_0)^n)\ (x \to x_0)$.

证明 令

$$F(t) = f(t) - f(x_0) - f'(x_0)(t-x_0) - \frac{f^{(2)}(x_0)}{2!}(t-x_0)^2 - \cdots - \frac{f^{(n)}(x_0)}{n!}(t-x_0)^n,$$

$$G(t) = (t-x_0)^{n+1},$$

则有 $F^{(n)}(x_0) = 0 (n \geqslant 0)$, $G^{(n)}(x_0) = 0 (n \geqslant 0)$. 于是对点 x_0 的某邻域内的任意点 x, 不妨设 $x > x_0$, $F(t)$, $G(t)$ 有 $n+1$ 阶导数, 从而在 $[x_0, x]$ 上满足柯西中值定理. 对这两个函数在 $[x_0, x]$ 上使用柯西中值定理, 有

$$\frac{F(x)}{G(x)} = \frac{F(x)-F(x_0)}{G(x)-G(x_0)} = \frac{\mathrm{d}F\big|_{x=\xi_1}}{\mathrm{d}G\big|_{x=\xi_1}} = \frac{\mathrm{d}F\big|_{x=\xi_1} - \mathrm{d}F\big|_{x=x_0}}{\mathrm{d}G\big|_{x=\xi_1} - \mathrm{d}G\big|_{x=x_0}} = \frac{\mathrm{d}^2 F\big|_{x=\xi_2}}{\mathrm{d}^2 G\big|_{x=\xi_2}} = \cdots = \frac{\mathrm{d}^n F\big|_{x=\xi_n}}{\mathrm{d}^n G\big|_{x=\xi_n}}$$

$$= \frac{\mathrm{d}^n F\big|_{x=\xi_n} - \mathrm{d}^n F\big|_{x=x_0}}{\mathrm{d}^n G\big|_{x=\xi_n} - \mathrm{d}^n G\big|_{x=x_0}} = \frac{\mathrm{d}^{n+1} F\big|_{x=\xi}}{\mathrm{d}^{n+1} G\big|_{x=\xi}} = \frac{f^{(n+1)}(\xi)}{(n+1)!},$$

即 $F(x) = \dfrac{f^{(n+1)}(\xi)}{(n+1)!}(x-x_0)^{n+1}$.

也就是

$$f(x) = f(x_0) + f'(x_0)(x-x_0) + \frac{f^{(2)}(x_0)}{2!}(x-x_0)^2 + \frac{f^{(3)}(x_0)}{3!}(x-x_0)^3$$

$$+ \cdots + \frac{f^{(n)}(x_0)}{n!}(x-x_0)^n + \frac{f^{(n+1)}(\xi)}{(n+1)!}(x-x_0)^{n+1}.$$

令 $R_n(x) = \dfrac{f^{(n+1)}(\xi)}{(n+1)!}(x-x_0)^{n+1}$, 则 $\lim\limits_{x \to x_0} \dfrac{R_n(x)}{(x-x_0)^n} = \lim\limits_{x \to x_0} \dfrac{f^{(n+1)}(\xi)}{(n+1)!}(x-x_0) = 0$, 即有 $R_n(x) = o((x-x_0)^n)$, 这便完成了例 4.1.4 的证明. 这个式子也可用微分表示为

$$\Delta f(x) = \mathrm{d}f(x)\big|_{x=x_0} + \frac{\mathrm{d}^2 f(x)}{2!}\bigg|_{x=x_0} + \frac{\mathrm{d}^3 f(x)}{3!}\bigg|_{x=x_0} + \cdots + \frac{\mathrm{d}^{(n+1)} f(x)}{(n+1)!}\bigg|_{x=\xi}.$$

例 4.1.4 也称为一元函数在 x_0 处的**泰勒公式**, 它是**拉格朗日中值定理的高阶形式**, 当然多元函数也有泰勒公式, 这里不叙述, 有兴趣的读者可试着自己写出它的形式.

例 4.1.5 如果 $\mathrm{d}f(x) = 0$, 那么 $f(x) = C$, C 为任意常数; 如果 $\mathrm{d}f(x) = \mathrm{d}g(x)$, 则 $f(x) = g(x) + C$, C 为任意常数.

证明 任取函数定义中的不同两点 x_1, x_2, 不妨设为 $x_1 < x_2$, 于是, 函数 $f(x)$ 在闭区间 $[x_1, x_2]$ 上连续, 在开区间 (x_1, x_2) 内可微, 故由拉格朗日中值定理知, 至少有一点 $\xi \in (x_1, x_2)$ 使得

$$\mathrm{d}f(x)\big|_{x=\xi} = \frac{f(x_2)-f(x_1)}{x_2-x_1}\mathrm{d}x,$$

即由已知有 $\dfrac{f(x_2)-f(x_1)}{x_2-x_1}\mathrm{d}x=0$,从而

$$f(x_2)=f(x_1).$$

此式表明,函数是一个常函数,即有 C 使得 $f(x)=C$. 又由 $\mathrm{d}f(x)=\mathrm{d}g(x)$ 知 $\mathrm{d}[f(x)-g(x)]=0$,由前段结论知有常数 C,使得 $f(x)=g(x)+C$. 例 4.1.5 俗称**拉格朗日中值定理的推论**,它是微分与不定积分的纽带.

例 4.1.6 求 $f(x)$,使之满足方程:(1) $f(x)+f'(x)=0$;(2) $xf'(x)=2f(x)$.两情形均有 $f(1)=2$.

解 (1) 令 $F(x)=\mathrm{e}^x f(x)$,则 $\mathrm{d}F(x)=0$,因此,借助例 4.1.5 的结论可知 $F(x)=C$,即 $f(x)=C\mathrm{e}^{-x}$,代入 $f(1)=2$,便可求得 $f(x)=2\mathrm{e}^{-x+1}$.

(2) 令 $F(x)=\dfrac{f(x)}{x^2}$,则 $\mathrm{d}F(x)=0$,因此,借助例 4.1.5 的结论知 $F(x)=C$,即 $f(x)=Cx^2$,代入 $f(1)=2$,便可求得 $f(x)=2x^2$.

例 4.1.6 中的方程(1)和(2)常称为**微分方程**,$f(1)=2$ 又称为微分方程的**初始条件**,而所求的函数 $f(x)$ 也称为微分方程的**解**.

例 4.1.7 如果 $f(x)$ 在 $[a,b]$ 上有二阶导数,且 $f'(a)=f'(b)=0$,那么存在 $\xi\in(a,b)$,使得 $|f''(\xi)|\geqslant\dfrac{2}{(b-a)^2}|f(b)-f(a)|$.

证明 由已知,函数分别在 $\left[a,\dfrac{a+b}{2}\right]$ 和 $\left[\dfrac{a+b}{2},b\right]$ 上满足拉格朗日中值定理,可以得到

$$\left[f\left(\frac{a+b}{2}\right)-f(a)\right]\mathrm{d}x = \mathrm{d}f(x)\big|_{x=\xi_1}\cdot\frac{b-a}{2},$$

$$\left[f(b)-f\left(\frac{a+b}{2}\right)\right]\mathrm{d}x = \mathrm{d}f(x)\big|_{x=\xi_2}\cdot\frac{b-a}{2}.$$

上述两式相加有

$$[f(b)-f(a)]\mathrm{d}x = \left[\mathrm{d}f(x)\big|_{x=\xi_1}+\mathrm{d}f(x)\big|_{x=\xi_2}\right]\frac{b-a}{2},$$

进而 $\left|[f(b)-f(a)]\mathrm{d}x\right| = \left|\mathrm{d}f(x)\big|_{x=\xi_1}+\mathrm{d}f(\xi_2)\big|_{x=\xi_2}\right|\dfrac{b-a}{2}$

$$= \left|[f'(\xi_1)-f'(a)+f'(\xi_2)-f'(b)]\mathrm{d}x\right|\frac{b-a}{2}$$

$$= \left|\mathrm{d}f'(x)\big|_{x=\eta_1}(\xi_1-a)+\mathrm{d}f'(x)\big|_{x=\eta_2}(\xi_2-b)\right|\frac{b-a}{2}$$

$$= \left| [f''(\eta_1)(\xi_1-a)+f''(\eta_2)(\xi_2-b)]\mathrm{d}x \right| \frac{b-a}{2},$$

即

$$|f(b)-f(a)| = |f''(\eta_1)(\xi_1-a)+f''(\eta_2)(\xi_2-b)| \frac{b-a}{2}$$

$$\leqslant [|f''(\eta_1)|+|f''(\eta_2)|] \frac{(b-a)^2}{4}.$$

令 $|f''(\xi)|=\max\{|f''(\eta_1)|,|f''(\eta_2)|\}$，则有 $|f(b)-f(a)| \leqslant |f''(\xi)| \dfrac{(b-a)^2}{2}$.

练习 4.1

1. 设 $f(x)$ 在区间 $(-\infty,+\infty)$ 上可微，且 $f(0)=f(3)=0$，那么方程 $f'(x)=x^2-3x$ 至少有一小于 3 的正根.

2. 设 $f(x)$，$g(x)$ 都在 $[a,b]$ 上连续，在 (a,b) 内可微，且 $g'(x)\neq 0$，证明在 (a,b) 内存在两点 ξ，η 使得 $\dfrac{f'(\xi)}{g'(\eta)}=\dfrac{f(b)-f(a)}{g(b)-g(a)}$.

3. 设 $f(x)$ 在 $[1,3]$ 上连续，在 $(1,3)$ 内可微，$f(1)=0$，$f(3)=\dfrac{2}{3}$，则至少有一点 $\xi\in(1,3)$ 使得 $\xi^2 f'(\xi)=1$.

4. 如果 $f(x)$ 在 $[a,b]$ 上有二阶导数，且 $f'(a)=f'(b)=0$，那么存在 $\xi\in(a,b)$，使得

$$|f''(\xi)| \geqslant \frac{9}{5} \frac{|f(b)-f(a)|}{(b-a)^2}.$$

4.2 洛必达法则与极限计算

本节的极限计算主要是不满足极限四则运算的一些未定式极限的计算. 计算工具主要是依据上节的例 4.1.2，例 4.1.2 常称为极限计算的洛必达法则，它是用来求无穷小量与无穷小量的比的极限，此类极限也被记为 $\dfrac{0}{0}$，故例 4.1.2 也称为 $\dfrac{0}{0}$ 的洛必达法则.

将 $\lim\limits_{x\to a}\dfrac{f(x)}{g(x)}$ 改写为 $\lim\limits_{x\to a}\dfrac{\dfrac{1}{g(x)}}{\dfrac{1}{f(x)}}$，则是无穷大量比无穷大量的形式的极限；反之，如果 $f(x)$，$g(x)$ 都是无穷大量，则也可转化为无穷小量的比的极限，即

$$\lim_{x \to a} \frac{f(x)}{g(x)} = \lim_{x \to a} \frac{\frac{1}{g(x)}}{\frac{1}{f(x)}}.$$

于是,若 $\lim\limits_{x \to a} \dfrac{f'(x)}{g'(x)}$ 存在或 ∞,则由例 4.1.2,有

$$\lim_{x \to a} \frac{f(x)}{g(x)} = \lim_{x \to a} \frac{\frac{1}{g(x)}}{\frac{1}{f(x)}} = \lim_{x \to a} \frac{\frac{-g'(x)}{[g(x)]^2}}{\frac{-f'(x)}{[f(x)]^2}}.$$

进而有

$$\lim_{x \to a} \frac{f(x)}{g(x)} = \lim_{x \to a} \frac{f'(x)}{g'(x)}.$$

这一等式便是无穷大量的比 $\left(\text{记为} \dfrac{\infty}{\infty}\right)$ 的洛必达法则. 另外,洛必达法则也适用于其他函数极限过程,如 $x \to \infty$,$x \to +\infty$,$x \to -\infty$ 等过程的无穷小量比或无穷大量比的极限计算,下面给出用洛必达法则求未定式极限的一些例子.

例 4.2.1 计算 $\lim\limits_{x \to 0} \dfrac{\sin x - x}{\ln(1+x^3)}$.

解 这是求 $\dfrac{0}{0}$ 型未定式的极限,由洛必达法则,有

$$\lim_{x \to 0} \frac{\sin x - x}{\ln(1+x^3)} = \lim_{x \to 0} \frac{\cos x - 1}{\frac{3x^2}{1+x^3}} = \lim_{x \to 0} \frac{-\sin x}{6x - 3x^4} = \lim_{x \to 0} \frac{-\sin x}{x(6-3x^3)} = -\frac{1}{6}.$$

例 4.2.2 计算 $\lim\limits_{x \to 1^+} (x-1)\ln(x^2-1)$.

解 这是求 $0 \cdot \infty$ 型未定式的极限,不能直接用洛必达法则,将其化为 $\dfrac{0}{0}$ 或 $\dfrac{\infty}{\infty}$ 型后再用. 将极限式中的 $(x-1)$ 的倒数做分母,便成了 $\dfrac{\infty}{\infty}$ 型未定式且洛必达法则条件满足,故有

$$\lim_{x \to 1^+} (x-1)\ln(x^2-1) = \lim_{x \to 1^+} \frac{\ln(x^2-1)}{\frac{1}{x-1}} = \lim_{x \to 1^+} \frac{\frac{2x}{x^2-1}}{-\frac{1}{(x-1)^2}}$$

$$= -\lim_{x \to 1^+} \frac{2x(x-1)}{x+1} = 0.$$

例 4.2.3 计算 $\lim\limits_{x\to 1}\left(\dfrac{1}{\ln x}-\dfrac{1}{x-1}\right)$.

解 这是 $\infty-\infty$ 型未定式,而不是 $\dfrac{0}{0}$ 或 $\dfrac{\infty}{\infty}$ 型未定式,因而不能直接用洛必达法则. 极限式内的函数经过通分后便成了 $\dfrac{0}{0}$ 型,且满足洛必达法则条件,故有

$$\lim_{x\to 1}\left(\dfrac{1}{\ln x}-\dfrac{1}{x-1}\right)=\lim_{x\to 1}\dfrac{x-1-\ln x}{(x-1)\ln x}=\lim_{x\to 1}\dfrac{1-\dfrac{1}{x}}{\ln x+\dfrac{x-1}{x}}=\lim_{x\to 1}\dfrac{\dfrac{1}{x^2}}{\dfrac{1}{x}+\dfrac{1}{x^2}}=\dfrac{1}{2}.$$

例 4.2.4 计算 $\lim\limits_{x\to 0}(\cos x)^{\frac{1}{\tan x}}$.

解 这是幂指函数的未定式 1^∞,和前面的例子一样也要将极限转换成 $\dfrac{0}{0}$ 型或 $\dfrac{\infty}{\infty}$ 型后使用洛必达法则. 一般地,一个幂指函数可写成一个指数函数与另一函数的复合函数,再利用指数函数的连续性,极限符号与函数符号交换,即极限符号放到指数上,具体过程如下:

$$\lim_{x\to 0}(\cos x)^{\frac{1}{\tan x}}=\lim_{x\to 0}\mathrm{e}^{\frac{1}{\tan x}\ln\cos x}=\mathrm{e}^{\lim\limits_{x\to 0}\frac{1}{\tan x}\ln\cos x}=\mathrm{e}^{\lim\limits_{x\to 0}\frac{\ln\cos x}{\tan x}}=\mathrm{e}^{\lim\limits_{x\to 0}\frac{-\sin x}{\cos x\sec^2 x}}=\mathrm{e}^0=1.$$

例 4.2.5 计算 $\lim\limits_{x\to 0^+}\left(\ln\dfrac{1}{x}\right)^x$.

解 这是幂指函数的未定式 ∞^0,和前例一样将函数转换成一个指数函数与另一函数的复合函数,再利用指数函数的连续性,极限符号与函数符号交换,即极限符号放到指数上,具体过程如下:

$$\lim_{x\to 0^+}\left(\ln\dfrac{1}{x}\right)^x=\mathrm{e}^{\lim\limits_{x\to 0^+}x\ln\left(\ln\frac{1}{x}\right)}=\mathrm{e}^{\lim\limits_{x\to 0^+}\frac{\ln\left(\ln\frac{1}{x}\right)}{\frac{1}{x}}}=\mathrm{e}^{\lim\limits_{x\to 0^+}\frac{\frac{1}{\ln\frac{1}{x}}}{1}}=\mathrm{e}^0=1.$$

例 4.2.6 计算 $\lim\limits_{x\to +\infty}\left(\sin\dfrac{1}{x}\right)^x$.

解 这也是幂指函数的未定式 0^∞,和前面例题做法相同,过程如下:

$$\lim_{x\to +\infty}\left(\sin\dfrac{1}{x}\right)^x=\mathrm{e}^{\lim\limits_{x\to +\infty}x\ln\left(\sin\frac{1}{x}\right)}=\mathrm{e}^{\lim\limits_{x\to +\infty}x\ \lim\limits_{x\to +\infty}\ln\sin\frac{1}{x}}$$
$$=\mathrm{e}^{+\infty\cdot(-\infty)}=\mathrm{e}^{-\infty}=0.$$

例 4.2.7 计算 $\lim\limits_{x\to 0}(\tan x)^{\sin x}$.

解 这是幂指函数未定式 0^0 极限,类似前面的例题,有

$$\lim_{x\to 0}(\tan x)^{\sin x}=\mathrm{e}^{\lim\sin x\ln\tan x(0\cdot\infty)}=\mathrm{e}^{\lim\limits_{x\to 0}\frac{\ln\tan x}{\csc x}}=\mathrm{e}^{\lim\limits_{x\to 0}\frac{\frac{1}{\tan x}\sec^2 x}{-\csc x\cot x}}=\mathrm{e}^{\lim\limits_{x\to 0}(-\sin x\sec^2 x)}=1.$$

练习 4.2

1. 求下列极限:

(1) $\lim\limits_{x\to a}\dfrac{a^x-x^a}{x-a}$;

(2) $\lim\limits_{x\to 0}\dfrac{a^x-a^{-x}}{\sin x}$;

(3) $\lim\limits_{x\to 0^+}\dfrac{\ln\tan 2x}{\ln\sin 3x}$;

(4) $\lim\limits_{x\to 0}\dfrac{\sec x-\cos x}{\ln(1+x^2)}$;

(5) $\lim\limits_{x\to a}(x-a)\csc 3(x-a)$;

(6) $\lim\limits_{x\to a}(x-a)^2 e^{\frac{1}{(x-a)^2}}$;

(7) $\lim\limits_{x\to 1}\left(\dfrac{1}{e^x-e}-\dfrac{1}{e^{2x}-e^2}\right)$;

(8) $\lim\limits_{x\to 0}\left(\dfrac{1}{e^x-1}\right)^{x^2}$;

(9) $\lim\limits_{x\to +\infty}\left(\dfrac{1}{x}\right)^{\frac{\pi}{2}-\arctan x}$;

(10) $\lim\limits_{x\to a}(\log_a x)^{\frac{1}{1-\log_a x}}$;

(11) $\lim\limits_{x\to 0^+} x^{\frac{1}{\sin x}}$;

(12) $\lim\limits_{x\to 0^+}\left(\dfrac{1}{\sin x}\right)^x$.

4.3 函数的单调性、极值与凹凸性

本节我们利用导数来研究函数的单调性、函数的极值与函数的凹性. 判定函数的单调性与凹性的方法是 4.1 节中的例 4.1.1 和例 4.1.3. 例 4.1.1 常称为**函数单调性判别法**, 而例 4.1.3 则称为**函数凹性判别法**. 函数单调性判别法和函数凹性判别法的应用见下列一些例子.

4.3.1 函数的单调性与极值举例

例 4.3.1 求 $f(x)=x^5-5x^4+5x^3+1$ 的单调区间.

解 此函数是可微函数, 故区分递增与递减的点必定是驻点, 于是令 $df(x)=0$, 即有 $5x^4-20x^3+15x^2=0$, 求得 $x_1=0, x_2=1, x_3=3$. 由 $df(x)=5x^2(x-1)(x-3)dx$ 知, 当 $x\in(-\infty, 0)$ 时 $df<0$; $x\in(0, 1)$, $df>0$; $x\in(1, 3)$, $df<0$; $x\in(3, +\infty)$, $df>0$. 因此, 所求的单调递增区间为 $(0, 1), (3, +\infty)$; 单调递减区间则为 $(-\infty, 0), (1, 3)$.

由极值定义易知:设 x_0 是一个函数的关键点, 如果在此点处的左右邻域增减性不同, 则此点必为极值点. 进一步, 如果函数在此点的左邻域为递增, 右邻域为递减, 那么此点为极大值点, 即 $f(x_0)$ 是函数的极大值; 如果函数在此点的右邻域为递减, 左邻域为递增, 那么此点是极小值点, 即 $f(x_0)$ 是函数的极小值. 这里所描述的常称为**极值存在的第一充分条件**. 由此条件易知例 4.3.1 中, $f(0)=1$ 是极小值, $f(1)=2$ 是极大值, 而 $f(3)=-26$ 是极小值.

例 4.3.2 求函数 $f(x)=\begin{cases} x+\dfrac{1}{x}, & x\neq 0, \\ 1, & x=0 \end{cases}$ 的极值.

解 函数在 $x=0$ 处不连续,故而不可微,故此点是关键点. 令

$$\mathrm{d}f(x)=\frac{(x+1)(x-1)}{x^2}\mathrm{d}x=0,$$

可得函数的驻点 $x=-1$, $x=1$.

当 $x\in(-\infty,-1)$ 时,函数递增;

当 $x\in(-1,0)$ 时,函数递减;

当 $x\in(0,1)$ 时,函数递减;

当 $x\in(1,+\infty)$ 时,函数递增.

因此,$f(-1)=-2$ 是极大值;$f(1)=2$ 是极小值;$f(0)=1$ 不是极值.

由极限局部保号性易知,函数在驻点的极值也可由函数在这点的二阶导数的正负号来判定,这就是例 4.3.3.

例 4.3.3 如果 $\mathrm{d}f(x)\big|_{x=x_0}=0$,那么,若 $\mathrm{d}^2f(x)\big|_{x=x_0}>0$,则 $f(x_0)$ 为极小值;若 $\mathrm{d}^2f(x)\big|_{x=x_0}<0$,则 $f(x_0)$ 为极大值.

证明 设函数的导函数在点 x_0 二次可微,且二阶微分 $\mathrm{d}^2f(x)\big|_{x=x_0}>0$,即 $f''(x_0)>0$,又 $\mathrm{d}f(x)\big|_{x=x_0}=0$,于是,

$$f'(x_0+\Delta x)=f'(x_0+\Delta x)-f'(x_0)=\mathrm{d}f'(x)\big|_{x=x_0}+o(\Delta x).$$

由 $o(\Delta x)$ 知,存在 $0<\delta$,使得当 $0<|\Delta x|<\delta$ 时,

$$-\frac{\left|\mathrm{d}f'(x)\big|_{x=x_0}\right|}{2}<o(\Delta x)<\frac{\left|\mathrm{d}f'(x)\big|_{x=x_0}\right|}{2}.$$

于是当 $\Delta x>0$ 时,

$$f'(x_0+\Delta x)=f'(x_0+\Delta x)-f'(x_0)=\mathrm{d}f'(x)\big|_{x=x_0}+o(\Delta x)$$

$$>\mathrm{d}f'(x)\big|_{x=x_0}-\frac{1}{2}\left|\mathrm{d}f'(x)\big|_{x=x_0}\right|=\frac{1}{2}f''(x_0)\Delta x>0,$$

而当 $\Delta x<0$ 时,

$$f'(x_0+\Delta x)=f'(x_0+\Delta x)-f'(x_0)=\mathrm{d}f'(x)\big|_{x=x_0}+o(\Delta x)<\frac{1}{2}f''(x_0)\Delta x<0.$$

综上所述,当 $x>x_0$ 时,$f'(x)>0$;当 $x<x_0$ 时,$f'(x)<0$. 故由第一充分条件知,函数在此点取到极小值. 同理可证,若 $\mathrm{d}^2f(x)\big|_{x=x_0}<0$,则 $f(x_0)$ 为极大值.

当然,例 4.3.3 也可直接用极值定义证明,我们仅证明 $\mathrm{d}^2f(x)\big|_{x=x_0}<0$ 时,$f(x_0)$ 为极大值的情形,另一同理可证. 事实上,当 $x>x_0$ 时,

$$[f(x)-f(x_0)]\mathrm{d}x = \mathrm{d}f(x)\big|_{x=\xi}(x-x_0)$$
$$= \left[\mathrm{d}f(x)\big|_{x=\xi} - \mathrm{d}f(x)\big|_{x=x_0}\right](x-x_0)$$
$$= [f'(\xi)-f'(x_0)]\mathrm{d}x(x-x_0)$$
$$= [\mathrm{d}f'(x)\big|_{x=x_0} + o(\xi-x_0)]\mathrm{d}x(x-x_0)$$
$$= [\mathrm{d}^2 f\big|_{x=x_0} + o(\xi-x_0)\cdot(x-x_0)]\mathrm{d}x$$

即有 $f(x)-f(x_0)=\mathrm{d}^2 f\big|_{x=x_0}+o(\xi-x_0)(x-x_0)$，并由 $o(\xi-x_0)(x-x_0)$ 知，存在 $\delta>0$，使得当 $0<\xi-x_0<\delta$ 时，

$$-\frac{\big|\mathrm{d}^2 f\big|_{x=x_0}\big|}{2} < o(\xi-x_0)(x-x_0)$$
$$< \frac{\big|\mathrm{d}^2 f\big|_{x=x_0}\big|}{2}.$$

于是，
$$f(x)-f(x_0)=\mathrm{d}^2 f\big|_{x=x_0}+o(\xi-x_0)(x-x_0)$$
$$< \mathrm{d}^2 f\big|_{x=x_0} + \frac{\big|\mathrm{d}^2 f\big|_{x=x_0}\big|}{2}$$
$$= \frac{1}{2}\mathrm{d}^2 f\big|_{x=x_0} < 0.$$

同理易知，当 $x<x_0$ 时，也有 $f(x)-f(x_0)<0$。

综上所述，即当 $x>x_0$ 时，$f(x)<f(x_0)$；当 $x<x_0$ 时，$f(x)<f(x_0)$。总之，在 x_0 的某邻域内有 $f(x)\leqslant f(x_0)$，即 $f(x_0)$ 为极大值。

例 4.3.3 的证明方法是两种不同的方法。由于证明的类似性，我们只用第一充分条件证明了极小值情形，而极大值情形则采用了极大值定义来证明。显然，例 4.3.3 还可用例 4.1.4 进行证明（证明留给读者）。例 4.3.3 有时判定可微函数的极值存在是方便的，也易推广到多元函数。因是用二阶条件进行判断，故称为极值存在的二阶条件，也称为**极值存在的第二充分条件**。下面给出一个用第二充分条件求极值的例子。

例 4.3.4 求函数 $f(x)=2x^3-6x^2-18x+9$ 的极值。

解 令 $\mathrm{d}f(x)=(6x^2-12x-18)\mathrm{d}x=0$，求得 $x=-1$，$x=3$。又

$$\mathrm{d}^2 f(x)\big|_{x=-1}=-24\mathrm{d}x^2<0,\ \mathrm{d}^2 f(x)\big|_{x=3}=24\mathrm{d}x^2>0,$$

因此，借助例 4.3.3 可知，$f(-1)=19$ 是极大值；$f(3)=-45$ 是极小值。

类似于一元函数，多元函数也有极值存在的二阶微分判定法。因二元函数所具有的代表性，我们就不加证明地给出下列判定二元函数的微分为零的点为极值点的充分条件：

对于二元函数 $f(x,y)$，如果 $\mathrm{d}f(x,y)\big|_{(x_0,y_0)}=0$，那么

当 $\mathrm{d}^2 f(x,y)\big|_{(x_0,y_0)}>0$ 时，$f(x_0,y_0)$ 是极小值；

当 $\mathrm{d}^2 f(x,y)\big|_{(x_0,y_0)}<0$ 时，$f(x_0,y_0)$ 是极大值；

当 $\mathrm{d}^2 f(x,y)\big|_{(x_0,y_0)}$ 的符号不定时，即存在 $(\mathrm{d}x,\mathrm{d}y)$ 使得 $\mathrm{d}^2 f(x,y)\big|_{(x_0,y_0)}<0$，也存在 $(\mathrm{d}x,\mathrm{d}y)$ 使得 $\mathrm{d}^2 f(x,y)\big|_{(x_0,y_0)}>0$ 时，则 $f(x_0,y_0)$ 不是极值；

当 $\mathrm{d}^2 f(x,y)\big|_{(x_0,y_0)}=0$ 时，$f(x_0,y_0)$ 可能是极值也可能不是极值.

二元函数极值存在的充分条件也可用偏导数描述为：如果 $f'_x(x_0,y_0)=0$，$f'_y(x_0,y_0)=0$，那么，

(1) 当 $f''_{xx}(x_0,y_0)\cdot f''_{yy}(x_0,y_0)-[f''_{xy}(x_0,y_0)]^2>0$，且 $f''_{xx}(x_0,y_0)>0$ 时，则 $f(x_0,y_0)$ 是极小值；

(2) 当 $f''_{xx}(x_0,y_0)\cdot f''_{yy}(x_0,y_0)-[f''_{xy}(x_0,y_0)]^2>0$，且 $f''_{xx}(x_0,y_0)<0$ 时，则 $f(x_0,y_0)$ 是极大值；

(3) 当 $f''_{xx}(x_0,y_0)\cdot f''_{yy}(x_0,y_0)-[f''_{xy}(x_0,y_0)]^2<0$ 时，$f(x_0,y_0)$ 不是极值；

(4) 当 $f''_{xx}(x_0,y_0)\cdot f''_{yy}(x_0,y_0)-[f''_{xy}(x_0,y_0)]^2=0$ 时，$f(x_0,y_0)$ 可能是极值，也可能不是极值.

例 4.3.5 求函数 $f(x,y)=y^3+3x^2y-6x^2-6y^2+9$ 的极值.

解 令 $\mathrm{d}f=(6xy-12x)\mathrm{d}x+(3y^2+3x^2-12y)\mathrm{d}y=0$，求得驻点为 $(0,0)$，$(0,4)$，$(2,2)$，$(-2,2)$. 又 $\mathrm{d}^2 f\big|_{(0,0)}=-12(\mathrm{d}x^2+\mathrm{d}y^2)<0$，$\forall(\mathrm{d}x,\mathrm{d}y)\neq(0,0)$，故 $f(0,0)=9$ 是极大值.

$\mathrm{d}^2 f\big|_{(0,4)}=12(\mathrm{d}x^2+\mathrm{d}y^2)>0$，$\forall(\mathrm{d}x,\mathrm{d}y)\neq(0,0)$，故 $f(0,4)=-23$ 是极小值.

而 $\mathrm{d}^2 f\big|_{(\pm 2,2)}=0$，故 $f(\pm 2,2)$ 可能是极值，也可能不是极值，需要进一步判定.

例 4.3.6 求 $f(x,y)=x^3-3x^2-9x-3y^2+2y^3+4$ 的极值.

解 令 $\mathrm{d}f=(3x^2-6x-9)\mathrm{d}x+(-6y+6y^2)\mathrm{d}y=0$，求得驻点 $(3,0)$，$(3,1)$，$(-1,0)$，$(-1,1)$，下面使用二阶微分判断如下：

当 $\mathrm{d}x=0.5$，$\mathrm{d}y=0.3$ 时，$\mathrm{d}^2 f\big|_{(3,0)}=12\mathrm{d}x^2-6\mathrm{d}y^2>0$；当 $\mathrm{d}x=0.1$，$\mathrm{d}y=0.6$ 时，$\mathrm{d}^2 f\big|_{(3,0)}=12\mathrm{d}x^2-6\mathrm{d}y^2<0$. 因此，函数在 $(3,0)$ 处无极值.

又 $\mathrm{d}^2 f\big|_{(3,1)}=12\mathrm{d}x^2+6\mathrm{d}y^2>0$，故 $f(3,1)=-24$ 是极小值.

又 $\mathrm{d}^2 f\big|_{(-1,0)}=-12\mathrm{d}x^2-6\mathrm{d}y^2<0$，故 $f(-1,0)=9$ 是极大值.

而当 $\mathrm{d}x=0.2$，$\mathrm{d}y=0.3$ 时，$\mathrm{d}^2 f\big|_{(-1,1)}=-12\mathrm{d}x^2+6\mathrm{d}y^2=0.06>0$；但当 $\mathrm{d}x=0.2$，$\mathrm{d}y=0.1$ 时，$\mathrm{d}^2 f\big|_{(-1,1)}=-12\mathrm{d}x^2+6\mathrm{d}y^2=-0.42<0$. 故函数在点 $(-1,1)$ 处没有极值.

为比较用二阶微分判断极值与用二阶偏导数判断极值的优劣，我们再用二阶偏导数对各驻点的极值情况判断如下：

由于 $f''_{xy}=0$，$f''_{xx}\big|_{(3,0)}=12$，$f''_{yy}\big|_{(3,0)}=-6$，因此，$f''_{xx}f''_{yy}-f''^2_{xy}\big|_{(3,0)}=-72<0$，故函数

在点$(3, 0)$无极值.

又$f''_{xx}\big|_{(3,1)}=12$,$f''_{yy}\big|_{(3,1)}=6$,故$f''_{xx}f''_{yy}-f''_{xy}\big|_{(3,1)}=72>0$,且$f''_{xx}\big|_{(3,1)}=12>0$,因此$f(3, 1)=-24$是极小值.

而$f''_{xx}\big|_{(-1,0)}=-12<0$,$f''_{yy}\big|_{(-1,0)}=-6$,$f''_{xx}f''_{yy}-f''_{xy}\big|_{(-1,0)}=72>0$,故$f(-1, 0)=9$是极大值.

此外,在点$(-1, 1)$处有$f''_{xx}(-1, 1)=-12$,$f''_{yy}(-1, 1)=6$,$f''_{xx}f''_{yy}-f''_{xy}\big|_{(-1,1)}=-72<0$,因而,函数在点$(-1, 1)$没有极值.

比较这两种判断方法,微分形式较方便记忆,但确定二阶微分符号不定时则有点不便,而偏导数形式公式记忆不轻松,但判断符号却方便. 用何种形式进行判断,因人而异,只要能得出正确结果就行.

4.3.2 函数的最值

接下来,我们讨论**函数的最大、最小值的求法**. 如果x_0是函数$f(x)$的唯一的极大值点,则此极大值点必定是最大值点. 事实上,由x_0是极大值点知,在该点附近成立$f(x)\leqslant f(x_0)$,再由此点是唯一的极大值点,知在函数的定义域上都有$f(x)\leqslant f(x_0)$,否则,若还有$x_1\in D(f)$,使得$f(x)\leqslant f(x_1)$,$x\in D(f)$,则$f(x_1)$也是极大值,即x_1也是极大值点,这与唯一性矛盾,故x_0是最大值点. 类似地,若x_0是函数$f(x)$的唯一的极小值点,则必定是最小值点. 这告诉我们求一个一元函数的最大、最小值,可以通过上述求极值的办法求出极值点,再判定其唯一性. 如果函数是定义在闭区间上的函数,则可用区间内的关键点的函数值与闭区间的端点处的函数值比较,最大的即为最大值,最小的即为最小值. 类似地,可求多元函数的最大、最小值,不同于求一元函数在闭区间上的最值,求二元函数在闭区域上的最值时,由于区域的边界常常不是一个点,而是曲线,因此不便比较区域内的关键点的函数值和边界点的函数值. 但可将关键点的函数值与函数在边界上的极值进行比较,最大者即为最大值,最小者即为最小值. 这种比较本质上是将二元函数转化成一元函数来实现的. 具体求函数的最值可看下列一些例子.

例 4.3.7 求$f(x)=|x^2-3x+2|$在闭区间$[-3, 3]$上的最大值和最小值.

解 先求关键点,显然$x_1=1$,$x_2=2$是函数的不可微点. 令$df=0$,可求得$x_3=\dfrac{3}{2}$,将这些点与端点处的函数值做比较,可得

$$f_{最大}=\max\left\{f(1), f(2), f\left(\dfrac{3}{2}\right), f(-3), f(3)\right\}$$
$$=\max\left\{0, 0, \dfrac{1}{4}, 20, 2\right\}=20,$$
$$f_{最小}=0.$$

例 4.3.8 求$f(x, y)=xy+\dfrac{50}{x}+\dfrac{20}{y}$的最值.

解 令 $df = \left(y - \dfrac{50}{x^2}\right)dx + \left(x - \dfrac{20}{y^2}\right)dy = 0$,求得驻点$(5, 2)$. 此处用二阶偏导数对驻点是否极值点进行判断,由于

$$f''_{xy} = 1, \quad f''_{xx}\Big|_{(5,2)} = \dfrac{100}{x^3}\Big|_{(5,2)} = \dfrac{4}{5} > 0, \quad f''_{yy}\Big|_{(5,2)} = \dfrac{40}{y^3}\Big|_{(5,2)} = 5,$$

$$f''_{xx} f''_{yy} - (f''_{xy})^2 = \dfrac{4}{5} \times 5 - 1 = 3 > 0,$$

因此,$f(5, 2) = 30$ 是极小值,而驻点$(5, 2)$是唯一极小值点,这个极小值也是最小值.

例 4.3.9 求函数 $f(x, y) = x^2 + y^2 - 12x + 16y$ 在圆盘 $x^2 + y^2 \leqslant 121$ 上的最值.

解 先求函数在圆内的关键点,由 $df = (2x - 12)dx + (2y + 16)dy = 0$,求得驻点为 $(6, -8)$,这点的函数值与函数在边界 $x^2 + y^2 = 121$ 上的值比较得到最大、最小值是不方便的,因边界上的函数值是无穷多个. 但注意到边界是变量 x 与 y 的关系式,若能将 y 表示成 x 的表达式,则 y 是 x 的显函数,这样将其代入所求极值的函数中,则得到一个一元函数,从而可用一元函数的办法求之. 若不能,但在某条件下 y 可能为 x 的隐函数. 记边界为 $g(x, y) = 0$,这样也可以比较函数在区域内的驻点的值与满足边界的极值点的值. 事实上,如果函数在边界上的点 (x_0, y_0) 处取到极值,则必有 $g(x_0, y_0) = 0$. 无论 y 是显函数还是隐函数,令 $C(x) = f[x, y(x)]$ 则 $C(x)$ 在 x_0 处取到极值,必有

$$dC\Big|_{x = x_0} = [f'_x(x_0, y_0) + f'_y(x_0, y_0) y'(x_0)] dx = 0.$$

并注意到

$$0 = dg\Big|_{(x_0, y_0)} = g'_x dx + g'_y dy\Big|_{x_0 = x_0} = g'_x(x_0, y_0) dx + g'_y(x_0, y_0) dy\Big|_{x = x_0}$$
$$= [g'_x(x_0, y_0) + g'_y(x_0, y_0) y'(x_0)] dx,$$

若 $g'_y(x_0, y_0) \neq 0$,则有

$$y'(x_0) = -\dfrac{g'_x(x_0, y_0)}{g'_y(x_0, y_0)},$$

这说明在极值点 (x_0, y_0) 处存在隐函数,且其导数恰好满足 $C'(x_0) = 0$. 注意到 $y'(x_0)$ 是一常数,如果视其为另一参数(记为 λ)的值,则 x_0, y_0 与 $y'(x_0)$ 正好是方程 $g(x, y) = 0$,$f_x + \lambda g_x = 0$,$f_y + \lambda g_y = 0$ 的联立解. 这也正是 $d[f(x, y) + \lambda g(x, y)] = 0$ 的解. 故求函数 $f(x, y)$ 满足条件 $g(x, y) = 0$ 的极值(称此极值为**条件极值**,函数也称为**目标函数**,而条件则称为**约束条件**)的关键点(无论条件中的 y 是 x 的显函数还是隐函数)都可求解方程 $d[f(x, y) + \lambda g(x, y)] = 0$ 来实现,即作辅助函数 $F(x, y, \lambda) = f(x, y) + \lambda g(x, y)$,并令 $dF = 0$ 求解得到,然后判断其是否极值点. 这种求函数在约束条件下的极值方法称为**拉格朗日乘数法**,而辅助函数 $F(x, y, \lambda)$ 也称为**拉格朗日函数**,参数 λ 则称为**拉格朗日乘数**.

一般地,求多元函数 $f(x_1, x_2, \cdots, x_n)$ 在条件 $g(x_1, x_2, \cdots, x_n) = C$ 下的极值的步

骤为:

第一步:构建下列拉格朗日函数

$$L(x_1,x_2,\cdots,x_n,\lambda)=f(x_1,x_2,\cdots,x_n)+\lambda[C-g(x_1,x_2,\cdots,x_n)],$$

其中常数 λ 称为拉格朗日乘数.

第二步:令 $dL=0$,可求得可能的极值点 $(x_1,x_2,\cdots,x_n)$,当然可用 d^2L 进行判断,但比较复杂,涉及相关的线性代数知识,故而多根据具体情况对这一可能的极值进行判断. 值得注意的是若条件极值中约束条件是 $m(m<n)$ 个,则拉格朗日乘数函数中需要引入 m 个拉格朗日乘数.

下面用拉格朗日乘数法完成例 4.3.9 中函数在边界上的极值. 为此构建拉格朗日乘数函数

$$L(x,y,\lambda)=x^2+y^2-12x+16y+\lambda(121-x^2-y^2),$$

并令 $dL=0$,可求得关键点,即从下列联立方程组

$$\begin{cases} 2x-12-2\lambda x=0, \\ 2y+16-2\lambda y=0, \\ x^2+y^2=121 \end{cases}$$

求得关键点 $(x,y)=\left(\dfrac{33}{5},-\dfrac{44}{5}\right)\left(\lambda_1=\dfrac{1}{11}\right)$,或 $(x,y)=\left(-\dfrac{33}{5},\dfrac{44}{5}\right)\left(\lambda_2=\dfrac{21}{11}\right)$. 这样便得到了函数在边界上取到极值的关键点. 例 4.3.9 是求函数在闭区域上的最值,于是只需比较函数在区域内的关键点与函数在边界上的关键点的大小便可获得,即最大者为所求的最大值,最小者为所求的最小值. 因此,

$$f_{最大}=\max\left\{f\left(\dfrac{33}{5},-\dfrac{44}{5}\right),f\left(-\dfrac{33}{5},\dfrac{44}{5}\right),f(6,-8)\right\}$$
$$=\max\{-99,341,-100\}=341,$$
$$f_{最小}=-100.$$

下面我们继续看一些实际问题的最值例子.

例 4.3.10 某厂商生产某种产品的成本是产量 x 的函数 $C(x)=0.4x^2+3.8x+38.4$,而厂商面对的市场需求函数为 $p=4.8-0.6x$,如果产销是平衡的,试求:(1) 最大利润时的产量;(2) 最小平均成本时的产量.

解 (1) 依题意,有收益函数 $R(x)=4.8x-0.6x^2$,利润函数为

$$g(x)=R(x)-C(x)=-x^2+x-38.4.$$

平均成本函数为 $\bar{C}(x)=0.4x+3.8+\dfrac{38.4}{x}$.

由 $dg(x)=(-2x+1)dx=0$ 可求得 $x=0.5$,且 $d^2g\big|_{x=0.5}=-2dx^2<0$,$x=0.5$ 又是

唯一的驻点,故 $g(0.5)=-38.15$ 为最大值. 这表明厂商处在亏损状态,但生产 0.5 个单位产量亏得最小.

(2) 由 $d\bar{C}(x)=\left(0.4-\dfrac{38.4}{x^2}\right)dx=0$ 可求得 $x=9.798$(单位),又由

$$d^2\bar{C}\Big|_{x=9.798}=\dfrac{2\times 38.4}{9.798^3}dx^2>0$$

和驻点唯一知生产 $x=9.798$ 个单位产量时平均成本最低,即生产费用最省.

事实上厂商在决策时不仅要面对市场行情,也要面对政府的税收.

例 4.3.11 设某厂商生产某种产品 x(单位)所需成本是 $C(x)=x^2+2x+2$,厂商面对的市场需求为 $p=30-3Q$,也知道政府征收产品税的税率为 t,厂商是按需生产的且追求利润最大化,试问该厂商如何决定生产产量?

解 首先,由按需生产,就是说产量即需求量,于是有收益函数 $R(x)=30x-3x^2$ 和成本函数 $C_{总}(x)=x^2+2x+2+tx$,进而可得利润函数 $g(x)=-4x^2+28x-2-tx$. 令 $dg(x)=0$,便有 $28-8x-t=0$. 解此方程可得唯一解 $x=\dfrac{28-t}{8}$. 于是又由 $d^2g\Big|_{x=\frac{28-t}{8}}=-8dx^2<0$ 知,厂商纳税后的利润最大化产量为 $\dfrac{28-t}{8}$,此时的价格是 $\dfrac{39}{2}+\dfrac{3t}{8}$. 与无税时的最优价格 $\dfrac{39}{2}$ 相比增加了 $\dfrac{3t}{8}$,这意味着政府征税,消费者承担了税的 37.5%,而厂商只承担了 62.5%.

例 4.3.12 某超市每年销售某商品 a 件,每次进货的手续费为 b 元,超市销售此商品是均匀销售(即库存量等于批量的一半),而全年库存费每件为 c 元,问超市应分几批进货才能使手续费和库存费最省?

解 设批数为 x,则批量为 $\dfrac{a}{x}$,库存量为 $\dfrac{a}{2x}$,全年手续费与库存费之和为 $S=bx+\dfrac{ac}{2x}$,令 $dS=\left(b-\dfrac{ac}{2x^2}\right)dx=0$,求得 $x=\sqrt{\dfrac{ac}{2b}}$(负的不合舍去). 而 $d^2S\Big|_{x=\sqrt{\frac{ac}{2b}}}>0$,我们知超市应分 $\sqrt{\dfrac{ac}{2b}}$ 批进货才能使全年的进货手续费和库存费最省(若 $\sqrt{\dfrac{ac}{2b}}$ 不是整数,则取与之接近的整数并比较即得,下同).

例 4.3.13 某超市每年销售甲、乙两种商品,其中,甲商品 m 件,乙商品 n 件. 两种商品供货是 A,B 两地,故超市必须分赴 A,B 两地进货,到 A 地每次进货的手续费为 a 元,而到 B 地每次进货的手续费为 b 元,超市销售这两种商品是均匀销售(即库存量等于批量的一半),而两种商品的全年库存费每件各为 c,d 元,问超市应分几批进货才能使全年的手续费与库存费最省?

解 设 A 商品应分 x 批,B 商品应分 y 批,则两种商品的批量分别为 $\dfrac{m}{x}$ 和 $\dfrac{n}{y}$,且各次的库存量分别为 $\dfrac{m}{2x}$ 和 $\dfrac{n}{2y}$,于是超市全年进货的手续费和库存费之和是

$$S = ax + by + \frac{mc}{2x} + \frac{nd}{2y},$$

于是令 $\mathrm{d}S = 0$,求得驻点 $\left(\sqrt{\dfrac{mc}{2a}}, \sqrt{\dfrac{nd}{2b}}\right)$. 由实际问题知,此点即为最小值点,即超市应分 $\sqrt{\dfrac{mc}{2a}}$ 批进 A 商品,分 $\sqrt{\dfrac{nd}{2b}}$ 批进 B 商品,全年进货手续费和库存费最省.

例 4.3.14 设 p_1,p_2 分别是甲、乙两种商品的价格,又 Q_1,Q_2 分别是它们的需求量,而需求函数分别为 $p_1 = 60 - 5Q_1 - 2Q_2$,$p_2 = 26 - 2Q_2 - 2Q_1$,厂商生产这两种商品的成本为 $C = 3Q_1 + 2Q_2$,假设产销是平衡的,求厂商的最优产量.

解 设生产这两种产品的产量分别为 x,y(单位),依题意有收入函数

$$R(x,y) = p_1 x + p_2 y = 60x - 5x^2 - 2xy + 26y - 2y^2 - 2xy,$$

总成本函数为 $C = 3x + 2y$,因此可得利润函数

$$g(x,y) = R(x,y) - C(x,y) = 60x - 5x^2 - 2xy + 26y - 2y^2 - 2xy - 3x - 2y.$$

令 $\mathrm{d}g = (57 - 10x - 4y)\mathrm{d}x + (24 - 4x - 4y)\mathrm{d}y = 0$,求得 $x = \dfrac{11}{2}$,$y = \dfrac{1}{2}$,根据实际情况可以判断在这一点处的利润最大,即最优产量为 $x = \dfrac{11}{2}$,$y = \dfrac{1}{2}$. 事实上,这个关键点是唯一的且 $\mathrm{d}^2 g \big|_{\left(\frac{11}{2},\frac{1}{2}\right)} < 0$,因而是唯一的极大值点.

4.3.3 函数的凹凸性

依据函数的极值点的唯一性来判定最值的方法与函数的某种特性密切相关. 例如函数 $f(x) = x^2$ 有唯一极小值点 $x = 0$,故此点就是最小值点,因为 $\lim\limits_{x \to \infty} f(x) = +\infty$. 这个函数在 $(-\infty, +\infty)$ 上有一个特点,那就是在其定义域上任取两点 x_1,x_2,得到曲线上的两点 (x_1, x_1^2),(x_2, x_2^2). 这两点的直线段位于点 (x_1, x_1^2) 与点 (x_2, x_2^2) 间的曲线的上方,也就是函数在 x_1,x_2 这两点的函数值的平均值 $\alpha f(x_1) + (1-\alpha)f(x_2)$ 大于函数在 x_1,x_2 两点的平均值处的函数值 $f[\alpha x_1 + (1-\alpha)x_2]$,即有对任意实数 $\alpha \in (0,1)$ 时

$$f[\alpha x_1 + (1-\alpha)x_2] < \alpha f(x_1) + (1-\alpha)f(x_2) \text{ 成立}.$$

称具有这一特性的函数为凹函数. 凹函数在最优化理论中具有重要的作用. 为此我们对凹函数给出下列定义.

定义 4.3.1 设函数 $f(x)$ 是定义在 $D(f)$ 上的一个函数,如果对 $D(f)$ 中的任意两点 x_1, x_2 和对任意的实数 $\alpha \in (0, 1)$,总有 $f[\alpha x_1 + (1-\alpha) x_2] < (\leqslant) \alpha f(x_1) + (1-\alpha) f(x_2)$,那么我们称函数为**凹(非凸)函数**;如果 $f[\alpha x_1 + (1-\alpha) x_2] > (\geqslant) \alpha f(x_1) + (1-\alpha) f(x_2)$ 成立,那么我们称函数是**凸(非凹)函数**. 凹或凸的函数统称为**凹凸函数**. 若 $D(f)$ 为区间,则此区间相应地称为凹区间或凸区间,统称为**凹凸区间**. 函数曲线上的凹与凸分界点 $(x_0, f(x_0))$ 称为曲线 $y = f(x)$ 的**拐点**.

例 4.1.3 告诉我们,如果函数在一个区间 I 上的二阶微分大于零时,函数在此区间上是凹的,而函数在区间 I 上的二阶微分小于零时则是凸的. 例 4.1.3 也暗示了,连续曲线的凹凸分界点 (x_0, y_0) (**拐点**)的横坐标 x_0 或是满足 $\mathrm{d}^2 f \big|_{x=x_0} = 0$ 的点,或是 $\mathrm{d}^2 f \big|_{x=x_0}$ 不存在的点. 习惯上,例 4.1.3 称为**凹凸判别法**. 而拐点的横坐标必定为**一阶导函数的关键点**. 因此求函数的凹凸区间可先求二阶微分为零的点和二阶微分不存在的点,即求一阶导函数的关键点. 然后用这些点将定义域分成若干子区间,再用凹凸判别法逐个判定即可. 下面看一个求凹凸区间的例子.

例 4.3.15 求函数 $f(x) = x^2 + \dfrac{9}{5} x^{\frac{5}{3}}$ 的凹凸区间及拐点.

解 先求一阶导数的关键点.

$$\mathrm{d} f(x) = \left(2x + \frac{9}{5} \cdot \frac{5}{3} x^{\frac{2}{3}}\right) \mathrm{d} x,$$

$$\mathrm{d}^2 f(x) = (2 + 2 x^{-\frac{1}{3}}) \mathrm{d} x^2 = \left(2 \frac{\sqrt[3]{x} + 1}{\sqrt[3]{x}}\right) \mathrm{d} x^2,$$

故可知一阶导数的关键点 $x_1 = -1$,$x_2 = 0$. 这两点将定义域分成了三个区间 $(-\infty, -1)$,$(-1, 0)$,$(0, +\infty)$. 易当 $x \in (-\infty, -1)$ 时,$\mathrm{d}^2 f(x) > 0$;当 $x \in (-1, 0)$ 时,$\mathrm{d}^2 f(x) < 0$;当 $x \in (0, +\infty)$ 时,$\mathrm{d}^2 f(x) > 0$. 故凹区间为 $(-\infty, -1)$,$(0, +\infty)$,凸区间为 $(-1, 0)$,而拐点则有 $\left(-1, -\dfrac{4}{5}\right)$,$(0, 0)$.

类似于一元函数,也可定义多元函数的凹凸性.

定义 4.3.2 对多元函数 $f(\boldsymbol{x})$,$\boldsymbol{x} = (x_1, \cdots, x_n) \in D(f)$,如果在定义域 $D(f)$ 中任取两点 $\boldsymbol{x}_1, \boldsymbol{x}_2$ 和对任意实数 $\alpha \in (0, 1)$ 成立

$$f[\alpha \boldsymbol{x}_1 + (1-\alpha) \boldsymbol{x}_2] < \text{或} \leqslant \alpha f(\boldsymbol{x}_1) + (1-\alpha) f(\boldsymbol{x}_2),$$

那么称函数是凹函数或非凸函数,而若成立下式

$$f[\alpha \boldsymbol{x}_1 + (1-\alpha) \boldsymbol{x}_2] > \text{或} \geqslant \alpha f(\boldsymbol{x}_1) + (1-\alpha) f(\boldsymbol{x}_2),$$

则称函数是凸函数或非凹函数.

例 4.3.16 证明函数 $f(x, y) = x^2 + y^2$ 是凹函数.

证明 对任意的两点 $\boldsymbol{x} = (x_1, x_2) \in D(f)$,$\boldsymbol{y} = (y_1, y_2) \in D(f)$,$\forall \alpha \in (0, 1)$,总有

$$f[\alpha \boldsymbol{x}+(1-\alpha)\boldsymbol{y}] = f[\alpha x_1+(1-\alpha)y_1, \alpha x_2+(1-\alpha)y_2]$$
$$=[\alpha x_1+(1-\alpha)y_1]^2+[\alpha x_2+(1-\alpha)y_2]^2$$
$$=\alpha^2 x_1^2+\alpha^2 x_2^2+2\alpha(1-\alpha)x_1 y_1+2\alpha(1-\alpha)x_2 y_2$$
$$+(1-\alpha)^2 y_1^2+(1-\alpha)^2 y_2^2$$
$$\leqslant \alpha^2 x_1^2+\alpha^2 x_2^2+\alpha^2 x_1^2+(1-\alpha)^2 y_1^2+\alpha^2 x_2^2$$
$$+(1-\alpha)^2 y_2^2+(1-\alpha)^2 y_1^2+(1-\alpha)^2 y_2^2$$
$$<\alpha(x_1^2+x_2^2)+(1-\alpha)(y_1^2+y_2^2)$$
$$=\alpha f(\boldsymbol{x})+(1-\alpha)f(\boldsymbol{y}).$$

因此，由凹函数定义知 $f(x,y)=x^2+y^2$ 是凹函数．又由于二元函数的图象是曲面，定义中的凹凸面的拐向比一元函数的曲线拐向要复杂些，故此处不去讨论多元函数的凹凸分界判定．

练习 4.3

1. 求函数 $f(x)=x^2+\dfrac{1}{x}$ 的单调区间、极值、凹向区间及拐点．
2. 求函数 $f(x)=x^3-12x+24$ 在区间 $[-3,3]$ 上的最值．
3. 证明当 $x>0$ 时，$\dfrac{x}{1+x}\leqslant \ln(1+x)\leqslant x$．
4. 求函数 $f(x,y)=x^3-y^3+6x^2+6y^2+9x-9y$ 的极值．
5. 求函数 $f(x,y)=x^3+y^3-3x-3y+9$ 在条件 $x^2+y^2=16$ 下的极值．
6. 求函数 $f(x,y)=x^2-2xy+2y$ 在矩形区域 $\{(x,y)|0\leqslant x\leqslant 3, 0\leqslant y\leqslant 2\}$ 的最值．
7. 某产品的需求函数为 $p=10-3Q$，且平均成本 $\bar{C}(x)=x$，如果产销平衡，那么，产量多少时利润最大？
8. 某厂商在两个相互分割的市场上出售同一种产品，两个市场的需求函数分别是 $Q_1=24-0.2p_1$，$Q_2=10-0.05p_2$，其中 p_1，p_2 为价格，Q_1，Q_2 为销售量，总成本函数为 $C=10(Q_1+Q_2)+35$，试确定两个市场上该产品的销售价格各是多少时该企业获得最大利润．
9. 某公司全年生产需要某材料 5 170 吨，每次订购材料费用 570 元，每吨材料单价和库存费用率分别为 600，14.2%，求：(1) 最优批量；(2) 最优批次；(3) 最小费用．

4.4 原函数与不定积分

4.4.1 原函数与不定积分定义

例 4.1.5 是说微分恒为零的函数是一个常函数，这不禁引发我们提问：已知一个函数的微分形式,那么这个函数的形式为何? 为此,给出下列定义.

定义 4.4.1 设函数 $f(x)$ 是定义在区间 I 上的函数,如果存在 $F(x)$,使得 $\mathrm{d}F(x)=f(x)\mathrm{d}x,\forall x\in I$ 或 $F'(x)=f(x),\forall x\in I$,那么称 $F(x)$ 是 $f(x)$ 的一个**原函数**.

由定义知 $\sin x$ 是 $\cos x$ 的一个原函数,$\arctan x$ 是 $\dfrac{1}{1+x^2}$ 的一个原函数. 此外,如果 $F(x)$ 是 $f(x)$ 的一个原函数,那么 $F(x)+C$(对任意的实数 C)也是 $f(x)$ 的原函数. 这表明一个函数如果有原函数,则这个函数一定有无穷多个原函数. 例 4.1.5 还表明一个函数 $f(x)$ 在区间 I 上有原函数 $F(x)$,则函数 $f(x)$ 的所有原函数都可表示为 $F(x)+C$,其中 C 是任意常数.

定义 4.4.2 称 $f(x)$ 的所有原函数 $F(x)+C$(C 是任意实常数)为 $f(x)$ 的**不定积分**,记为 $\int f(x)\mathrm{d}x$,即

$$\int f(x)\mathrm{d}x = F(x)+C.$$

式中,不定积分中的函数 $f(x)$ 称为被积函数,符号"$\int$"称为不定积分号,x 称为积分变量,$f(x)\mathrm{d}x$ 称为被积式,$F(x)$ 为被积函数 $f(x)$ 的原函数,实常数 C 称为积分常数.

不定积分的定义式表明:求一个函数的不定积分只要求到它的一个原函数,然后在原函数后面加上一个任意实常数 C 即可. 例如,$\sin x$ 是 $\cos x$ 的一个原函数,故 $\int \cos x\,\mathrm{d}x = \sin x + C$. 又如,$\arctan x$ 是 $\dfrac{1}{1+x^2}$ 的原函数,故 $\int \dfrac{1}{1+x^2}\mathrm{d}x = \arctan x + C$. 此外,对不定积分式两边微分便可得

$$\mathrm{d}\int f(x)\mathrm{d}x = \mathrm{d}[F(x)+C] = \mathrm{d}F(x)+\mathrm{d}C = f(x)\mathrm{d}x,$$

即 $\mathrm{d}\int f(x)\mathrm{d}x = f(x)\mathrm{d}x$. 也由定义易知 $\int \mathrm{d}f(x) = f(x)+C$. 这表明微分"$\mathrm{d}$"和不定积分"$\int$"是一对互为逆运算符号. 但两种运算不满足交接律,即 $\mathrm{d}\int f(x)\mathrm{d}x \neq \int \mathrm{d}f(x)\mathrm{d}x$.

4.4.2 基本初等函数微分和不定积分公式及函数微分运算和不定积分公式

基于两种运算互为逆运算的观点,有下列基本初等函数的微分和不定积分的运算公式及函数的微分和不定积分的运算公式:

微分	不定积分
(1) $\mathrm{d}\left(\dfrac{1}{\alpha+1}x^{\alpha+1}\right)=x^{\alpha}\mathrm{d}x$,	$\int x^{\alpha}\mathrm{d}x = \dfrac{1}{\alpha+1}x^{\alpha+1}+C$;
(2) $\mathrm{d}a^{x}=a^{x}\ln a\,\mathrm{d}x$,	$\int a^{x}\mathrm{d}x = \dfrac{1}{\ln a}a^{x}+C$;

(3) $d\ln x = \dfrac{1}{x}dx,$ $\quad\displaystyle\int \dfrac{1}{x}dx = \ln x + C;$

(4) $d\sin x = \cos x\,dx,$ $\quad\displaystyle\int \cos x\,dx = \sin x + C;$

(5) $d\cos x = -\sin x\,dx,$ $\quad\displaystyle\int \sin x\,dx = -\cos x + C;$

(6) $d\tan x = \sec^2 x\,dx,$ $\quad\displaystyle\int \dfrac{dx}{\cos^2 x} = \int \sec^2 x\,dx = \tan x + C;$

(7) $d\cot x = -\csc^2 x\,dx,$ $\quad\displaystyle\int \dfrac{dx}{\sin^2 x} = \int \csc^2 x\,dx = -\cot x + C;$

(8) $d\arctan x = \dfrac{1}{1+x^2}dx,$ $\quad\displaystyle\int \dfrac{dx}{1+x^2} = \arctan x + C;$

(9) $d\operatorname{arccot} x = -\dfrac{1}{1+x^2}dx,$ $\quad\displaystyle\int \dfrac{dx}{1+x^2} = -\operatorname{arccot} x + C;$

(10) $d\sec x = \sec x\tan\,dx,$ $\quad\displaystyle\int \sec x\tan x\,dx = \sec x + C;$

(11) $d\csc x = -\csc x\cot x\,dx,$ $\quad\displaystyle\int \csc x\cot x\,dx = -\csc x + C;$

(12) $d(\alpha u \pm \beta v) = \alpha\,du \pm \beta\,dv,$ $\quad\displaystyle\int (\alpha\,du \pm \beta\,dv) = \alpha\int du \pm \beta\int dv;$

(13) $d(uv) = u\,dv + v\,du,$ $\quad\displaystyle\int v\,du = uv - \int u\,dv;$

(14) $df(u) = f'(u)\,du,$ $\quad\displaystyle\int f'(u)\,du = f(u) + C.$

在这些公式中,公式(1),当 $\alpha = -1$ 时,由于 $\ln|x| = \dfrac{1}{x}\,(x \neq 0)$ 不是在一个区间上成立,习惯上仍将公式(1)中 $\alpha = -1$ 时的情形写成 $\displaystyle\int \dfrac{1}{x}dx = \ln|x| + C$,而不是公式(3). 又当 $\alpha = -\dfrac{1}{2}$ 时,$\displaystyle\int \dfrac{dx}{\sqrt{x}}dx = 2\sqrt{x} + C$,记住它有助于求不定积分. 在公式(2)中,当 $a = e$ 时,$\displaystyle\int e^x dx = e^x + C$. 公式(12)是说函数的和的微分为微分和,和的不定积分为不定积分的和,常数可提到微分运算符号前面,也可提到不定积分运算符号前面.

定理 4.4.1(函数和的积分运算式)

$$\int [\alpha f(x) \pm \beta g(x)]dx = \alpha\int f(x)dx \pm \beta\int g(x)dx,$$

此公式称为函数和的不定积分公式. 公式(13)是函数的积的微分与不定积分. 如果 u, v 都是 x 的函数,则不定积分公式为下列形式.

定理 4.4.2(分部积分公式)

$$\int v(x)u'(x)dx = u(x)v(x) - \int u(x)v'(x)dx,$$

此公式常称为分部积分公式. 公式(14)是复合函数的微分与不定积分, 前者为微分形式不变性, 后者则是微分形式不变性的逆运算. 写成 x 的函数形式即为如下定理.

定理 4.4.3(换元积分公式) 如果 $F(x)$ 是 $f(x)$ 的原函数, 则有

$$\int F'[u(x)]u'(x)\mathrm{d}x = \int f(u)\mathrm{d}u = F[u(x)] + C.$$

换元公式从左边运算至右边, 即 $\int f[u(x)]u'(x)\mathrm{d}x = \int f(u)\mathrm{d}u = F[u(x)] + C$. 这一运算过程称为第一换元法, 而换元公式中从第一个等号的右边运算到左边, 即将 u 换成 x 的函数得运算式 $\int f(u)\mathrm{d}u = \int f[u(x)]u'(x)\mathrm{d}x = F[u(x)] + C$, 此运算过程又称为第二换元法.

除了上述初等函数的不定积分公式和运算公式外, 我们不加证明地给出一个非初等函数的积分公式[幂级数的和函数 $S(x)$ 的积分公式].

定理 4.4.4*(幂级数逐步积分公式)

$$\int S(x)\mathrm{d}x = \int \Big(\sum_{n=0}^{\infty} a_n x^n\Big)\mathrm{d}x = \sum_{n=0}^{\infty}\int a_n x^n \mathrm{d}x = \sum_{n=0}^{\infty}\frac{a_n}{n+1}x^{n+1}.$$

这些不定积分公式和运算法则的运用在下节不定积分的计算举例中有所体现.

例 4.4.1* 求满足方程 $y'(x) + p(x)y(x) = q(x)$ 的函数 $y(x)$.

解 方程的左边是一个函数的导数加上另一个函数乘上这个函数的形式, 这意味着左边是两个函数的积的导数, 其中一个是所求函数, 另一个函数的导数应是其本身乘上 $p(x)$, 因此, 可猜想另一个函数是一个指数函数与导数为 $p(x)$ 的函数的复合函数. 分析至此, 我们对方程两边乘上 $\mathrm{e}^{\int p(x)\mathrm{d}x}$, 可得

$$\mathrm{e}^{\int p(x)\mathrm{d}x}y'(x) + \mathrm{e}^{\int p(x)\mathrm{d}x}\Big(\int p(x)\mathrm{d}x\Big)'y(x) = \mathrm{e}^{\int p(x)\mathrm{d}x}q(x),$$

即

$$\Big(\mathrm{e}^{\int p(x)\mathrm{d}x}y(x)\Big)' = \mathrm{e}^{\int p(x)\mathrm{d}x}y'(x) + \mathrm{e}^{\int p(x)\mathrm{d}x}\Big(\int p(x)\mathrm{d}x\Big)'y(x) = \mathrm{e}^{\int p(x)\mathrm{d}x}q(x).$$

因此, 令 $F(x) = \mathrm{e}^{\int p(x)\mathrm{d}x}y(x) - \int \mathrm{e}^{\int p(x)\mathrm{d}x}q(x)\mathrm{d}x$, 则 $F'(x) = 0$, 故由例 4.1.5 知 $F(x) = C$, 即

$$\mathrm{e}^{\int p(x)\mathrm{d}x}y(x) = \int \mathrm{e}^{\int p(x)\mathrm{d}x}q(x)\mathrm{d}x + C,$$

于是, 求得

$$y(x) = C\mathrm{e}^{-\int p(x)\mathrm{d}x} + \mathrm{e}^{-\int p(x)\mathrm{d}x}\int \mathrm{e}^{\int p(x)\mathrm{d}x}q(x)\mathrm{d}x,\ \text{其中}\ C\ \text{是任意实常数}.$$

由不定积分的定义也可得到 $\mathrm{e}^{\int p(x)\mathrm{d}x}y(x) = \int \mathrm{e}^{\int p(x)\mathrm{d}x}q(x)\mathrm{d}x + C$, 从而也有

$$y(x) = C\mathrm{e}^{-\int p(x)\mathrm{d}x} + \mathrm{e}^{-\int p(x)\mathrm{d}x}\int \mathrm{e}^{\int p(x)\mathrm{d}x}q(x)\mathrm{d}x.$$

事实上,例 4.4.1 中含有所求函数的导数(也可用微分表示)的方程常称为**微分方程**,所求的函数则称为**微分方程的解**.而此例的方程也特别称为**一阶线性非齐次微分方程**,所求的函数的表达式常称为该方程**的通解公式**.

例 4.4.2* 求满足方程 $y'=2x+2xy$ 的函数 $y(x)$.

解 显然 $y(x)=-1$ 满足方程,而当 $y(x)\neq -1$ 时方程可整理成 $\dfrac{1}{1+y}y'-2x=0$,令 $F(x)=\ln(1+y)-x^2$,则 $F'(x)=0$,于是,由例 4.1.5 知 $F(x)=C$,即 $y=C^* e^{x^2}-1$,其中,$C^*=e^C$.事实上,将 y' 写成 $\dfrac{dy}{dx}$,则方程可写成 $\dfrac{1}{1+y}dy=2xdx$,对得到的等式两边施以不定积分 $\int$ 运算,则有 $\int\dfrac{1}{1+y}dy=\int 2xdx$,便有 $y=C^* e^{x^2}-1$,其中,$C^*=e^C$.这个方程在后续课程中也称为**可分离变量的微分方程**,其求解方法是分离成 y 的微分式与 x 的微分式后两边施以不定积分运算.一般地,微分方程 $y'=f(x)g(y)$ 是可分离的,并分离成 $\dfrac{dy}{g(y)}=f(x)dx[g(y)\neq 0]$,对这个等式两边施以不定积分运算,即得 $\int\dfrac{1}{g(y)}dy=\int f(x)dx$,由此积分等式便可求出 $y(x)$.

例 4.4.3* 求满足方程 $x^2 y'+xy=1$ 的函数 $y(x)$.

解 方程可整理成 $y'+\dfrac{1}{x}y=\dfrac{1}{x^2}$.利用例 4.4.1*,知 $p(x)=\dfrac{1}{x}$,$q(x)=\dfrac{1}{x^2}$,从而,

$$y(x)=Ce^{-\int\frac{1}{x}dx}+e^{-\int\frac{1}{x}dx}\int e^{\int\frac{1}{x}dx}\dfrac{1}{x^2}dx$$
$$=C\dfrac{1}{x}+\dfrac{1}{x}\int\dfrac{1}{x}dx=C\dfrac{1}{x}+\dfrac{1}{x}\ln x.$$

例 4.4.4* 求满足方程 $x^2 y'+2xy=y^3$ 的函数 $y(x)$.

解 方程可整理成 $\dfrac{1}{y^3}y'+\dfrac{2}{x}\dfrac{1}{y^2}=\dfrac{1}{x^2}$,即 $\left(\dfrac{1}{y^2}\right)'-\dfrac{4}{x}\dfrac{1}{y^2}=-\dfrac{2}{x^2}$.

式中,$p(x)=-\dfrac{4}{x}$,$q(x)=-\dfrac{2}{x^2}$,因此,

$$\dfrac{1}{y^2}=Ce^{-\int(-\frac{4}{x})dx}+e^{-\int(-\frac{4}{x})dx}\int e^{\int(-\frac{4}{x})dx}\dfrac{-2}{x^2}dx=Cx^4+x^4\int\dfrac{-2}{x^6}dx=Cx^4+\dfrac{2}{5x}.$$

这表明所求函数是一个隐函数.

例 4.4.5* 求满足方程 $(x+y^3)y'-y=0$ 和 $y\left(\dfrac{1}{2}\right)=1$ 的函数 $y(x)$.

解 注意到导数就是微商,方程可整理成 $(x+y^3)dy=ydx$,即有

$$\dfrac{dx}{dy}-\dfrac{x}{y}=y^2 \text{ 或 } x'(y)-\dfrac{1}{y}x=y^2.$$

故可用例 4.4.1*，且 $p(y)=-\dfrac{1}{y}$，$q(y)=y^2$，于是可得

$$x(y)=Ce^{-\int(-\frac{1}{y})dy}+e^{-\int(-\frac{1}{y})dy}\int e^{\int(-\frac{1}{y})dy}y^2 dx=Cy+y\int y dy=Cy+\dfrac{1}{2}y^3.$$

代入 $y\left(\dfrac{1}{2}\right)=1$，可得 $C=0$，即 $x=\dfrac{1}{2}y^3$，从而 $y=\sqrt[3]{2x}$。

练习 4.4

1. 填空：

(1) $d\underline{\qquad}=10dx$，$\int 10dx=\underline{\qquad}$；

(2) $d\underline{\qquad}=2\cos x\,dx$，$\int 2\cos x\,dx=\underline{\qquad}$；

(3) $d\underline{\qquad}=\dfrac{2}{\cos^2 x}dx$，$\int \dfrac{2}{\cos^2 x}dx=\underline{\qquad}$；

(4) $d\underline{\qquad}=\dfrac{2}{\sqrt{a^2+x^2}}dx$，$\int \dfrac{2}{\sqrt{a^2+x^2}}dx=\underline{\qquad}$；

(5) $d\underline{\qquad}=\dfrac{-2}{\sqrt{x^2-a^2}}dx$，$\int \dfrac{-2}{\sqrt{x^2-a^2}}dx=\underline{\qquad}$；

(6) $d\underline{\qquad}=\dfrac{-2}{\sin^2 x}dx$，$\int \dfrac{-2}{\sin^2 x}dx=\underline{\qquad}$；

(7) $d\underline{\qquad}=\dfrac{-2}{1+x^2}dx$，$\int \dfrac{-2}{1+x^2}dx=\underline{\qquad}$；

(8) $d\underline{\qquad}=-2\csc x\cot x\,dx$，$\int(-2\csc x\cot x)dx=\underline{\qquad}$。

2. 计算下列不定积分：

(1) $\int\left(x+\dfrac{1}{\sqrt{x}}\right)dx$；

(2) $\int\left(3x^2+\dfrac{1}{x\sqrt{x}}\right)dx$；

(3) $\int(x^3+1)^2 dx$；

(4) $\int\dfrac{x^3+3x-1}{\sqrt[3]{x}}dx$；

(5) $\int(2^x+3^x)^2 dx$；

(6) $\int \tan^2 x\,dx$；

(7) $\int\dfrac{1}{\sin^2 x\cdot\cos^2 x}dx$；

(8) $\int\dfrac{\cos 2x}{\sin x+\cos x}dx$；

(9) $\int\dfrac{x^2}{1+x^2}dx$；

(10) $\int(a^x-\csc^2 x)dx$；

(11) $\int\left[\left(\dfrac{1}{\sin x}+\dfrac{1}{\cos x}\right)^2-\dfrac{4}{\sin 2x}\right]dx$；

(12) $\int(\sqrt{x}+1)(x-\sqrt{x}+1)dx$；

(13) $\int \dfrac{\sqrt{1+x^2}}{\sqrt{1-x^4}}\mathrm{d}x$;   (14) $\int \dfrac{\mathrm{e}^{3x}+1}{\mathrm{e}^x+1}\mathrm{d}x$.

3. 已知 $f'(x^2)=\dfrac{1}{x^2}(x>0)$,求 $f(x)$.

4. 已知 $f'(\sin^2 x)=\cos^2 x(|x|\leqslant 1)$,求 $f(x)$.

5. 求过点 $(1,2)$ 且在此点的切线斜率为 $2x$ 的曲线方程.

6. 已知某公司销售某产品的边际收益为 $65-0.7x$,求此公司该产品的总收益函数和需求函数.

4.5 不定积分计算举例

本节给出一些计算不定积分的例子以展示前一节中基本积分公式及函数和、积与复合的不定积分运算公式的灵活使用.

例 4.5.1 计算 $\int \dfrac{(x^2+1)^2}{\sqrt[3]{x\sqrt{x}}}\mathrm{d}x$.

解 这个不定积分在前面公式中找不到现成的积分公式,但它的被积函数可进行代数运算成幂函数的和的不定积分,再利用和的积分公式即可计算,过程如下:

$$\int \dfrac{(x^2+1)^2}{\sqrt[3]{x\sqrt{x}}}\mathrm{d}x = \int \dfrac{x^4+2x^2+1}{\sqrt{x}}\mathrm{d}x$$

$$= \int x^{\frac{7}{2}}\mathrm{d}x + 2\int x^{\frac{3}{2}}\mathrm{d}x + \int \dfrac{1}{\sqrt{x}}\mathrm{d}x$$

$$= \dfrac{2}{9}x^{\frac{9}{2}} + \dfrac{4}{5}x^{\frac{5}{2}} + 2\sqrt{x} + C.$$

例 4.5.2 计算 $\int \dfrac{x^3}{x+x^3}\mathrm{d}x$.

解 这个不定积分也不能直接用基本初等函数的不定积分公式,但可将被积函数拆成初等函数的和形式,从而可用和的积分公式完成计算,即

$$\int \dfrac{x^3}{x+x^3}\mathrm{d}x = \int \dfrac{x^3+x-x}{x+x^3}\mathrm{d}x = \int \mathrm{d}x - \int \dfrac{1}{1+x^2}\mathrm{d}x$$

$$= x - \arctan x + C.$$

类似地可计算下列例 4.5.3.

例 4.5.3 计算 $\int \dfrac{1}{(\sin x \cos x)^2}\mathrm{d}x$.

解 $\int \dfrac{1}{(\sin x \cos x)^2}\mathrm{d}x = \int \dfrac{\sin^2 x + \cos^2 x}{(\sin x \cos x)^2}\mathrm{d}x$

$$= \int \frac{1}{\cos^2 x} dx + \int \frac{1}{\sin^2 x} dx$$
$$= \tan x - \cot x + C.$$

例 4.5.4 计算 $\int (\sin x + 1)^{100} \cos x \, dx$.

解 这个积分的被积函数是一个复合函数与复合函数中的内层函数的导数的积,故可用换元公式计算. 只需视内层函数为 u 即可. 计算如下:

$$\int (\sin x + 1)^{100} \cos x \, dx = \int (\sin x + 1)^{100} d(\sin x + 1) = \frac{1}{101}(\sin x + 1)^{101} + C.$$

例 4.5.5 计算 $\int \frac{1+\sqrt{x}}{x(1+\sqrt[3]{x})} dx$.

解 这个积分的被积函数与例 4.5.4 中的那种"复合"函数不同,是一个无理形式的函数,若能化为有理形式的函数就较方便计算了,但有理化很难实现. 如果将被积函数的 x 看成一个复合函数的内层函数,将根式脱掉,则可转化成一个有理形式的函数的积分. 仍用换元公式,计算如下:令 $x = t^6$,则 $dx = 6t^5 dt$,并将它们代入式中,得

$$\int \frac{1+\sqrt{x}}{x(1+\sqrt[3]{x})} dx = 6\int \frac{1+t^3}{t(1+t^2)} dt = 6\int \frac{1}{t(1+t^2)} dt + 6\int \frac{t^2}{1+t^2} dt$$
$$= 6\int \left(\frac{1}{t} - \frac{t}{1+t^2}\right) dt + 6t - 6\arctan t$$
$$= 6\ln |t| - 3\ln(1+t^2) + 6t - 6\arctan t + C$$
$$= \ln x - 3\ln(1+\sqrt[3]{x}) + 6\sqrt[6]{x} - 6\arctan \sqrt[6]{x} + C.$$

注意:用换元法计算不定积分最后要"**回代**",即最终表达式中自变量要与最初的不定积分的积分变量保持一致. 此题脱根式的变换用的是代数形式的变换,有些根式用代数形式变换脱掉并不方便,如下列例 4.5.6. 若令 x 为一个三角函数,则可得到一个不含根式的便于积分的新积分. 此类变换叫**三角变换**,一般地被积函数为 $\sqrt{a^2 \pm x^2}$,$\sqrt{x^2 \pm a^2}$ 等形式用三角变换较方便. 当然,还有不仅仅是脱根号的其他形式的被积函数,这些函数有时也需要变换才方便计算,且变换可以是代数的也可以是三角的,其核心是将被积函数化为易用基本积分公式的函数形式.

例 4.5.6 计算 $\int \frac{\sqrt{x^2-a^2}}{x} dx$.

解 令 $x = a\sec t$,则 $dx = a\sec t \tan t \, dt$,并将它们代入积分式,有

$$\int \frac{\sqrt{x^2-a^2}}{x} dx = |a| \int \tan^2 t \, dt = |a| \int (\sec^2 t - 1) dt$$
$$= |a| (\tan t - t) + C$$
$$= |a| \left(\frac{\sqrt{x^2-a^2}}{a} - \arccos \frac{a}{x}\right) + C.$$

例 4.5.7 计算 $\int x^2 e^x dx$.

解 这是被积函数为函数积的形式,应该用分部积分公式,因分部积分公式就是处理函数积的积分公式. 此题的被积函数可分解为 x^2 与 e^x 的导数的积,于是有

$$\int x^2 e^x dx = \int x^2 de^x = x^2 e^x - 2\int x e^x dx$$
$$= x^2 e^x - 2(xe^x - \int e^x dx)$$
$$= x^2 e^x - 2xe^x + 2e^x + C.$$

当然,被积函数也可分解为函数 e^x 与 $\dfrac{x^3}{3}$ 的导数的积,于是 $\int x^2 e^x dx = e^x \dfrac{x^3}{3} - \dfrac{1}{3}\int x^3 e^x dx$. 结果右边还是一个幂函数与指数函数的积的积分,此时被积函数中的 x 的幂比原先的幂升了一次. 如果继续视幂函数为某函数的导数使用分部积分,会出现幂继续升高的现象,读者不妨试试. 一般来说,幂函数与指数函数的积、幂函数与三角函数的积的积分,常常将被积函数分解为幂函数与指数函数的导数或三角函数的导数的积的形式,然后用分部积分,目的是降幂函数的次数.

例 4.5.8 计算 $\int x^2 \cos x dx$.

解 $\int x^2 \cos x dx = \int x^2 d\sin x = x^2 \sin x - 2\int x \sin x dx$
$$= x^2 \sin x + 2x\cos x - 2\int \cos x dx$$
$$= x^2 \sin x + 2x\cos x - 2\sin x + C.$$

例 4.5.9 计算 $\int x^2 \log_a x dx$.

解 这个不定积分也是函数的积的积分,且为幂函数与对数函数的积,一是对数函数不易发现它的原函数,二是对数函数求导能去掉对数符号,三是幂函数易发现其原函数,于是,这个积的分解是选幂函数为某个函数的导数来进行分部积分. 此不定积分的计算过程如下:

$$\int x^2 \log_a x dx = \int \log_a x \left(\dfrac{x^3}{3}\right)' dx$$
$$= \dfrac{x^3}{3}\log_a x - \int \dfrac{x^3}{3}(\log_a x)' dx$$
$$= \dfrac{x^3}{3}\log_a x - \int \dfrac{x^3}{3}\dfrac{1}{x\ln a}dx$$
$$= \dfrac{x^3}{3}\log_a x - \dfrac{x^3}{9\ln a} + C.$$

与例 4.5.7 不同的是,我们选择幂函数为分部积分公式中的 $u'(x)$ 进行分部,目的是去掉对数函数符号,注意到反三角函数的导数也没有反三角函数的符号,因而幂函数与反三

角函数的积的积分也是选择幂函数作为分部积分公式中的 $u'(x)$ 进行分部积分,当然对于其他形式的函数的积的积分要通过分部积分来计算,一般应是选择易观察到其原函数的函数作为那个原函数的导数进行分部积分,而被积函数的积中有因子对数函数、反三角函数,目标还是设法去掉函数符号. 此外,分部积分可多次使用,如例 4.5.7,但必须注意选好了某个函数是一个函数的导数进行分部积分后,再继续使用分部积分时仍要选此类函数,否则积分会回到前面的积分形式.

例 4.5.10 计算 $\int x^2 \arcsin x \, dx$.

解
$$\int x^2 \arcsin x \, dx = \int \arcsin x \, d\left(\frac{x^3}{3}\right) = \frac{x^3}{3} \arcsin x - \frac{1}{3} \int \frac{x^3}{\sqrt{1-x^2}} dx$$
$$= \frac{x^3}{3} \arcsin x + \frac{1}{3} \int \frac{1-x^2-1}{\sqrt{1-x^2}} x \, dx$$
$$= \frac{x^3}{3} \arcsin x - \frac{1}{6} \int \left(\sqrt{1-x^2} - \frac{1}{\sqrt{1-x^2}}\right) d(1-x^2)$$
$$= \frac{x^3}{3} \arcsin x - \frac{1}{9}(1-x^2)^{\frac{3}{2}} + \frac{1}{3}\sqrt{1-x^2} + C.$$

例 4.5.11 计算 $\int a^{2x} \sin 3x \, dx$.

解 这个积分无论是指数函数还是三角函数都易看出它的原函数,故选三角函数作为某函数的导数或选指数函数作为某函数的导数. 此处,我们选指数函数作为某函数的导数进行分部积分,计算过程如下:

$$\int a^{2x} \sin 3x \, dx = \int \sin 3x \left(\frac{1}{2\ln a} a^{2x}\right)' dx$$
$$= \frac{1}{2\ln a} a^{2x} \sin 3x - \frac{3}{2\ln a} \int a^{2x} \cos 3x \, dx$$
$$= \frac{1}{2\ln a} a^{2x} \sin 3x - \frac{3}{2\ln a} \frac{1}{2\ln a} a^{2x} \cos 3x - \left(\frac{3}{2\ln a}\right)^2 \int a^{2x} \sin 3x \, dx,$$

从这个等式中可解出所求不定积分,求得

$$\int a^{2x} \sin 3x \, dx = \frac{1}{1+\left(\frac{3}{2\ln a}\right)^2} \left(\frac{1}{2\ln a} a^{2x} \sin 3x - \frac{3}{2\ln a} \frac{1}{2\ln a} a^{2x} \cos 3x\right),$$

但要注意到这仅是一个原函数,别忘了加任意常数! 最后所求的不定积分为

$$\int a^{2x} \sin 3x \, dx = \frac{1}{1+\left(\frac{3}{2\ln a}\right)^2} \left(\frac{1}{2\ln a} a^{2x} \sin 3x - \frac{3}{4\ln^2 a} a^{2x} \cos 3x\right) + C.$$

例 4.5.12 计算 $\int \dfrac{1}{\cos^3 x}\mathrm{d}x$.

解
$$\int \dfrac{1}{\cos^3 x}\mathrm{d}x = \int \dfrac{1}{\cos x}\dfrac{1}{\cos^2 x}\mathrm{d}x$$
$$= \int \dfrac{1}{\cos x}\mathrm{d}\tan x = \dfrac{1}{\cos x}\tan x + \int \sin x\, \dfrac{1}{\cos^3 x}\mathrm{d}\cos x$$
$$= \dfrac{1}{\cos x}\tan x - \dfrac{1}{2}\int \sin x\, \mathrm{d}\dfrac{1}{\cos^2 x}$$
$$= \dfrac{1}{\cos x}\tan x - \dfrac{1}{2}\sin x\,\dfrac{1}{\cos^2 x} + \dfrac{1}{2}\int \dfrac{1}{\cos^2 x}\mathrm{d}\sin x$$
$$= \dfrac{1}{\cos x}\tan x - \dfrac{1}{2}\sin x\,\dfrac{1}{\cos^2 x} + \dfrac{1}{2}\int \dfrac{1}{\cos x}\mathrm{d}x$$
$$= \dfrac{1}{\cos x}\tan x - \dfrac{1}{2}\sin x\,\dfrac{1}{\cos^2 x} + \dfrac{1}{2}\ln|\sec x + \tan x| + C.$$

这一例题利用分部积分公式计算时,在分解被积函数成一个函数与另一函数的导数的乘积上,不同于前面的例子为降幂而将被积函数分解成幂函数与三角函数或指数函数的导数的乘积,也不同于为脱反三角函数符号而分解成反三角函数与幂函数的导数的乘积.一般地,在用分部积分公式计算不定积分时,公式中 $v(x)u'(x)$ 中的 $v(x)$, $u(x)$ 的选取次序为"反幂、对幂、幂指、幂三、指三".

例 4.5.13* 证明 $\dfrac{\mathrm{d}}{\mathrm{d}x}\sum\limits_{n=0}^{\infty}a_n x^n = \sum\limits_{n=0}^{\infty}\dfrac{\mathrm{d}}{\mathrm{d}x}(a_n x^n) = \sum\limits_{n=1}^{\infty}na_n x^{n-1}$.

证明 首先由逐步积分公式有
$$S(x)\mathrm{d}x = \mathrm{d}\int S(x)\mathrm{d}x = \mathrm{d}\int \sum_{n=0}^{\infty}a_n x^n \mathrm{d}x = \mathrm{d}\left(\sum_{n=0}^{\infty}\dfrac{a_n}{n+1}x^{n+1}\right),$$

进而有
$$\mathrm{d}\sum_{n=0}^{\infty}\dfrac{a_n x^{n+1}}{n+1} = \sum_{n=0}^{\infty}a_n x^n \mathrm{d}x = \sum_{n=0}^{\infty}\mathrm{d}\left(\dfrac{1}{n+1}a_n x^{n+1}\right),$$

即
$$\mathrm{d}\sum_{n=0}^{\infty}\dfrac{a_n x^{n+1}}{n+1} = \sum_{n=0}^{\infty}\mathrm{d}\,\dfrac{a_n x^{n+1}}{n+1},$$

也就是 $\dfrac{\mathrm{d}}{\mathrm{d}x}\sum\limits_{n=0}^{\infty}\dfrac{a_n x^{n+1}}{n+1} = \sum\limits_{n=0}^{\infty}\dfrac{\mathrm{d}}{\mathrm{d}x}\dfrac{a_n x^{n+1}}{n+1}$.

一般地,对幂级数 $\sum\limits_{n=0}^{\infty}a_n x^n$,有 $\mathrm{d}\sum\limits_{n=0}^{\infty}a_n x^n = \sum\limits_{n=0}^{\infty}\mathrm{d}a_n x^n$, $\dfrac{\mathrm{d}}{\mathrm{d}x}\sum\limits_{n=0}^{\infty}a_n x^n = \sum\limits_{n=0}^{\infty}\dfrac{\mathrm{d}}{\mathrm{d}x}a_n x^n$. 这一公式被称为**逐项微分(求导)公式**. 下面是用逐项积分或逐项微分公式求常数项级数的和的几个例子.

例 4.5.14* 计算 $\sum\limits_{n=0}^{\infty}\dfrac{2^n}{(n+1)3^n}$.

解 $\sum_{n=0}^{\infty} \frac{2^n}{(n+1)3^n} = \sum_{n=0}^{\infty} \frac{1}{n+1}\left(\frac{2}{3}\right)^n,$

视 $\frac{2}{3}$ 为变量 x,易知计算此级数只需求出幂级数 $\sum_{n=0}^{\infty} \frac{x^n}{n+1}$ 的和函数 $S(x)$,则所求级数正是和函数 $S(x)$ 在 $\frac{2}{3}$ 处的函数值. 显然有 $S(0)=1$. 当 $x \neq 0$ 时,

$$S(x) = \sum_{n=0}^{\infty} \frac{x^n}{n+1} = \frac{1}{x}\sum_{n=0}^{\infty} \frac{x^{n+1}}{n+1} = \frac{1}{x}\sum_{n=0}^{\infty} \int x^n \mathrm{d}x = \frac{1}{x}\int \left(\sum_{n=0}^{\infty} x^n\right) \mathrm{d}x$$

$$= \frac{1}{x}\int \frac{1}{1-x} \mathrm{d}x = -\frac{1}{x}\ln(1-x) + C.$$

由 $S(0)=1$,$S(0) = \lim_{x \to 0}\left(-\frac{1}{x}\ln(1-x) + C\right) = 1 + C$,即有 $C=0$,因此

$$\sum_{n=0}^{\infty} \frac{2^n}{(n+1)3^n} = S\left(\frac{2}{3}\right) = \frac{3}{2}\ln 3.$$

例 4.5.15* 计算 $\sum_{n=0}^{\infty} \frac{3n+1}{5^n}$.

解 类似于例 4.5.14,令 $S(x) = \sum_{n=0}^{\infty}(3n+1)x^n$,则 $S(0)=1$,且由例 4.5.13 有

$$S(x) = \sum_{n=0}^{\infty}(3n+1)x^n = \sum_{n=0}^{\infty}(n+1)x^n + 2\sum_{n=0}^{\infty} nx^n$$

$$= \sum_{n=0}^{\infty}(x^{n+1})' + 2x\sum_{n=1}^{\infty} nx^{n-1}$$

$$= \left(\sum_{n=0}^{\infty} x^{n+1}\right)' + 2x\left(\sum_{n=1}^{\infty} x^n\right)'$$

$$= \left(\frac{x}{1-x}\right)' + 2x\left(\frac{x}{1-x}\right)' = \frac{2x+1}{(1-x)^2}.$$

因此,$\sum_{n=0}^{\infty} \frac{3n+1}{5^n} = S\left(\frac{1}{5}\right) = \frac{2 \cdot \frac{1}{5} + 1}{\left(1 - \frac{1}{5}\right)^2} = \frac{35}{16}.$

练习 4.5

1. 用和公式求下列不定积分:

(1) $\int (3x + 4\mathrm{e}^x) \mathrm{d}x$;

(2) $\int \left(\frac{2}{x} + 4\sin x\right) \mathrm{d}x$;

(3) $\int \dfrac{x^4}{x^2(1+x^2)}\mathrm{d}x$;

(4) $\int \dfrac{\tan^2 x}{1+\tan^2 x}\mathrm{d}x$.

2. 用换元公式求下列不定积分:

(1) $\int \mathrm{e}^x \sin \mathrm{e}^x \mathrm{d}x$;

(2) $\int \dfrac{x-x^5}{\sqrt{1-x^4}}\mathrm{d}x$;

(3) $\int \dfrac{1}{\mathrm{e}^{-x}+\mathrm{e}^x}\mathrm{d}x$;

(4) $\int \dfrac{1}{1+\sqrt[3]{x}}\mathrm{d}x$;

(5) $\int \dfrac{1}{x\sqrt{x^2-1}}\mathrm{d}x$;

(6) $\int \sqrt{x^2+1}\,\mathrm{d}x$.

3. 用分部积分法求下列不定积分:

(1) $\int x^2 2^x \mathrm{d}x$;

(2) $\int x \sin x \mathrm{d}x$;

(3) $\int \arctan x \mathrm{d}x$;

(4) $\int x \ln x \mathrm{d}x$;

(5) $\int \dfrac{x}{\cos^2 x}\mathrm{d}x$;

(6) $\int \dfrac{\sin x + \cos x}{\sin x - \cos x}\mathrm{d}x$.

4*. 求下列级数的和:

(1) $\sum_{n=1}^{\infty} \dfrac{(-1)^{n+1} x^{n+1}}{n(n+1)}$;

(2) $\sum_{n=1}^{\infty} \dfrac{(-1)^{2n+1}(2x)^{2n}}{n(2n+1)}$;

(3) $\sum_{n=1}^{\infty} \dfrac{(-1)^n}{2n-1}$;

(4) $\sum_{n=1}^{\infty} \dfrac{2n-1}{2^n}$.

本章要点与要求

(1) 要点:费马定理,罗尔定理,拉格朗日中值定理及推论,柯西中值定理,泰勒公式,洛必达法则,单调区间及关键点,凹向区间及拐点,极值与最值,条件极值,拉格朗日乘数法,原函数与不定积分,基本初等函数的不定积分公式,不定积分的计算公式,微分方程(一阶线性非齐次微分方程*、可分离变量方程*),幂级数*,逐项微分与积分*.

(2) 要求:理解罗尔定理、拉格朗日中值定理及柯西中值定理间的关系,知道泰勒公式*,掌握洛必达法则,能熟练使用此法则求未定式极限;熟练掌握求单调区间、凹凸区间及拐点;掌握拉格朗日乘数法,会求函数的极值与最值;掌握原函数、不定积分的定义式;牢记基本初等函数的不定积分公式,熟练掌握不定积分计算公式;理解微分"d"运算与积分"$\int$"运算是一对互为逆运算;能熟练地使用"拆项法"、"换元法"及"分部积分法"计算不定积分;知道微分方程,会求解一阶线性非齐次微分方程*、可分离变量方程*;会求解最优产量等一些最优化问题;知道幂级数的逐项微分与积分公式*,会用幂级数求常数项级数的和*.

习 题 4

1. 设 $f(x)$ 在 $[0,1]$ 上连续,在 $(0,1)$ 内可微,且 $f(0)=0$, $f\left(\dfrac{1}{2}\right)=1$, $f(1)=\dfrac{1}{2}$,那么至少存在两点 $\xi, \eta \in (0,1)$ 使得 $f'(\xi)=f'(\eta)$.

2. 如果函数 $f(x)$ 在 $[a,b]$ 上连续,且在 (a,b) 内可微,$f(a)=a$, $f(b)=b$,那么至少有一点 $\xi \in (a,b)$,使得 $f'(\xi)+f(\xi)=\xi+1$.

3. 如果 $f(x)$ 在 $(0,+\infty)$ 可微,且 $\lim\limits_{x \to +\infty} f'(x)=B$,那么对任意的正数 A,都有 $\lim\limits_{x \to +\infty}[f(x+A)-f(x)]=AB$.

4. 设 $f(x)$ 在 $[a,b]$ $(ab>0)$ 上连续,在 (a,b) 内可微,则至少有一点 $c \in (a,b)$,使得 $\dfrac{af(b)-bf(a)}{b-a}=f(c)-cf'(c)$.

5. 用洛必达法则求下列极限:

(1) $\lim\limits_{x \to 0} \dfrac{\tan x - x}{x - \sin x}$;

(2) $\lim\limits_{x \to 1} \dfrac{x^x - x}{\ln x - x + 1}$;

(3) $\lim\limits_{x \to +\infty} \dfrac{\ln x}{x^\alpha} (\alpha > 0)$;

(4) $\lim\limits_{x \to \frac{\pi}{2}} \dfrac{\tan 3x}{\tan x}$;

(5) $\lim\limits_{x \to 0^+} x^\alpha \ln x (\alpha > 0)$;

(6) $\lim\limits_{x \to +\infty} x^\alpha e^{-x} (\alpha > 0)$;

(7) $\lim\limits_{x \to 0^-} \left(\dfrac{1}{x} - \dfrac{1}{e^x - 1}\right)$;

(8) $\lim\limits_{x \to 1} \left(\dfrac{1}{\ln x} - \dfrac{x+1}{x^2 - 1}\right)$;

(9) $\lim\limits_{x \to +\infty} \left(\dfrac{2}{\pi} \arctan x\right)^x$;

(10) $\lim\limits_{x \to 0} \left(\dfrac{2}{\pi} \arccos x\right)^{\frac{1}{x}}$;

(11) $\lim\limits_{x \to 0^+} (\sin x)^{\tan x}$;

(12) $\lim\limits_{x \to 1^+} (x-1)^{\frac{1}{\sqrt{x-1}}}$;

(13) $\lim\limits_{x \to +\infty} x^{\frac{1}{\ln x}}$;

(14) $\lim\limits_{x \to 0^+} x^{\frac{1}{\ln^2 x}}$;

(15) $\lim\limits_{x \to +\infty} x^x$;

(16) $\lim\limits_{x \to 0^+} \left(\dfrac{1}{x}\right)^{\ln x}$.

6. 求列函数的单调区间:

(1) $f(x) = x^3 - 3x^2$;

(2) $f(x) = \dfrac{2x}{1+x^2}$;

(3) $f(x) = x + \sin x$;

(4) $f(x) = x^2 - \ln x^2$.

7. 求下列函数的极值:

(1) $f(x) = x^3 - 6x^2 + 9x - 4$;

(2) $f(x) = x^2(1-x)^3$;

(3) $f(x)=x^{\frac{1}{3}}(1-x)^{\frac{2}{3}}$; (4) $f(x)=x+\frac{1}{x}$;

(5) $f(x,y)=x^2-xy+y^2-2x+2y$; (6) $f(x,y)=x^3+y^3-xy$.

8. 求下列函数在指定区间或区域上的最值:

(1) $f(x)=x^2-4x+6$, $[-3,10]$;

(2) $f(x)=|x^2-3x+2|$, $[-10,10]$;

(3) $f(x,y)=x^2-2xy+2y$, $\{(x,y)|0\leq x\leq 3, 0\leq y\leq 2\}$;

(4) $f(x,y)=2x^3+y^4$, $\{(x,y)|x^2+y^2\leq 1\}$.

9. 求下列函数的凹凸区间与拐点:

(1) $f(x)=3x^2-x^3$; (2) $f(x)=x+x^{\frac{5}{3}}$;

(3) $f(x)=\ln(1+x^2)$; (4) $f(x)=e^{-x^2}$.

10. 证明对任意的 $x>0$, $y>0$, 不等式 $xy\ln(xy)>(x+y)\ln(x+y)$ 恒成立.

11. 某企业每月生产某产品的总成本为 $C(x)=5x+200$(元), 销售收入为 $R(x)=10x-0.01x^2$, 问每月生产多少该产品, 才能使利润最大?

12. 某企业每月生产某产品的总成本为 $C(x)=5x+200$(元), 该产品的需求函数 $x=800-100p$, 求最优销售价格(利润最大时的)和最大利润.

13. 某企业每月生产某产品的总成本为 $C(x)=10x+400$(元), 该产品的需求函数 $p=20-0.02Q$, 假设产销售平衡, 求边际收益、边际成本、企业获得最大利润时的最优产量和最大利润、企业平均成本最省时的最优产量.

14. 某企业生产某产品的总成本为 $C(x)=8x+x^2$(元), 该产品的需求函数 $p=26-2Q-4x^2$, 假设产销售平衡, 求边际收益、边际成本、企业获得最大利润时的最优产量和最大利润、企业平均成本最省时的最优产量.

15. 某产品的总成本函数为 $C(x)=400+3x+\frac{x^2}{2}$, 需求函数为 $p=\frac{100}{\sqrt{Q}}$, 产销平衡, 试求:(1) 边际成本;(2) 边际收益;(3) 边际利润;(4) 收益的价格弹性.

16. 某厂商生产一批产品投放市场, 已知商品的需求函数为 $Q=\ln 100-\ln p^2$, 且最大需求量为 6. 求:(1) 商品的收益函数和边际收益函数;(2) 收益最大时的产量, 最大收益和价格;(3) 需求价格弹性.

17. 某企业有两个工厂生产两种商品供应市场, 两厂的成本函数分别为 $C_1(x)=2x^2+16x+18$, $C_2(x)=y^2+32y+70$, 商品的需求函数为 $p=120-4Q$, 市场是产销平衡的, 求最优产量、价格及最大利润.

18. 某厂生产两种产品供某地消费, 其需求函数分别是

$$x=20-5p_x+3p_y, \quad y=10+3p_x-2p_y,$$

其中 p_x, p_y 分别是两种产品价格, 工厂的生产成本函数为 $2x^2-2xy+y^2+37.5$, 求利润最大时每种产品的产出水平及最大利润.

19. 某工厂生产甲、乙两种产品, 其利润是两种产品产量 x, y 的函数, 为

$$p(x,y) = -x^2 - 4y^2 + 6x + 6y + 500,$$

如果有原料 12 000(千克)(不要求用完),生产两种产品单位都消耗原料 2 000 千克,求:(1) 使利润最大时的产量 x,y 及最大利润;(2) 如果原料数降低至 9 000 千克,求利润最大时的产量及最大利润.

20. 求下列不定积分:

(1) $\int \dfrac{x+1}{\sqrt{x}} dx$;

(2) $\int \dfrac{x^2+3}{1+x^2} dx$;

(3) $\int \left[(\sqrt{2})^{2x} + (\sqrt[3]{3})^{3x}\right]^2 dx$;

(4) $\int \dfrac{2^{x+1} - 5^{x+1}}{10^x} dx$;

(5) $\int (2x-3)^{999} dx$;

(6) $\int \dfrac{1}{\sqrt{x}(1+x)} dx$;

(7) $\int \dfrac{1}{\sqrt{x-x^2}} dx$;

(8) $\int \dfrac{1}{x\sqrt{x^2-1}} dx$;

(9) $\int \dfrac{x+1}{x(1+xe^x)} dx$;

(10) $\int \dfrac{\ln x + 1}{1+x^x} dx$;

(11) $\int \dfrac{x+1}{x\sqrt{1+x^2 e^{2x}}} dx$;

(12) $\int \dfrac{\arccos^2 \dfrac{1}{x}}{x\sqrt{x^2-1}} dx$;

(13) $\int \dfrac{\sin x \cos x}{1+\cos^4 x} dx$;

(14) $\int \dfrac{\sin x \cos x}{1+\sin^4 x} dx$;

(15) $\int \sec x \, dx$;

(16) $\int \csc^4 x \, dx$;

(17) $\int \dfrac{\sin x \cos x}{\sin^4 x + \cos^4 x} dx$;

(18) $\int \dfrac{\sin x \cos x}{\sin^6 x + \cos^6 x} dx$;

(19) $\int \dfrac{x + \sin x}{1+\cos x} dx$;

(20) $\int \dfrac{x+\cos x}{1-\sin x} dx$;

(21) $\int \dfrac{1}{\sqrt{1+e^x}} dx$;

(22) $\int \dfrac{\sqrt{x}+\sqrt[3]{x}}{x\sqrt{1+\sqrt[3]{x}}} dx$;

(23) $\int \dfrac{1}{\sqrt{x}(1+\sqrt[3]{x})} dx$;

(24) $\int \dfrac{1}{1+\sqrt{x}+\sqrt{x+1}} dx$;

(25) $\int \dfrac{x^2}{\sqrt{a^2-x^2}} dx \, (a>0)$;

(26) $\int \dfrac{1}{x^2\sqrt{a^2+x^2}} dx$;

(27) $\int \dfrac{x^2+1}{x\sqrt{x^4+1}} dx$;

(28) $\int \dfrac{x^2}{\sqrt{x^2+9}} dx$;

(29) $\int x\sqrt{x^2+1} \ln\sqrt{x^2-1}\, dx$;

(30) $\int x(x^2+1)\arctan x \, dx$;

(31) $\int \dfrac{\sin x - \cos x}{\sin x - 2\cos x}\,dx$;

(32) $\int \dfrac{1}{3 + 5\tan x}\,dx$;

(33) $\int \dfrac{x}{\sqrt{x^2-1}}\ln\dfrac{x}{\sqrt{1-x}}\,dx$;

(34) $\int \dfrac{x\ln(x+\sqrt{1+x^2})}{(1-x^2)^2}\,dx$.

21*. 求下列级数的和：

(1) $\displaystyle\sum_{n=1}^{\infty} n^2 x^{n-1}$;

(2) $\displaystyle\sum_{n=1}^{\infty} n(n+2)x^n$;

(3) $\displaystyle\sum_{n=1}^{\infty} \dfrac{x^n}{n}$;

(4) $\displaystyle\sum_{n=1}^{\infty} \dfrac{x^{2n+1}}{n(2n+1)}$;

(5) $\displaystyle\sum_{n=1}^{\infty} \dfrac{1}{n(2n+1)}$;

(6) $\displaystyle\sum_{n=1}^{\infty} \dfrac{n^2}{2^n}$;

(7) $\displaystyle\sum_{n=1}^{\infty} \dfrac{1}{n3^n}$;

(8) $\displaystyle\sum_{n=1}^{\infty} \dfrac{(-1)^n}{n}$.

第 5 章 积 分

【学习概要】 这一章,我们学习微积分的积分部分.从用"割圆术"思想处理几何等累积问题,观察累积问题处理的核心,体会量变质变的辩证思想,并据此引出定积分和重积分的概念,进而讨论它们的性质、存在条件以及计算方法.一些有用的需要知道的积分知识点以例题或习题形式加以讨论或留给读者自己讨论,并用星号 * 标明作为选学内容.应用积分解决实际问题,如求面积和体积等以例题的形式给予介绍.违背正常积分条件的反常积分在本章中也给出了定义和讨论,反常积分的收敛、发散及应用则以例题形式加以讨论.每节都附有练习题,章末附有习题,书末附有这些题的答案或提示.

5.1 累积问题与积分定义

5.1.1 累积问题举例

现实生活中存在许许多多的形式各异的累积问题,如我们在第 1 章所遇到的曲边三角形的面积和顶为曲面的柱体的体积等问题.在第 1 章第一节中,这两个累积问题用"割圆术"得到处理.割圆术的核心方法是"割小以直代曲,累小逼整".为更好体会"割小以直代曲,累小逼整"的思想,也是为正式引入积分的概念,本节再将例 1.1.2 和例 1.1.3,分别以例 5.1.1 和例 5.1.2 的形式进行叙述.

例 5.1.1 求在区间 $[0,1]$ 上函数 $f(x)=x^2$ 的曲线段和直线 $x=0$, $x=1$ 及 $y=0$ 所围的曲边三角形的面积,参看图 1-3.

解 我们仍用"割圆术"的思想求之.先将所求曲边三角形分割成若干小块,为此将区间分成 n 等份,分点为 $x_0=0, x_1=\dfrac{1}{n}, \cdots, x_i=\dfrac{i}{n}, \cdots, x_n=\dfrac{n}{n}$,直线 $x_i=\dfrac{i}{n}$ 将曲边三角形割成了 n 个小曲边梯形,直线与曲线相交点分别记为 $A_{i-1}\left(\dfrac{i-1}{n}, \left(\dfrac{i-1}{n}\right)^2\right)$, $A_i\left(\dfrac{i}{n}, \left(\dfrac{i}{n}\right)^2\right)$,两点的连线 $\overline{A_{i-1}A_i}$ 与线段 $\overline{x_{i-1}A_{i-1}}=\left(\dfrac{i-1}{n}\right)^2$、线段 $\overline{x_iA_i}=\left(\dfrac{i}{n}\right)^2$ 和线段 $\overline{x_{i-1}x_i}$(其长度记为 Δx_i)构成了一个小直角梯形,其面积为

$$\frac{(i-1)^2+i^2}{2n^2}\Delta x_i = \frac{(i-1)^2+i^2}{2n^2 n} = \frac{2i^2-2i+1}{2n^2 n},$$

在"割之弥细"过程中小直角梯形近似小曲边梯形. 于是这些小直角梯形拼成的几何图形便不断地接近曲边三角形. 这实际上是这些小直角梯形的面积和不断地接近曲边三角形的面积,即小直角梯形的面积之和 S_n,

$$S_n = \sum_{i=1}^{n} \frac{2i^2 - 2i + 1}{2n^2 n} = \frac{n(n+1)(2n+1) - 3n(n+1) + 3n}{6n^2 n}.$$

在"割之弥细"的过程中,小曲边梯形的曲边弥直,小直角梯形弥接近小曲边梯形"以直代曲". 这些小曲边梯形块拼成的整块弥接近曲边三角形"累小逼整". 换句话说,当 $n \to \infty$ 时,这些小梯形的面积和的极限便是曲边三角形的面积. 也就是说,曲边三角形的面积 S 是

$$\begin{aligned} S &= \lim_{n \to \infty} \sum_{i=1}^{n} \frac{(i-1)^2 + i^2}{2n^2} \Delta x_i = \lim_{n \to \infty} \sum_{i=1}^{n} \frac{(i-1)^2 + i^2}{2n^2 n} \\ &= \lim_{n \to \infty} \frac{n(n+1)(2n+1) - 3n(n+1) + 3n}{6n^2 n} \\ &= \frac{2}{6} = \frac{1}{3}. \end{aligned}$$

当然,每个小直角梯形的面积也可用中位线的长度 $\frac{(i-1)^2 + i^2}{2n^2}$ 乘高 Δx_i 得到,即有小直角梯形的面积之和

$$S_n = \sum_{i=1}^{n} \frac{1}{n} \frac{(i-1)^2 + i^2}{2n^2} = \frac{n(n+1)(2n+1) - 3n(n+1) + 3n}{6n^2 n}.$$

易知在"割之弥细"的过程中,也就是在 $n \to \infty$ 的过程中,这个面积和的极限是曲边三角形的面积,即为 $\frac{1}{3}$.

借用"盈亏相抵"的想法,也可用区间 $[x_{i-1}, x_i]$ 的中点作平行于纵轴的平行线交曲线于点 $M_i\left(\frac{2i-1}{2n}, \left(\frac{2i-1}{2n}\right)^2\right)$,过此点作平行于横轴的直线交 $x = \frac{i-1}{n}$ 于 C_{i-1},交 $x = \frac{i}{n}$ 于 C_i,这样,也可用矩形 $x_{i-1} x_i C_i C_{i-1}$ 的面积近似小曲边梯形的面积,并求其和也可得到小曲边梯形的近似面积和

$$S_n = \sum_{i=1}^{n} \frac{1}{n} \left(\frac{2i-1}{2n}\right)^2 = \frac{(n+1)(2n+1)}{6n^2} - \frac{n+1}{2n^2} + \frac{1}{4n^2} \to \frac{1}{3}, \text{当 } n \to \infty \text{ 时}.$$

事实上,在盈亏相抵的思想下,对区间 $[x_{i-1}, x_i]$ 上的任意点 ξ_i 的函数值 $(\xi_i)^2$ 作为长、Δx_i 作为宽的小矩形的面积作为小曲边梯形的近似面积也行. 这种近似有多出来的(即盈),也有失去的(即亏). 在"割之弥细"的过程中两者几乎相抵,小矩形的面积近似小曲边梯形的面积,而这些小矩形块拼成的整块的面积便近似曲边三角形的面积,不过这在计算上很麻烦,为方便,选择一些特殊点是有必要的,如前段取小区间的中点所得的结论. 如果你愿意,你也可以用小区间的端点的函数值作为矩形的长近似小曲边梯形,这些矩形的面积和

的极限仍为 $\frac{1}{3}$. 这个 $\frac{1}{3}$ 常称为函数 $f(x)=x^2$ 在区间 $[0,1]$ 上的定积分.

例 5.1.2 求脊背曲面 $z=xy$ 为顶面、矩形 $0 \leqslant x \leqslant 1$，$0 \leqslant y \leqslant 1$ 为底的柱体的体积，参看第 1 章的图 1-4(a)、1-4(b).

解 尽管这一柱体的顶是曲的，不能用柱体的体积公式计算，但仍可用"割圆术"的思想求之. 即用平行于 y 轴的直线 m 等分 $[0,1]$ 和用平行于 x 轴的直线 n 等分 $[0,1]$，这样矩形 $[0,1] \times [0,1]$ 被割成 $n \times m$ 个小矩形 $\left[\frac{i-1}{n}, \frac{i}{n}\right] \times \left[\frac{j-1}{m}, \frac{j}{m}\right]$，同时，也得到 $n \times m$ 个小曲顶柱体，在"割之弥细"过程中，每个小曲顶柱体的曲顶面弥平，近乎平面，小曲顶柱体弥可视为以 $\left[\frac{i-1}{n}, \frac{i}{n}\right] \times \left[\frac{j-1}{m}, \frac{j}{m}\right]$ 为底、以 $\frac{i}{n} \cdot \frac{j}{m}$ 为高的长方体的近似体，即这些小曲顶柱体的体积近似为 $\frac{1}{nm} \cdot \frac{i}{n} \cdot \frac{j}{m}$. 在"割之弥细"的过程中，这些小曲顶柱体拼成的几何体弥近似以脊背曲面为顶的曲顶柱体，即拼成的几何体的体积弥近似以脊背曲面为顶的曲顶柱体的体积. 换句话说，当 $m \to \infty$，$n \to \infty$ 时，这些小曲顶柱体的体积和

$$S_{n,m} = \sum_{j=1}^{m} \sum_{i=1}^{n} \frac{1}{nm} \cdot \frac{i}{n} \cdot \frac{j}{m} = \frac{n(n+1)m(m+1)}{4n^2 m^2}$$

的极限为以脊背曲面为顶的曲顶柱体的体积，即有

$$\lim_{\substack{m \to \infty \\ n \to \infty}} S_{n,m} = \lim_{\substack{m \to \infty \\ n \to \infty}} \sum_{j=1}^{m} \sum_{i=1}^{n} \frac{1}{nm} \cdot \frac{i}{n} \cdot \frac{j}{m} = \lim_{\substack{m \to \infty \\ n \to \infty}} \frac{n(n+1)m(m+1)}{4n^2 m^2} = \frac{1}{4}.$$

就是说，这个以脊背曲面为顶的曲顶柱体的体积为 $\frac{1}{4}$. 类似于例 5.1.1，也可取 $\left[\frac{i-1}{n}, \frac{i}{n}\right] \times \left[\frac{j-1}{m}, \frac{j}{m}\right]$ 中任意点 (ξ_i, ξ_j) 的函数值作为长方体的高，比如取小矩形边的中点 $\frac{2i-1}{2n}$ 和 $\frac{2j-1}{2m}$，此时，我们可计算这些小长方体的体积之和及其极限：

$$\sum_{j=1}^{m} \sum_{i=1}^{n} \frac{1}{nm} \cdot \frac{2i-1}{2n} \cdot \frac{2j-1}{2m} = \lim_{\substack{m \to \infty \\ n \to \infty}} \frac{n^2 m^2}{4n^2 m^2} = \frac{1}{4} \ (n \to \infty, m \to \infty).$$

当然，如果你愿意，你也可用小矩形的顶点的函数值作为小长方体的高计算出这些小长方体的体积和及其极限，极限值仍是 $\frac{1}{4}$. 这个 $\frac{1}{4}$ 常称为函数 $z=xy$ 在 $0 \leqslant x \leqslant 1$，$0 \leqslant y \leqslant 1$ 上的二重积分. 利用盈亏相抵的思想，你也可用任意曲线将矩形等面积地分成 n 个小区域 D_i，这样也将得到 n 个小曲顶柱体，体积记为 V_i，在"割之弥细"的过程中，小曲顶柱体的曲顶弥直，从而小曲顶柱体的体积弥接近平顶柱体的体积，体积记为 $\bar{V}_i$，若用矩形区域的边的中点 $x_i = \frac{1}{2}$，$y_i = \frac{1}{2}$ 的函数值 $z\left(\frac{1}{2}, \frac{1}{2}\right)$ 作为第 i 个平顶柱体的高，则 $\bar{V}_i = A_{D_i} \cdot \frac{1}{4}$. 于是也有

$$\sum_{i=1}^{n} \bar{V}_i = \frac{1}{4} \sum_{i=1}^{n} A_{D_i} = \frac{1}{4} \to \frac{1}{4} (n \to \infty).$$

有趣的是,若用 $z\left(\frac{1}{3}, \frac{1}{3}\right)$ 作为高,则 $\sum_{i=1}^{n} \bar{V}_i = \frac{1}{9} \sum_{i=1}^{n} A_{D_i} = \frac{1}{9}$,这不奇怪,因为这个近似和既依赖于区域的分割也依赖于作为高的 $z(\xi_i, \eta_i)$.

例 5.1.1 和例 5.1.2 求曲边三角形的面积和以曲面为顶的柱体的体积所用的割圆术所展示的"割小以直代曲,累小逼整"的思想正是"一分为二,事物无限可分""量变质变"的辩证思想. 这种将静止的、孤立的事物分解成一系列易把控的微小事物累积过程的结果更是相对静止与绝对变化的辩证关系的体现,也正是辩证法中的静止是相对、变化是绝对的思想. 这种辩证思想将确定的事物"面积或体积"变为某种不确定的事物"累积变化"的过程,看似荒谬,但同时把不易控制的事物变为我们所熟悉的易控制的事物,最终得以控制"难控制的事物". 这种思想我国由来已久,如一些成语"防微杜渐""化整为零"所表达的正是将难控制的大事化成易控制的系列"小事"来达到控制大事的目的. 恩格斯对这种辩证思想评论说:"把某个确定的数,例如把一个二项式化为无穷级数,即化为某种不确定的东西,从常识来说是荒谬的举动,但如果没有无穷级数和二项定理,那我们能走多远呢?"这种辩证思想在自然科学中获得了巨大成就,如早期的简谐运动的叠加,近代物理中夸克粒子的发现. 辩证思想不仅是自然科学中分析和处理问题时的一个基本思想,也是社会科学中认识和处理问题的基本方法. 学习微积分不仅仅是为进一步学习各类分析和解决问题的方法和技术奠定基础,更为重要的是建立起深厚的辩证思想,并能自觉地、有意识地、辩证地去分析和解决问题. 正如恩格斯所说"变数的数学最重要部分是微积分,本质上不外是辩证法在数学方面的运用". 基于此,中华文明的瑰宝中也有微积分的思想. 例 5.1.1 和例 5.1.2 "割圆术"求解的共性"分割、作近似和、取极限",以及早期的欧美数学家对积分的定义也正在于此. 下面我们定义积分学中的两个基本积分(**定积分**和**重积分**).

5.1.2 积分定义

定义 5.1.1(定积分定义) 设 $f(x)$ 是定义在区间 $[a,b]$ 上的函数,如果对区间作任意分割 $P: a = x_0 < x_1 < \cdots < x_{i-1} < x_i < \cdots < x_n = b$,并在区间 $[x_{i-1}, x_i]$ 上任取一点 ξ_i,记 $\Delta x_i = x_i - x_{i-1}$,$|P| = \max_{i}\{\Delta x_i\}$,并称为分割 P 的模,如果 $\lim_{|P| \to 0} \sum_{i=1}^{n} f(\xi_i) \Delta x_i$ 存在,那么称函数 $f(x)$ 在区间 $[a,b]$ 上是可积的(简称**可积**),极限值称为函数 $f(x)$ 在区间 $[a,b]$ 上的**定积分**,记为 $\int_a^b f(x) \mathrm{d}x$,即 $\int_a^b f(x) \mathrm{d}x = \lim_{|P| \to 0} \sum_{i=1}^{n} f(\xi_i) \Delta x_i$.

和不定积分一样,$f(x)$ 也称为被积函数,"$\int$"称为积分号,$f(x)\mathrm{d}x$ 称为被积式,x 称为积分变量,a,b 分别称为积分下限和积分上限,区间也称为积分区间,和 $\sum_{i=1}^{n} f(\xi_i) \Delta x_i$ 称为**黎曼和**. 正是因为积分是黎曼和的极限,所以说函数可积一般是指**黎曼可积**,积分也称**黎曼积分**,而积分号也正是和"Sum"打头字母"S"的拉长. 由此定义和例 5.1.1 易知

$\int_a^b f(x)\mathrm{d}x$ 的几何意义是由曲线 $y=f(x)$，$y=0$，$x=a$，$x=b$ 所围平面图形的面积. 进一步由定积分定义知：

(1) 定积分的值与积分变量无关，即有 $\int_a^b f(x)\mathrm{d}x = \int_a^b f(y)\mathrm{d}y = \int_a^b f(u)\mathrm{d}u = \cdots$. 换句话说，积分变量是一个虚拟变量.

(2) $\int_a^b f(x)\mathrm{d}x = -\int_b^a f(x)\mathrm{d}x$.

定义 5.1.2(二重积分定义) 设二元函数 $f(x,y)$ 是定义在有界闭区域 D 上的函数，如果将 D 作任意分割 P：即分割成 n 个小区域：$D_1, D_2, \cdots, D_i, \cdots, D_n$，并在 D_i 中任取一点 $(\xi_i, \eta_i) \in D_i$，小区域 D_i 的面积记为 ΔA_i，作黎曼和 $\sum_{i=1}^{n} f(\xi_i, \eta_i)\Delta A_i$，用 d_i 表示小区域 D_i 的直径，即任意两点间的距离最大者. 令 $|P| = \max_i \{d_i\}$，如果 $\lim_{|P|\to 0}\sum_{i=1}^{n} f(\xi_i, \eta_i)\Delta A_i$ 存在，那么称函数 $f(x,y)$ 在有界闭区域 D 上可积，极限值称为函数 $f(x,y)$ 在 D 上的二重积分，记为 $\iint_D f(x,y)\mathrm{d}A$ 或 $\iint_D f(x,y)\mathrm{d}x\mathrm{d}y$，即有

$$\iint_D f(x,y)\mathrm{d}A = \lim_{|P|\to 0}\sum_{i=1}^{n} f(\xi_i, \eta_i)\Delta A_i \text{ 或 } \iint_D f(x,y)\mathrm{d}x\mathrm{d}y = \lim_{|P|\to 0}\sum_{i=1}^{n} f(\xi_i, \eta_i)\Delta A_i.$$

定义中相关变量、函数、和式与定积分有类似的称呼. 二重积分的几何意义是以有界区域的边界为准线的柱面为侧面、曲面 $z=f(x,y)\geqslant 0$ 为顶、$z=0$ 为底的曲顶柱体 S 的体积，即 $V_S = \iint_D f(x,y)\mathrm{d}x\mathrm{d}y$. 二重积分的值也与积分变量无关，即积分变量也是虚拟变量.

在下面几节里，我们将介绍定积分、二重积分的有关性质定理与计算举例以及反常积分的概念.

练习 5.1

1. 求 $\int_0^1 x^3 \mathrm{d}x$.

2. 求 $\iint\limits_{\substack{0<x<1 \\ 0<y<1}} (\mathrm{e}^x + 1)y^2 \mathrm{d}x\mathrm{d}y$.

5.2 定积分性质、定理与计算

5.2.1 定积分性质、可积条件及微积分基本定理

性质 5.2.1(积分区间可加性) 如果 $a<c<b$ 且 $f(x)$ 是有界函数，那么 $f(x)$ 在 $[a,b]$ 上可积的充分必要条件是 $f(x)$ 在 $[a,c]$ 上可积和 $f(x)$ 在 $[c,b]$ 上可积，且有

$$\int_a^b f(x)\mathrm{d}x = \int_a^c f(x)\mathrm{d}x + \int_c^b f(x)\mathrm{d}x.$$

性质 5.2.2(积分函数可加性) 如果 $f(x)$, $g(x)$ 都在 $[a,b]$ 上可积,那么 $\alpha f(x) \pm \beta g(x)$ 也在 $[a,b]$ 上可积,且有

$$\int_a^b [\alpha f(x) \pm \beta g(x)]\mathrm{d}x = \alpha \int_a^b f(x)\mathrm{d}x \pm \beta \int_a^b g(x)\mathrm{d}x.$$

性质 5.2.3(积分比较不等式) 如果函数 $f(x)$, $g(x)$ 都在区间 $[a,b]$ 上可积且

$$f(x) \leqslant g(x),$$

那么 $\int_a^b f(x)\mathrm{d}x \leqslant \int_a^b g(x)\mathrm{d}x$.

证明 由于定积分是黎曼和的极限,而由条件知 $f(x)$ 的黎曼和小于等于 $g(x)$ 的黎曼和,再由极限保序性知结论成立.

性质 5.2.4(积分估值不等式) 如果 $m \leqslant f(x) \leqslant M$,那么

$$m(b-a) \leqslant \int_a^b f(x)\mathrm{d}x \leqslant M(b-a).$$

证明 由性质 5.2.3 知性质 5.2.4 显然成立.

性质 5.2.5(积分绝对不等式) 如果函数所论积分都成立,那么

$$\left| \int_a^b f(x)\mathrm{d}x \right| \leqslant \int_a^b |f(x)|\mathrm{d}x.$$

证明 只需注意到 $-|f(x)| \leqslant f(x) \leqslant |f(x)|$, $\forall x \in [a,b]$,用性质 5.2.3 便可证明之.

定理 5.2.1[微积分基本定理 I (牛顿-莱布尼茨公式)] 如果函数 $f(x)$ 在 $[a,b]$ 上可积,且有原函数 $F(x)$,那么 $\int_a^b f(x)\mathrm{d}x = F(b) - F(a)$.

证明 由 $F(x)$ 在 $[a,b]$ 上连续,(a,b) 内可微,且 $F'(x) = f(x)$,于是对区间 $[a,b]$ 作任意分割 $a = x_0 < x_1 < \cdots < x_{i-1} < x_i < \cdots < x_n = b$,那么 $F(x)$ 在 $[x_{i-1}, x_i]$ 上满足拉格朗日条件,于是由中值定理知,至少有一点 $\xi_i \in (x_{i-1}, x_i)$,使得

$$F(x_i) - F(x_{i-1}) = F'(\xi_i)(x_i - x_{i-1}) = f(\xi_i)\Delta x_i.$$

记 $|P| = \max\limits_{1 \leqslant i \leqslant n}\{\Delta x_i\}$. 于是,由 $f(x)$ 可积知 $\lim\limits_{|P| \to 0} \sum\limits_{i=1}^n f(\xi_i)\Delta x_i$ 存在,且有

$$\begin{aligned}\lim_{|P| \to 0} \sum_{i=1}^n f(\xi_i)\Delta x_i &= \lim_{|P| \to 0} \sum_{i=1}^n [F(x_i) - F(x_{i-1})] \\ &= \lim_{|P| \to 0} [F(b) - F(a)] \\ &= F(b) - F(a),\end{aligned}$$

即有 $\int_a^b f(x)\mathrm{d}x = F(b) - F(a)$. 若将 $F(b) - F(a)$ 记为 $F(x)\Big|_a^b$,则牛顿-莱布尼茨公式也

可写成

$$\int_a^b f(x)\mathrm{d}x = F(x)\Big|_a^b = F(b) - F(a).$$

牛顿-莱布尼茨公式是说计算一个定积分只需计算被积函数的原函数在上限与下限处的函数值的差,如例 5.2.1 和例 5.2.2.

例 5.2.1 计算 $\int_0^1 \sqrt{x\sqrt{x\sqrt{x}}}\,\mathrm{d}x$.

解 由 $\sqrt{x\sqrt{x\sqrt{x}}} = x^{\frac{7}{8}}$ 知这个积分的被积函数的原函数为 $\frac{8}{15}x^{\frac{15}{8}}$,故有

$$\int_0^1 \sqrt{x\sqrt{x\sqrt{x}}}\,\mathrm{d}x = \int_0^1 x^{\frac{7}{8}}\mathrm{d}x = \frac{8}{15}x^{\frac{15}{8}}\Big|_0^1 = \frac{8}{15}.$$

例 5.2.2 计算 $\int_0^{\frac{\pi}{2}} \cos x\,\mathrm{d}x$,

解 这个积分的被积函数的原函数为 $\sin x$,则有

$$\int_0^{\frac{\pi}{2}} \cos x\,\mathrm{d}x = \sin x\Big|_0^{\frac{\pi}{2}} = \sin\frac{\pi}{2} - \sin 0 = 1.$$

从计算定积分的牛顿-莱布尼茨公式和例 5.2.1、例 5.2.2 来看,定积分计算与不定积分计算的共同点是需要找出一个被积函数的原函数,两种积分计算的区别是不定积分在原函数后加上一个任意常数 C,而定积分则是在原函数旁添上计算原函数在上限与下限处的函数值的差的符号"$\Big|_a^b$".下面我们给出函数可积的条件、微积分基本定理Ⅱ.

定理 5.2.2 如果函数 $f(x)$ 在 $[a, b]$ 上连续,那么函数 $f(x)$ 在 $[a, b]$ 上可积或说定积分存在.

定理 5.2.3 如果函数 $f(x)$ 在 $[a, b]$ 上单调有界,那么函数 $f(x)$ 在 $[a, b]$ 上可积或说定积分存在.

定理 5.2.4 如果函数 $f(x)$ 在 $[a, b]$ 上可积,那么 $f(x)$ 在 $[a, b]$ 上有界.

定理 5.2.2、定理 5.2.3 是函数可积分的充分条件,而定理 5.2.4 是可积分的必要条件,即函数有界是函数可积分的必要条件,函数在闭区间上连续或单调有界是函数可积的充分条件.这三个定理请予以承认,其证明在此省略,有兴趣的读者可参看数学分析教材.

定理 5.2.5 [微积分基本定理Ⅱ (变上限函数的求导公式)] 如果 $f(x)$ 在 $[a, b]$ 上连续,则对任意的 $x \in [a, b]$,$\int_a^x f(t)\mathrm{d}t$ 是 x 的一个函数,且有 $\mathrm{d}\int_a^x f(t)\mathrm{d}t = f(x)\mathrm{d}x$ 或

$$\frac{\mathrm{d}\int_a^x f(t)\mathrm{d}t}{\mathrm{d}x} = f(x).$$

证明 事实上,在区间上任取一点 x,则 $f(t)$ 在区间 $[a, x]$ 上可积,即 $\int_a^x f(t)\mathrm{d}t$ 存在且定积分值是唯一的,故 $\int_a^x f(t)\mathrm{d}t$ 是区间 $[a, b]$ 上的一个函数,称为变上限函数.又由

$$\left[\int_a^{x+\Delta x} f(t)\mathrm{d}t - \int_a^x f(t)\mathrm{d}t\right] = \int_x^{x+\Delta x} f(t)\mathrm{d}t$$ 和 $f(t)$ 在区间 $[x, x+\Delta x]$ 上连续知存在 $u, v \in [x, x+\Delta x]$ 使得 $f(u)\Delta x \leqslant f(t) \leqslant f(v)\Delta x$,因此有

$$f(u)\Delta x \leqslant \int_a^{x+\Delta x} f(t)\mathrm{d}t - \int_a^x f(t)\mathrm{d}t \leqslant f(v)\Delta x.$$

令 $\Delta x \to 0$,则 $u \to x$,$v \to x$,再注意到 f 是连续的,故有 $f(v) \to f(x)$,$f(u) \to f(x)$,进而 $f(v)\Delta x = f(x)\Delta x + o(1)\Delta x$,$f(u)\Delta x = f(x)\Delta x + o(1)\Delta x$,由此可知

$$\int_a^{x+\Delta x} f(t)\mathrm{d}t - \int_a^x f(t)\mathrm{d}t = f(x)\Delta x + o(\Delta x).$$

故由可微定义知 $\mathrm{d}\int_a^x f(t)\mathrm{d}t = f(x)\mathrm{d}x$,即 $\dfrac{\mathrm{d}\int_a^x f(t)\mathrm{d}t}{\mathrm{d}x} = f(x)$.

这表明变上限函数 $\int_a^x f(t)\mathrm{d}t$ 是 $f(x)$ 的原函数,因为其微分正是 $f(x)\mathrm{d}x$,导数也正是被积函数. 这个定理回答了什么函数有原函数的问题,故此定理也叫**原函数存在定理**. 下面是求变限积分的导数的例子. 用变上限求导公式求导只需注意到此公式中的 a 是可正可负也可为零的常数,x 是函数的自变量,t 是积分变量,求导是对 x 进行求导.

例 5.2.3 求函数 $f(x) = \int_0^x \sin t^2 \mathrm{d}t$ 的导数.

解 $f'(x) = \left(\int_0^x \sin t^2 \mathrm{d}t\right)' = \sin x^2.$

例 5.2.4 $f(x) = \int_x^\pi x \sin t^2 \mathrm{d}t$ 的导数.

解 这是变下限函数,我们可利用定积分上下限交换性质和变上限函数的导数公式进行求导得

$$\begin{aligned}f'(x) &= \left(-\int_\pi^x x \sin t^2 \mathrm{d}t\right)' \\ &= \left(-x\int_\pi^x \sin t^2 \mathrm{d}t\right)' \\ &= -\int_\pi^x \sin t^2 \mathrm{d}t - x \sin x^2.\end{aligned}$$

例 5.2.5 求函数 $f(x) = \int_{\sin x}^{\cos x} \dfrac{1}{1+\ln t} \mathrm{d}t$ 的导数.

解 这个函数是由函数 $\int_1^u \dfrac{1}{1+\ln t}\mathrm{d}t$,$u = \cos x$ 复合的函数与由 $\int_v^1 \dfrac{1}{1+\ln t}\mathrm{d}t$,$v = \sin x$ 复合的函数之和,故有

$$\begin{aligned}f'(x) &= \left(\int_{\sin x}^{\cos x} \dfrac{1}{1+\ln t}\mathrm{d}t\right)' = \left(\int_1^{\cos x} \dfrac{1}{1+\ln t}\mathrm{d}t + \int_{\sin x}^1 \dfrac{1}{1+\ln t}\mathrm{d}t\right)' \\ &= -\dfrac{1}{1+\ln \cos x}\sin x - \dfrac{1}{1+\ln \sin x}\cos x\end{aligned}$$

$$= -\left(\frac{\sin x}{1+\ln \cos x} + \frac{\cos x}{1+\ln \sin x}\right).$$

5.2.2 定积分的换元与分部积分公式

定理 5.2.6(换元公式) 设 F 是 f 的原函数,则

$$\int_a^b f[g(x)]g'(x)\mathrm{d}x = F[g(x)]\Big|_a^b = F[g(b)] - F[g(a)] = \int_{g(a)}^{g(b)} f(u)\mathrm{d}u.$$

因为 $\dfrac{\mathrm{d}}{\mathrm{d}x}F[g(x)] = \dfrac{\mathrm{d}F}{\mathrm{d}g(x)} \cdot \dfrac{\mathrm{d}g(x)}{\mathrm{d}x}$,令 $u = g(x)$,即为上式.

定理 5.2.7(分部积分公式) $\int_a^b v(x)\mathrm{d}u(x) = v(x)u(x)\Big|_a^b - \int_a^b u(x)\mathrm{d}v(x).$

由于 $[u(x)v(x)]' = u'(x)v(x) + u(x)v'(x)$,故知函数 $u'(x)v(x) + u(x)v'(x)$ 有原函数 $u(x)v(x)$,因而可得分部积分公式.

例 5.2.6 $\int_0^1 \dfrac{x^4}{1+x^2}\mathrm{d}x.$

解 $\int_0^1 \dfrac{x^4}{1+x^2}\mathrm{d}x = \int_0^1 \dfrac{x^4+x^2-x^2}{1+x^2}\mathrm{d}x = \int_0^1 x^2 \dfrac{x^2+1-1}{1+x^2}\mathrm{d}x$

$$= \int_0^1 x^2 \mathrm{d}x - \int_0^1 \mathrm{d}x + \int_0^1 \dfrac{\mathrm{d}x}{1+x^2}$$

$$= \dfrac{1}{3}x^3\Big|_0^1 - x\Big|_0^1 + \arctan x\Big|_0^1 = \dfrac{\pi}{4} - \dfrac{2}{3}.$$

例 5.2.7 计算 $\int_0^1 \dfrac{\arcsin\sqrt{x}}{\sqrt{x-x^2}}\mathrm{d}x.$

解 $\int_0^1 \dfrac{\arcsin\sqrt{x}}{\sqrt{x-x^2}}\mathrm{d}x = \int_0^1 \dfrac{\arcsin\sqrt{x}}{\sqrt{1-(\sqrt{x})^2}} \dfrac{1}{\sqrt{x}}\mathrm{d}x$

$$= 2\int_0^1 \dfrac{\arcsin\sqrt{x}}{\sqrt{1-(\sqrt{x})^2}}\mathrm{d}\sqrt{x}$$

$$= 2\int_0^1 \arcsin\sqrt{x}\,\mathrm{d}\arcsin\sqrt{x}$$

$$= \arcsin^2\sqrt{x}\Big|_0^1 = \left(\dfrac{\pi}{2}\right)^2.$$

例 5.2.8 计算 $\int_0^1 \mathrm{e}^{\sqrt{x}}\mathrm{d}x.$

解 令 $x = t^2$,$\mathrm{d}x = 2t\,\mathrm{d}t$,且当 $x = 0$ 时,$t = 0$,当 $x = 1$ 时,$t = 1$,代入定积分,有

$$\int_0^1 \mathrm{e}^{\sqrt{x}}\mathrm{d}x = \int_0^1 \mathrm{e}^t 2t\,\mathrm{d}t = 2t\mathrm{e}^t\Big|_0^1 - 2\int_0^1 \mathrm{e}^t \mathrm{d}t$$

$$= 2\mathrm{e} - 2\mathrm{e}^t\Big|_0^1 = 2.$$

例 5.2.9 计算 $\int_{\frac{1}{e}}^{e} \frac{1}{\sqrt{x}} |\ln x| \, dx$.

解
$$\int_{\frac{1}{e}}^{e} \frac{|\ln x|}{\sqrt{x}} dx = -\int_{\frac{1}{e}}^{1} \frac{1}{\sqrt{x}} \ln x \, dx + \int_{1}^{e} \frac{1}{\sqrt{x}} \ln x \, dx$$
$$= -2\sqrt{x} \ln x \Big|_{\frac{1}{e}}^{1} + \int_{\frac{1}{e}}^{1} \frac{2}{\sqrt{x}} dx + 2\sqrt{x} \ln x \Big|_{1}^{e} - \int_{1}^{e} \frac{2}{\sqrt{x}} dx$$
$$= 4 - \frac{6}{\sqrt{e}} - 2\sqrt{e} + 4$$
$$= 8 - \frac{6 + 2e}{\sqrt{e}}.$$

练习 5.2

1. 计算下列定积分：

(1) $\int_{1}^{3} (3x^2 + x) \, dx$;

(2) $\int_{0}^{1} (ex^2 + e^x) \, dx$;

(3) $\int_{0}^{1} \frac{dx}{1 + x^2}$;

(4) $\int_{1}^{4} \frac{x + 1}{\sqrt{x}} dx$;

(5) $\int_{0}^{\pi} \sin^3 x \, dx$;

(6) $\int_{1}^{e} \frac{\ln x^2 + x}{x} dx$;

(7) $\int_{-\frac{1}{2}}^{\frac{1}{2}} \frac{1}{\sqrt{1 - x^2}} dx$;

(8) $\int_{0}^{2} |1 - x| \, dx$.

2. 计算下列定积分：

(1) $\int_{0}^{1} x e^{-x} \, dx$;

(2) $\int_{0}^{\frac{\pi}{2}} x \cos x \, dx$;

(3) $\int_{\frac{1}{e}}^{e} |\ln x| \, dx$;

(4) $\int_{1}^{e} x^2 \ln x^2 \, dx$;

(5) $\int_{0}^{\frac{\pi}{2}} e^x \sin x \, dx$;

(6) $\int_{0}^{\frac{\pi}{2}} \cos^5 x \sin 2x \, dx$;

(7) $\int_{0}^{1} \frac{1}{e^x + e^{-x}} dx$;

(8) $\int_{0}^{1} (1 - x^2)^n \, dx$;

(9) $\int_{1}^{e} \ln^3 x \, dx$;

(10) $\int_{0}^{\pi} \frac{x \sin x}{1 + \cos^2 x} dx$;

(11) $\int_{0}^{\frac{\pi}{2}} \frac{x \sin 2x^2}{1 + \sin x^2} dx$;

(12) $\int_{0}^{1} x^2 \sqrt{1 - x^2} \, dx$.

3. 计算下列各题：

(1) $\dfrac{d \int_{\sin x}^{\cos x} \cos \pi t^2 \, dt}{dx}$;

(2) $\dfrac{d \int_{x^2}^{x^3} \frac{1}{\sqrt{1 + t^4}} dt}{dx}$;

(3) $\lim\limits_{x\to 0}\dfrac{\int_0^x \sin t^3 \mathrm{d}t}{x^4}$; (4) $\lim\limits_{x\to 0}\dfrac{\int_0^{x^2}\sqrt{1+t^2}\,\mathrm{d}t}{x^2}$.

4. 比较下列各组积分大小：

(1) $\int_0^{\frac{\pi}{2}} \sin^3 x \, \mathrm{d}x$ 与 $\int_0^{\frac{\pi}{2}} \sin^2 x \, \mathrm{d}x$； (2) $\int_0^1 \mathrm{e}^x \, \mathrm{d}x$ 与 $\int_0^1 \mathrm{e}^{x^2} \, \mathrm{d}x$；

(3) $\int_1^2 \sqrt{x} \ln x \, \mathrm{d}x$ 与 $\int_1^2 x \ln x \, \mathrm{d}x$； (4) $\int_1^{\mathrm{e}} \ln x \, \mathrm{d}x$ 与 $\int_1^{\mathrm{e}} \ln^2 x \, \mathrm{d}x$.

5. 证明：如果 $f(x),g(x)$ 在区间 $[a,b]$ 上连续，且 $g(x)\neq 0$，则至少在 (a,b) 内有一点 $\xi\in(a,b)$ 使得 $\int_a^b f(x)g(x)\mathrm{d}x = f(\xi)\int_a^b g(x)\mathrm{d}x$；当 $g(x)\equiv 1$ 时，结论为 $\int_a^b f(x)\mathrm{d}x = f(\xi)(b-a)$，并称此式为**积分中值定理**。积分中值定理也可写成 $\dfrac{1}{b-a}\int_a^b f(x)\mathrm{d}x = f(\xi)$，而这一式子称为函数 $f(x)$ 在 $[a,b]$ 上的**平均值公式**。

6. 证明等式

$$2\int_0^1 x^3 f(x^2)\mathrm{d}x = \int_0^1 x f(x)\mathrm{d}x.$$

7. 证明若 $f(x)$ 是偶函数，则 $\int_{-a}^a f(x)\mathrm{d}x = 2\int_0^a f(x)\mathrm{d}x$；若 $f(x)$ 为奇函数，则 $\int_{-a}^a f(x)\mathrm{d}x = 0$.

8. 证明如果 $f(x),g(x)$ 在 $[a,b]$ 上连续，且 $g(x)\neq 0$，那么至少有点 $\xi\in(a,b)$ 使得 $f(\xi)\int_a^b g(x)\mathrm{d}x = g(\xi)\int_a^b f(x)\mathrm{d}x$.

5.3 重积分性质、定理与计算

5.3.1 重积分性质与可积条件

性质 5.3.1 $\iint\limits_{D} \mathrm{d}A = A_D$，其中 A_D 是区域的面积.

性质 5.3.2(积分区域可加性) 如果函数 $f(x,y)$ 在有界闭区域 D_1,D_2 上可积，那么函数 $f(x,y)$ 在 $D=D_1\bigcup D_2$ 上可积，且有

$$\iint\limits_{D} f(x,y)\mathrm{d}A = \iint\limits_{D_1} f(x,y)\mathrm{d}A + \iint\limits_{D_2} f(x,y)\mathrm{d}A.$$

性质 5.3.3(积分函数可加性) 设函数 $f(x,y),g(x,y)$ 都在有界闭区域 D 上可积，那么

$$\iint\limits_{D}[\alpha f(x,y)\pm\beta g(x,y)]\mathrm{d}A = \alpha\iint\limits_{D}f(x,y)\mathrm{d}A \pm \beta\iint\limits_{D}g(x,y)\mathrm{d}A.$$

性质 5.3.4(积分比较不等式) 设函数 $f(x,y)$,$g(x,y)$ 都在有界闭区域 D 上可积,且 $f(x,y) \leqslant g(x,y)$,那么 $\iint\limits_{D}f(x,y)\mathrm{d}A \leqslant \iint\limits_{D}g(x,y)\mathrm{d}A$.

性质 5.3.5(积分估值不等式) 如果在有界闭区域 D 上可积的函数满足 $m \leqslant f(x,y) \leqslant M$,那么

$$mA_D \leqslant \iint\limits_{D}f(x,y)\mathrm{d}A \leqslant MA_D.$$

性质 5.3.6(积分绝对不等式) 如果所论积分都成立,那么

$$\left|\iint\limits_{D}f(x,y)\mathrm{d}A\right| \leqslant \iint\limits_{D}|f(x,y)|\mathrm{d}A.$$

性质 5.3.7(积分中值定理) 如果在有界闭区域 D 上可积的函数还是连续的,那么至少有一点 $(\xi,\eta) \in D$,使得 $\iint\limits_{D}f(x,y)\mathrm{d}A = f(\xi,\eta)A_D$.

以上性质除性质 5.3.6 外都可从定义或几何意义加以理解,故而不给出证明. 而性质 5.3.6 的证明留作练习. 类似于单变量函数的可积条件,我们不加证明地给出二元函数的可积条件定理 5.3.1 和定理 5.3.2. 重积分的计算也可借用定积分来计算,计算公式为定理 5.3.3 和定理 5.3.4.

定理 5.3.1(重积分存在的必要条件) 如果函数 $f(x,y)$ 在有界闭区域 D 上可积,那么函数在这个区域上是有界的.

定理 5.3.2(重积分存在的充分条件) 如果函数 $f(x,y)$ 在有界闭区域 D 上连续,则函数 $f(x,y)$ 在有界闭区域 D 上可积.

5.3.2 重积分计算的富比尼与极坐标变换公式及举例

定理 5.3.3(X 型区域 D_x 上的富比尼公式) 如果二元函数 $f(x,y)$ 在有界闭区域 $D_x = \{(x,y) \mid g_1(x) \leqslant y \leqslant g_2(x), a \leqslant x \leqslant b\}$ 上可积,那么这个二元函数在该区域 D_x 上的二重积分的计算式为

$$\iint\limits_{D_x}f(x,y)\mathrm{d}\sigma = \int_a^b \mathrm{d}x \int_{g_1(x)}^{g_2(x)} f(x,y)\mathrm{d}y.$$

其中,有界闭区域 D_x 称为 X 型区域,计算式称为富比尼公式,式中右边是先对 y 从 $g_1(x)$ 积到 $g_2(x)$,对 y 积分时视 x 为常数,然后对所得的关于 x 的结果再对 x 从 a 积到 b. 这一过程累次计算了两个定积分,故右边的积分又称为先 y 后 x 的累次积分,即

$$\int_a^b \mathrm{d}x \int_{g_1(x)}^{g_2(x)} f(x,y)\mathrm{d}y = \int_a^b \left(\int_{g_1(x)}^{g_2(x)} f(x,y)\mathrm{d}y\right) \mathrm{d}x.$$

定理 5.3.4(Y 型区域 D_y 上的富比尼公式) 如果二元函数 $f(x,y)$ 在有界闭区域

$D_y = \{(x,y) \mid h_1(y) \leqslant x \leqslant h_2(y), c \leqslant y \leqslant d\}$ 上可积,那么这个二元函数在该区域 D_y 上的二重积分的计算式为

$$\iint_{D_y} f(x,y) \mathrm{d}\sigma = \int_c^d \mathrm{d}y \int_{h_1(y)}^{h_2(y)} f(x,y) \mathrm{d}x.$$

其中,有界闭区域 D_y 称为 Y 型区域,计算式称为富比尼公式,式中右边是先对 x 从 $h_1(y)$ 积到 $h_2(y)$,积分时视 y 为常数,然后对所得的关于 y 的结果对 y 从 c 积到 d. 这一计算过程累次计算了两个定积分,故右边的积分又称为先 x 后 y 的累次积分,即

$$\int_c^d \mathrm{d}y \int_{h_1(y)}^{h_2(y)} f(x,y) \mathrm{d}x = \int_c^d \left(\int_{h_1(y)}^{h_2(y)} f(x,y) \mathrm{d}x \right) \mathrm{d}y.$$

下面不妨仅对定理 5.3.3 的成立给出评述. 事实上,设被积函数 $z = f(x,y) \geqslant 0$,先对区间 $[a,b]$ 作任意分割 P:

$$a = x_0 < x_1 < \cdots < x_{i-1} < x_i < \cdots < x_{n-1} < x_n = b,$$

则平面 $x = x_{i-1}, x = x_i$ 从以 $z = f(x,y)$ 为顶的几何体中割出 n 个侧面为 $z = f(x,y)$,$z = 0$,上底为 $x = x_i$,下底为 $x = x_{i-1}$ 的平顶平底的小柱体 V_i,体积也记为 V_i. 再在区间 $[x_{i-1}, x_i]$ 上任意固定一点 ξ_i,此时平面 $x = \xi_i$ 从小柱体 V_i 中割出一个截面 $A(\xi_i): 0 \leqslant z \leqslant f(\xi_i, y)$,$g_1(\xi_i) \leqslant y \leqslant g_2(\xi_i)$,其面积仍记为 $A(\xi_i)$. 由定积分的几何意义知,$A(\xi_i) = \int_{g_1(\xi_i)}^{g_2(\xi_i)} f(\xi_i, y) \mathrm{d}y$. 这样,小柱体的体积近似为 $A(\xi_i) \Delta x_i$,显然 $\sum_{i=1}^n A(\xi_i) \Delta x_i = \sum_{i=1}^n \int_{g_1(\xi_i)}^{g_2(\xi_i)} f(\xi_i, y) \mathrm{d}y$ 近似于以 $z = f(x,y)$ 为曲顶的柱体体积. 为提高近似精度,割之又割,使之弥细,在此过程中,这些小柱体拼成的几何体接近曲顶柱体,即 $\sum_{i=1}^n A(\xi_i) \Delta x_i$ 在 $|P| \to 0$ 时的极限为曲顶柱体的体积,而由定义 5.1.1 知这个极限便是 $\int_a^b A(x) \mathrm{d}x$,其中 $A(x) = \int_{g(x)}^{f(x)} f(x,y) \mathrm{d}y$. 就是说,以 $z = f(x,y)$ 为顶的柱体的体积为 $\int_a^b A(x) \mathrm{d}x$. 再由重积分的几何意义,便有下式

$$\iint_{D_x} f(x,y) \mathrm{d}x \mathrm{d}y = V = \int_a^b \left(\int_{g_1(x)}^{g_2(x)} f(x,y) \mathrm{d}y \right) \mathrm{d}x = \int_a^b \mathrm{d}x \int_{g_1(x)}^{g_2(x)} f(x,y) \mathrm{d}y.$$

这便是二元函数在 X 型区域 D_x 上的富比尼公式.

定理 5.3.5(换元公式) 如果令 $x = \varphi(u,v), y = \psi(u,v), (u,v) \in D_{uv}$,则

$$\iint_D f(x,y) \mathrm{d}\sigma = \iint_{D_{uv}} f[\varphi(u,v), \psi(u,v)] |\varphi'_u \psi'_v - \varphi'_v \psi'_u| \mathrm{d}u \mathrm{d}v,$$

其中,D_{uv} 是 uv 平面上 u,v 的变化区域. 特别地,在极坐标 $x = r\cos\theta, y = r\sin\theta, (r,\theta) \in D_{r\theta}$ 下,此时的换元公式也称为极坐标换元公式,即

$$\iint_D f(x,y)\mathrm{d}\sigma = \iint_{D_{r\theta}} f(r\cos\theta, r\sin\theta) r\mathrm{d}r\mathrm{d}\theta.$$

类似地,我们可讨论三元函数或以上的多元函数的**重积分富比尼公式**和**换元公式**,这里不再讨论它们.定理 5.3.5 的证明因篇幅和要求所限,我们略去证明.有兴趣的读者可进一步看相关的书籍.下面我们举一些例子看看如何运用定理 5.3.3、定理 5.3.4 和定理 5.3.5 计算二重积分.

例 5.3.1 计算二重积分 $\iint\limits_{\substack{1\leqslant x\leqslant 2\\ 0\leqslant y\leqslant \pi}} y\sin xy\,\mathrm{d}\sigma$.

解
$$\iint\limits_{\substack{1\leqslant x\leqslant 2\\ 0\leqslant y\leqslant \pi}} y\sin xy\,\mathrm{d}\sigma = \int_0^\pi \mathrm{d}y\int_1^2 y\sin xy\,\mathrm{d}x = -\int_0^\pi \cos xy\Big|_1^2 \mathrm{d}y$$
$$= \int_0^\pi (\cos y - \cos 2y)\mathrm{d}y$$
$$= \sin y\Big|_0^\pi - \frac{1}{2}\sin 2y\Big|_0^\pi = 0.$$

例 5.3.2 计算二重积分 $\iint_D e^{-y^2}\mathrm{d}x\mathrm{d}y$,其中,$D = \{(x,y)\mid x\leqslant y\leqslant 1, 0\leqslant x\leqslant 1\}$.

解 注意到被积函数的特殊性,选择先对 y 积分显然是不合适的,因为被积函数没有初等函数形式的原函数,故试试先对 x 积分这一次序,此时则有

$$\iint_D e^{-y^2}\mathrm{d}x\mathrm{d}y = \int_0^1 \mathrm{d}y\int_0^y e^{-y^2}\mathrm{d}x = \int_0^1 e^{-y^2} y\,\mathrm{d}y = -\frac{1}{2}e^{-y^2}\Big|_0^1 = \frac{1}{2}(1-e^{-1}).$$

例 5.3.3 计算二次积分 $\int_{\frac{\pi}{4}}^{\frac{\pi}{3}} \mathrm{d}y\int_y^{\frac{\pi}{3}} \frac{\tan x}{x-\frac{\pi}{4}}\mathrm{d}x$.

解 由于对 x 积分被积函数的原函数没有初等函数表达式,故如上题那样换一种积分次序,即先 y 后 x 的次序,计算如下:

$$\int_{\frac{\pi}{4}}^{\frac{\pi}{3}} \mathrm{d}y\int_y^{\frac{\pi}{3}} \frac{\tan x}{x-\frac{\pi}{4}}\mathrm{d}x = \iint\limits_{\substack{y\leqslant x\leqslant \frac{\pi}{3}\\ \frac{\pi}{4}\leqslant y\leqslant \frac{\pi}{3}}} \frac{\tan x}{x-\frac{\pi}{4}}\mathrm{d}x\mathrm{d}y = \int_{\frac{\pi}{4}}^{\frac{\pi}{3}} \mathrm{d}x\int_{\frac{\pi}{4}}^x \frac{\tan x}{x-\frac{\pi}{4}}\mathrm{d}y$$
$$= \int_{\frac{\pi}{4}}^{\frac{\pi}{3}} \tan x\,\mathrm{d}x = -\ln|\cos x|\Big|_{\frac{\pi}{4}}^{\frac{\pi}{3}} = \frac{1}{2}\ln 2.$$

例 5.3.4 计算 $\iint_D \sqrt{1-\frac{x^2}{a^2}-\frac{y^2}{b^2}}\,\mathrm{d}x\mathrm{d}y$,$D = \left\{(x,y)\mid \frac{x^2}{a^2}+\frac{y^2}{b^2}\leqslant 1, x\geqslant 0, y\geqslant 0\right\}$.

解 由定积分的三角变换,容易想到作广义极坐标变换 $x=ar\cos\theta$,$y=br\sin\theta$ $\left(0\leqslant\theta\leqslant\frac{\pi}{2}, 0\leqslant r\leqslant 1\right)$,则有

$$\iint\limits_{D} \sqrt{1-\frac{x^2}{a^2}-\frac{y^2}{b^2}}\,dx\,dy = \int_0^{\frac{\pi}{2}} d\theta \int_0^1 \sqrt{1-r^2}\,rab\,dr = \frac{ab\pi}{6}.$$

例 5.3.5 计算 $\iint\limits_{D} e^{\frac{x}{x+y}}\,dx\,dy$，其中，$D=\{(x,y)\mid 0\leqslant y\leqslant 1-x,\ 0\leqslant x\leqslant 1\}$.

解 令 $u=x$，$v=x+y$，$|x'_u y'_v - x'_v y'_u|=1$，则有 $D_{uv}=\{u\leqslant v\leqslant 1,\ 0\leqslant u\leqslant 1\}$.

$$\iint\limits_{D} e^{\frac{x}{x+y}}\,dx\,dy = \iint\limits_{D_{uv}} e^{\frac{u}{v}}\,du\,dv = \int_0^1 dv \int_0^v e^{\frac{u}{v}}\,du$$
$$= \int_0^1 v(e-1)\,dv = \frac{1}{2}(e-1).$$

练习 5.3

1. 计算下列二重积分：

(1) $\iint\limits_{D} y^2\,dx\,dy,\ D=\{(x,y)\mid -1\leqslant y\leqslant 1,\ -y-2\leqslant x\leqslant y\}$;

(2) $\iint\limits_{D} \dfrac{y}{x^5+1}\,dx\,dy,\ D=\{(x,y)\mid 0\leqslant x\leqslant 1,\ 0\leqslant y\leqslant x^2\}$;

(3) $\iint\limits_{D} \dfrac{\sin x}{x}\,dx\,dy,\ D=\{(x,y)\mid 0\leqslant x\leqslant 1,\ 0\leqslant y\leqslant x\}$;

(4) $\iint\limits_{D} \sin y^2\,dx\,dy,\ D=\{(x,y)\mid 0\leqslant x\leqslant 1,\ x\leqslant y\leqslant 1\}$;

(5) $\iint\limits_{D} xy\,dx\,dy,\ D=\{(x,y)\mid -1\leqslant y\leqslant 2,\ y^2\leqslant x\leqslant y+2\}$;

(6) $\iint\limits_{D} \dfrac{y e^{x^2}}{x^5}\,dx\,dy,\ D=\{(x,y)\mid 0\leqslant x\leqslant 1,\ 0\leqslant y\leqslant x^3\}$.

2. 计算下列累次积分：

(1) $\int_0^1 dx \int_0^x \cos x^2\,dy$; (2) $\int_0^1 dx \int_0^{\sqrt{x}} e^{-\frac{y^2}{2}}\,dy$;

(3) $\int_1^2 dx \int_{\sqrt{x}}^x \sin\dfrac{\pi x}{2y}\,dy + \int_2^4 dx \int_{\sqrt{x}}^2 \sin\dfrac{\pi x}{2y}\,dy$; (4) $\int_0^1 dx \int_x^1 e^{\frac{x}{y}}\,dy$;

(5) $\int_0^1 dx \int_{\sqrt{x}}^1 \dfrac{x e^{y^2}}{y^3}\,dy$; (6) $\int_0^8 dy \int_{\sqrt[3]{y}}^2 e^{x^2}\,dx$.

3. 计算下列二重积分：

(1) $\iint\limits_{D} \ln(1+x^2+y^2)\,dx\,dy,\ D=\{(x,y)\mid x^2+y^2\leqslant 1,\ x>0\}$;

(2) $\iint\limits_{D} e^{-x^2-y^2}\,dx\,dy,\ D=\{(x,y)\mid x^2+y^2\leqslant 1\}$;

(3) $\iint\limits_{D} \sqrt{\dfrac{1-x^2-y^2}{1+x^2+y^2}} \mathrm{d}x\mathrm{d}y$, $D=\{(x,y)\mid x^2+y^2\leqslant 1, x\geqslant 0, y\geqslant 0\}$；

(4) $\iint\limits_{D} \sqrt{1-\dfrac{x^2}{a^2}-\dfrac{y^2}{b^2}} \mathrm{d}x\mathrm{d}y$, $D=\left\{(x,y)\mid \dfrac{x^2}{a^2}+\dfrac{y^2}{b^2}\leqslant 1\right\}$；

(5) $\iint\limits_{D} \dfrac{x-2y}{3x-y} \mathrm{d}x\mathrm{d}y$, $D=\{(x,y)\mid 0\leqslant x-2y\leqslant 4, 0\leqslant 3x-y\leqslant 1\}$；

(6) $\iint\limits_{D} \cos\dfrac{y-x}{y+x} \mathrm{d}x\mathrm{d}y$, $D=\{(x,y)\mid y+1\leqslant x<2-2y\leqslant 4, 0\leqslant y\leqslant 1\}$.

4. 证明：如果 $f(x,y)$ 在有界闭区域 D 上连续，则至少存在一点 $(\xi,\eta)\in D$，使得

$$\iint\limits_{D} f(x,y)\mathrm{d}A = f(\xi,\eta)A_D.$$

其中，A_D 为区域的面积，这是二重积分的中值定理，而 $\dfrac{1}{A_D}\iint\limits_{D} f(x,y)\mathrm{d}A = f(\xi,\eta)$ 则称为函数 $f(x,y)$ 在区域上的平均值公式.

5. 证明性质 4.

6. 设 $f(x,y), g(x,y)$ 都在有界闭区域 D 上可积，那么成立

$$\iint\limits_{D} f(x,y)g(x,y)\mathrm{d}A \leqslant \sqrt{\iint\limits_{D} [f(x,y)]^2 \mathrm{d}A \cdot \iint\limits_{D} [g(x,y)]^2 \mathrm{d}A}.$$

7. 设 $f(x,y), g(x,y)$ 都在有界闭区域 D 上连续，$g(x,y)>0$，则至少存在一点 $(\xi,\eta)\in D$ 使得 $\iint\limits_{D} f(x,y)g(x,y)\mathrm{d}A = f(\xi,\eta)\iint\limits_{D} g(x,y)\mathrm{d}A$.

5.4 积分应用举例

由于积分是一个累积过程，因此我们可利用积分解决许多累积问题，诸如面积和体积等都是累积问题. 这两个问题的求解依据是积分的几何意义以及定理 5.3.3 的评述中的思想找截面面积 $A(x)$. 下面我们举一些求面积、体积等问题的例子予以说明，同时也给几个积分在经济方面的应用.

例 5.4.1 求由曲线 $x^2=2y$ 及 $y=x+\dfrac{3}{2}$ 所围区域的面积（图 5-1）.

解 两曲线的函数表达式联立，可求得两曲线交点 $\left(-1,\dfrac{1}{2}\right)$ 和 $\left(3,\dfrac{9}{2}\right)$，由二重积分的几何意义知所求面积为 $S=\iint\limits_{D} \mathrm{d}A = A_D$，即

$$S=\iint\limits_{D} \mathrm{d}A = \int_{-1}^{3} \mathrm{d}x \int_{\frac{x^2}{2}}^{x+\frac{3}{2}} \mathrm{d}y = \int_{-1}^{3} \left(x+\dfrac{3}{2}-\dfrac{1}{2}x^2\right)\mathrm{d}x = \dfrac{16}{3}.$$

此外,利用定积分的几何意义也可求这个区域的面积,计算如下:

$$S = \int_{-1}^{3} \left(x + \frac{3}{2} - \frac{1}{2}x^2\right) dx = \frac{16}{3}.$$

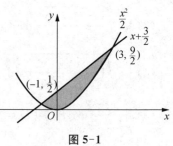

图 5-1

但用定积分计算选择对 y 积分则要麻烦多了,请看下列计算:

$$S = \int_0^{\frac{1}{2}} 2\sqrt{2y}\, dy + \int_{\frac{1}{2}}^{\frac{9}{2}} \left(\sqrt{2y} - y + \frac{3}{2}\right) dy$$

$$= 2\sqrt{2}\, \frac{2}{3} y^{\frac{3}{2}} \Big|_0^{\frac{1}{2}} + \left(\sqrt{2}\, \frac{2}{3} y^{\frac{3}{2}} - \frac{1}{2} y^2 + \frac{3}{2} y\right) \Big|_{\frac{1}{2}}^{\frac{9}{2}} = \frac{28}{3} - 4 = \frac{16}{3}.$$

例 5.4.2 求由 $y = x^2$, $y = x$ 所围平面图形(图 5-2)的面积,并求其绕 x 轴旋转一周所成的几何体(图 5-3)的体积.

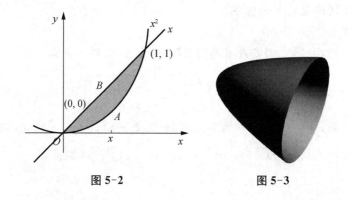

图 5-2　　　　　图 5-3

解 首先可求得两曲线的交点为 $(0,0)$ 和 $(1,1)$,从而所求区域的面积

$$S = \int_0^1 (x - x^2) dx = \frac{1}{2} - \frac{1}{3} = \frac{1}{6}.$$

再仿累次积分公式的评述,只要找出几何体的截面面积便可求出体积. 为此,在区间 $[0,1]$ 上任取一点 x,可得一条截线与 $y = x$ 和 $y = x^2$ 相交于 $B(x, x)$ 和 $A(x, x^2)$ 得到截线段 $\overline{AB}$,$\overline{AB}$ 的长度为 $x - x^2$. 绕 x 轴旋转一周所成的圆环面积,即旋转体的截面面积为 $A(x) = \pi x^2 - \pi x^4$,于是,这个几何体的体积为

$$V = \int_0^1 A(x) dx = \int_0^1 (\pi x^2 - \pi x^4) dx = \frac{\pi}{3} - \frac{\pi}{5} = \frac{2\pi}{15}.$$

例 5.4.3 已知厂商生产某种产品 x 单位时,总成本的变化率为 $0.4x - 12$(元/单位),固定成本为 280 元,又此种产品的需求函数为 $p = 20 - 0.2x$. (1) 求最优产量时的利润;(2) 求产量从最优产量增加 10 个单位所增加的利润.

解 (1) 求得边际利润函数为 $g'(x) = 20 - 0.4x - 0.4x + 12 = 32 - 0.8x$,令其为零,

可得最优产量 $x=40$ 且利润为 $g(40)=40$ 元.

(2) 所增加的利润为

$$\int_{40}^{50} g'(x)\mathrm{d}x = (g(x)+C)\Big|_{40}^{50} = 20x - 0.2x^2 - 0.2x^2 + 12x\Big|_{40}^{50} = -40 \text{ 元}.$$

例 5.4.4 设某商品的需求函数 $D(q)=22-3q$,供给函数 $S(q)=2q+7$,求消费者剩余和生产者剩余. (**消费者剩余**是消费者愿意以高于均衡价格 p_e 的价格 p 购买此商品,结果实际只用了价格 p_e 购得此商品,则 $p-p_e$ 为此消费者消费此商品一个单位所省下来的钱,从而消费数量 q_e 所省的钱总额正是位于需求曲线下方、直线 $p_e E$ 的上方的曲边三角形的面积,记为 CS.)而厂商愿意用低于均衡价格 p_e 的价格 p 出售此商品,结果以价格 p_e 成交了,则 $p_e - p$ 为生产者出售此商品一单位所获得的额外收入,从而厂商销售数量 q_e 所获得的额外收入的总额称为**生产者剩余**,记为 PS. 它是位于供给曲线的上方、直线 $p_e E$ 的下方的曲边三角形的面积. 可由 $D(q)=S(q)$ 求得均衡价格 $p_e=13$ 和均衡产量 $q_e=3$,由此知消费者剩余

$$CS = \int_0^{q_e} D(q)\mathrm{d}q - p_e q_e = \int_0^{q_e}(22-3q)\mathrm{d}q - 13\times 3 = \frac{27}{2},$$

生产者剩余

$$PS = 13\times 3 - \int_0^{q_e} S(q)\mathrm{d}q = 39 - \int_0^{q_e}(2q+7)\mathrm{d}q = 9.$$

练习 5.4

1. 求由下列各组曲线所围成的平面图形的面积:
   (1) $y=\ln x$, $x=0$, $y=\ln a$, $y=\ln b(b>a>0)$;
   (2) $y=x^3$, $y=2x$;
   (3) $y=\sin x$, $y=\cos x$, $x=0$, $x=\pi$;
   (4) $y=e^x$, $y=e^{-x}$, $x=1$.

2. 求由下列各组曲线所围成的平面图形绕指定旋转轴形成的旋转体的体积:
   (1) $y=x^2$, $x=1$, $y=0$, 绕 x 轴;
   (2) $y=x^2$, $x=y^2$, 绕 y 轴;
   (3) $x^2+(y-5)^2=16$, 绕 x 轴;
   (4) $y=x^3$, $x=2$, $y=0$, 绕 x 轴和绕 y 轴.

3. 求由平面 $z=x+y$, $z=6$, $x=0$, $y=0$, $z=0$ 所围几何体的体积.

4. 求椭球面 $\frac{x^2}{a^2}+\frac{y^2}{b^2}+\frac{z^2}{c^2}=1$ 所围的体积.

5. 某公司经营某项目的收益率为 $R'(t)=9-\sqrt[3]{t}$(百万元/年),成本率为 $C'(t)=1+3\sqrt[3]{t}$(百万元/年),且固定成本为 4(百万元/年),求此公司最佳经营时间,以及在经营终止时获得的总利润.

6. 某厂商生产某产品 x 百台时的边际成本为 $4+\dfrac{x}{4}$，而边际收益为 $8-x$，求：(1) 产量从 1 百台增加到 5 百台时的总成本与总收益；(2) 利润最大时的产量；(3) 如果固定成本为 1 万元，求最大利润。

5.5 反常积分

前面讨论的积分有两个特点：一是积分区间或积分区域是有界闭区间或有界闭区域；二是被积函数是有界的。本节我们先讨论第一种情况，即积分区间或区域不是有界闭区间或有界闭区域的积分，即无穷区间或区域上的积分。再讨论因无穷间断点所致的无界函数在有界闭区间或有界闭区域上的积分。前者称为无穷积分，后者称为无穷间断点积分，无穷间断点也称为瑕点，故而无穷间断点积分也称为瑕积分。

5.5.1 无穷积分

反常积分也是因客观实践需要所产生的。在几何面积的测度中，我们有时需要测度某些定义在无穷区间 $[a,+\infty)$ 上的函数 $f(x)$ 的曲线 $y=f(x)$ 和一些直线如 $x=a, y=b$ 构成的无界平面区域的面积，如函数 $f(x)=\dfrac{1}{x^2}$ 在区间 $[1,+\infty)$ 上的曲线与直线 $x=1, y=0$ 所构成的无界区域的面积。为此，我们仍采用化无穷为有限的"割圆术"的辩证思想来实现它，即我们将区间 $[1,+\infty)$ 用足够大的数 $b>1$ 割出一个有限区间 $[1,b]$，同时将无界区域也割出一个有界区域：$y=\dfrac{1}{x^2}, x=1, y=0, x=b$，而这个有界区域的面积 $\int_1^b \dfrac{1}{x^2}\mathrm{d}x$ 随 b 的增加无限接近 1，割掉的区域面积则越来越小接近零，为此我们可让 b 无限增大时，$\int_1^b \dfrac{1}{x^2}\mathrm{d}x$ 不断接近的值为所求的面积，即所求面积为 b 无限增大这一过程中 $\int_1^b \dfrac{1}{x^2}\mathrm{d}x$ 的极限值。为此我们一般地给出下列定义。

定义 5.5.1 设 $f(x)$ 是定义在 $[a,+\infty)$ 上的函数，如果对任意的 $b \in [a,+\infty)$，函数 $f(x)$ 在 $[a,b]$ 上可积，且 $\lim\limits_{b \to +\infty}\int_a^b f(x)\mathrm{d}x$ 存在，那么我们称函数在 $[a,+\infty)$ 是可积的或说无穷积分 $\int_a^{+\infty}f(x)\mathrm{d}x$ 是收敛的，极限值 $\lim\limits_{b \to +\infty}\int_a^b f(x)\mathrm{d}x$ 称为无穷积分 $\int_a^{+\infty}f(x)\mathrm{d}x$ 的值，即有 $\int_a^{+\infty}f(x)\mathrm{d}x = \lim\limits_{b \to +\infty}\int_a^b f(x)\mathrm{d}x$。否则，我们称无穷积分 $\int_a^{+\infty}f(x)\mathrm{d}x$ 是发散的，发散的无穷积分是没有值的。

例 5.5.1 证明无穷积分 $\int_a^{+\infty}\dfrac{\mathrm{d}x}{x^p}(a>0)$ 当 $p \leqslant 1$ 时发散，而当 $p>1$ 时收敛，且收敛

值为 $\dfrac{a^{1-p}}{p-1}$.

证明 当 $p<1$ 时，因 $1-p>0$，故有 $\displaystyle\int_a^{+\infty}\dfrac{\mathrm{d}x}{x^p}=\lim_{b\to+\infty}\int_a^b\dfrac{\mathrm{d}x}{x^p}=\lim_{b\to+\infty}\dfrac{b^{1-p}-a^{1-p}}{1-p}=+\infty$，从而无穷积分是发散的，

当 $p=1$ 时，$\displaystyle\int_a^{+\infty}\dfrac{\mathrm{d}x}{x^p}=\lim_{b\to+\infty}\int_a^b\dfrac{\mathrm{d}x}{x^p}=\lim_{b\to+\infty}(\ln b-\ln a)=+\infty$，从而无穷积分也是发散的.

当 $p>1$ 时，因 $1-p<0$，

$$\int_a^{+\infty}\dfrac{\mathrm{d}x}{x^p}=\lim_{b\to+\infty}\int_a^b\dfrac{\mathrm{d}x}{x^p}=\lim_{b\to+\infty}\dfrac{b^{1-p}-a^{1-p}}{1-p}=\dfrac{\lim\limits_{b\to+\infty}b^{1-p}-a^{1-p}}{1-p}=-\dfrac{a^{1-p}}{1-p},$$

故无穷积分收敛，且其值为 $\dfrac{a^{1-p}}{p-1}$.

综上所述，无穷积分 $\displaystyle\int_a^{+\infty}\dfrac{\mathrm{d}x}{x^p}(a>0)$ 当 $p\leqslant 1$ 时发散，而当 $p>1$ 时收敛，且收敛值为 $\dfrac{a^{1-p}}{p-1}$.

例 5.5.2 计算 $\displaystyle\int_0^{+\infty}x^2\mathrm{e}^{-x^3}\mathrm{d}x$.

解 由定义 5.5.1 知，$\displaystyle\int_0^{+\infty}x^2\mathrm{e}^{-x^3}\mathrm{d}x=\lim_{b\to+\infty}\int_0^b x^2\mathrm{e}^{-x^3}\mathrm{d}x=\lim_{b\to+\infty}\left(-\dfrac{\mathrm{e}^{-x^3}}{3}\right)\bigg|_0^b=\dfrac{1}{3}$.

同理可定义 $\displaystyle\int_{-\infty}^b f(x)\mathrm{d}x=\lim_{a\to-\infty}\int_a^b f(x)\mathrm{d}x$，极限存在即无穷积分 $\displaystyle\int_{-\infty}^b f(x)\mathrm{d}x$ 收敛，极限值为无穷积分的值，而极限不存在则 $\displaystyle\int_{-\infty}^b f(x)\mathrm{d}x$ 发散.

例 5.5.3 计算无穷积分 $\displaystyle\int_{-\infty}^1\dfrac{\mathrm{d}x}{1+x^2}$.

解 由定义，$\displaystyle\int_{-\infty}^1\dfrac{\mathrm{d}x}{1+x^2}=\lim_{a\to-\infty}\int_a^1\dfrac{\mathrm{d}x}{1+x^2}=\lim_{a\to-\infty}\left(\dfrac{\pi}{4}-\arctan a\right)=\dfrac{3\pi}{4}$.

例 5.5.4 计算无穷积分 $\displaystyle\int_{-\infty}^0 x^2\mathrm{e}^x\mathrm{d}x$.

解 由定义有

$$\int_{-\infty}^0 x^2\mathrm{e}^x\mathrm{d}x=\lim_{a\to-\infty}\int_a^0 x^2\mathrm{e}^x\mathrm{d}x=\lim_{a\to-\infty}(x^2\mathrm{e}^x-2x\mathrm{e}^x+2\mathrm{e}^x)\bigg|_a^0$$
$$=\lim_{a\to-\infty}(2-a^2\mathrm{e}^a+2a\mathrm{e}^a-2\mathrm{e}^a)=2.$$

由上述这些例子发现无穷积分定义的极限本质是被积函数的原函数（若存在）在无穷远处的极限，若原函数 $F(x)$ 在无穷远（$+\infty$ 或 $-\infty$）处的极限记为 $F(+\infty)$ 或 $F(-\infty)$，则无穷积分也有类似于定积分的牛顿-莱布尼茨公式，即为

$$\int_a^{+\infty} f(x)\mathrm{d}x = F(+\infty) - F(a), \text{简记为} \int_a^{+\infty} f(x)\mathrm{d}x = F(x)\Big|_a^{+\infty}.$$

同样也有

$$\int_{-\infty}^b f(x)\mathrm{d}x = F(b) - F(-\infty), \text{并记为} \int_{-\infty}^b f(x)\mathrm{d}x = F(x)\Big|_{-\infty}^b.$$

我们还可定义无穷积分 $\int_{-\infty}^{+\infty} f(x)\mathrm{d}x$ 收敛与发散：如果 $\int_b^{+\infty} f(x)\mathrm{d}x$，$\int_{-\infty}^b f(x)\mathrm{d}x$ 都收敛，则称无穷积分 $\int_{-\infty}^{+\infty} f(x)\mathrm{d}x$ 收敛，且有 $\int_{-\infty}^{+\infty} f(x)\mathrm{d}x = \int_{-\infty}^b f(x)\mathrm{d}x + \int_b^{+\infty} f(x)\mathrm{d}x$；否则，$\int_{-\infty}^{+\infty} f(x)\mathrm{d}x$ 发散. 类似地，若被积函数的原函数为 $F(x)$，则有

$$\int_{-\infty}^{+\infty} f(x)\mathrm{d}x = F(x)\Big|_{-\infty}^{+\infty} = F(+\infty) - F(-\infty).$$

值得注意的是 $F(+\infty) = \lim\limits_{x \to +\infty} F(x)$ 或 $F(-\infty) = \lim\limits_{x \to -\infty} F(x)$，这意味着当这两个极限都存在时，所论无穷积分收敛. 在无穷积分收敛情形中，计算无穷积分仍可用换元或分部积分等方法，这只要求在每一计算步骤中所涉无穷积分都是收敛的即可.

例 5.5.5 计算无穷积分 $\int_0^{+\infty} \dfrac{\mathrm{d}x}{(6x^2+3)\sqrt{1+x^2}}$.

解 令 $x = \tan t$，则 $\mathrm{d}x = \sec^2 t \mathrm{d}t$，则

$$\int_0^{+\infty} \frac{\mathrm{d}x}{(6x^2+3)\sqrt{1+x^2}} = \frac{1}{3}\int_0^{\frac{\pi}{2}} \frac{\sec^2 t \mathrm{d}t}{(\tan^2 t + \sec^2 t)\sec t}$$

$$= \frac{1}{3}\int_0^{\frac{\pi}{2}} \frac{\cos t \mathrm{d}t}{1+\sin^2 t} = \frac{1}{3}\int_0^{\frac{\pi}{2}} \frac{\mathrm{d}\sin t}{1+\sin^2 t}$$

$$= \frac{1}{3}\arctan(\sin t)\Big|_0^{\frac{\pi}{2}} = \frac{\pi}{12}.$$

至于无穷区域上的反常重积分简称无穷重积分的收敛与发散也可类似地定义和讨论. 这只需用一条曲线从无穷区域中割出一个有界闭区域，然后求这个有界闭区域上的二重积分，若在割出的有界闭区域无限接近无穷区域这一过程中，在割出区域上的二重积分无限接近某常数，则说无穷重积分收敛，此常数值也称为无穷重积分的值，否则说无穷重积分发散. 这里我们不赘述了.

5.5.2 无穷间断点积分(瑕积分)

设 $\lim\limits_{x \to b^-} f(x) = \infty$，则函数 $f(x)$ 在 $[a, b)$ 上是无界的，称 $x = b$ 为函数的瑕点. 此函数在有限区间 $[a, b)$ 上的积分记为 $\int_a^b f(x)\mathrm{d}x$，并称为无穷间断点积分或"瑕积分". 显然这个积分违背了定积分存在的必要条件，不属正常积分. 我们关心的问题是此积分是否有值？或

说无穷间断点函数在区间$[a,b)$上是否可积？或瑕积分$\int_a^b f(x)\mathrm{d}x$是否收敛？为此先看在区间$[0,1)$上无界函数$f(x)=\dfrac{1}{\sqrt{1-x}}$是否可积，即积分$\int_0^1 \dfrac{1}{\sqrt{1-x}}\mathrm{d}x$是否有值. 和无穷积分一样，我们仍采用"割圆术"的办法来化"无界"为"有界"这一辩证思想来处理此问题. 现将这个瑕点$x=1$用点c割离，使函数在$[0,c]$上是有界的. 这样，函数$f(x)$在$[0,c]$上具备可积的必要条件. 显然，在割之又割、使之弥细的过程中，割点c与1的距离很短接近零，这样割掉的区域：由曲线$f(x)=\dfrac{1}{\sqrt{1-x}}$下方，$y=0$上方与$x=c$，$x=1$间的面积接近零，即$\int_c^1 \dfrac{1}{\sqrt{1-x}}\mathrm{d}x \to 0$. 换句话说，积分$\lim\limits_{c\to 1^-}\int_0^c \dfrac{1}{\sqrt{1-x}}\mathrm{d}x = \lim\limits_{c\to 1^-}(-2\sqrt{1-c}+2)=2$. 这样，我们可给出瑕积分的收敛与发散的一般性定义.

定义 5.5.2 设函数$f(x)$是定义在区间$[a,b)$上的函数，且$\lim\limits_{x\to b^-}f(x)=+\infty$（或$-\infty$）. 如果对任取的$c\in[a,b)$，有$\lim\limits_{c\to b^-}\int_a^c f(x)\mathrm{d}x$存在，则称函数$f(x)$在$[a,b)$上可积，或称瑕积分$\int_a^b f(x)\mathrm{d}x$收敛，极限值称为瑕积分$\int_a^b f(x)\mathrm{d}x$的值，即有$\int_a^b f(x)\mathrm{d}x = \lim\limits_{c\to b^-}\int_a^c f(x)\mathrm{d}x$；否则，称瑕积分$\int_a^b f(x)\mathrm{d}x$发散，发散的瑕积分是没有值.

例 5.5.6 讨论瑕积分$\int_a^b \dfrac{\mathrm{d}x}{(b-x)^q}(a<b)$的敛散性.

解 当$q>1$时，

$$\int_a^b \dfrac{\mathrm{d}x}{(b-x)^q} = \lim_{c\to b^-}\int_a^c \dfrac{\mathrm{d}x}{(b-x)^q} = \lim_{c\to b^-}\dfrac{-(b-c)^{1-q}+(b-a)^{1-q}}{1-q} = +\infty,$$

因此由定义知所论瑕积分发散；

当$q=1$时，$\int_a^b \dfrac{\mathrm{d}x}{(b-x)^q} = \lim\limits_{c\to b^-}\int_a^c \dfrac{\mathrm{d}x}{(b-x)^q} = -\lim\limits_{c\to b^-}\ln(b-x)\Big|_a^c = +\infty$，因而，瑕积分也发散；

当$q<1$时，$\int_a^b \dfrac{\mathrm{d}x}{(b-x)^q} = \lim\limits_{c\to b^-}\int_a^c \dfrac{\mathrm{d}x}{(b-x)^q} = \lim\limits_{c\to b^-}\dfrac{-(b-c)^{1-q}+(b-a)^{1-q}}{1-q} = \dfrac{(b-a)^{1-q}}{1-q}$，因而瑕积分收敛，且$\int_a^b \dfrac{\mathrm{d}x}{(b-x)^q} = \dfrac{(b-a)^{1-q}}{1-q}$.

综上所述，瑕积分$\int_a^b \dfrac{\mathrm{d}x}{(b-x)^q}$当$q\geqslant 1$时发散；当$q<1$时收敛于$\dfrac{(b-a)^{1-q}}{1-q}$.

同样有$\int_a^b \dfrac{\mathrm{d}x}{(x-a)^q}$当$q\geqslant 1$时发散；当$q<1$时收敛于$\dfrac{(b-a)^{1-q}}{1-q}$.

当 $x=a$ 或 $x=b$ 均为瑕点时,瑕积分 $\int_a^b f(x)\mathrm{d}x$ 收敛当 $\forall c \in (a,b)$,$\int_a^c f(x)\mathrm{d}x$,$\int_c^b f(x)\mathrm{d}x$ 都收敛,否则发散. 与无穷积分类似,瑕积分 $\int_a^b f(x)\mathrm{d}x$ 也有类似于牛顿-莱布尼茨公式的表示式:

$$\int_a^b f(x)\mathrm{d}x = F(x)\Big|_a^b = F(b-) - F(a+).$$

其中,$F(b-)$,$F(a+)$ 分别为左极限、右极限. 当然还有其他形式的反常积分,也可类似地进行讨论,比如说,当 $\lim\limits_{x\to a^+} f(x) = \infty$ 时,反常积分 $\int_a^{+\infty} f(x)\mathrm{d}x$ 收敛当 $\forall b \in (a, +\infty)$,$\int_a^b f(x)\mathrm{d}x$,$\int_b^{+\infty} f(x)\mathrm{d}x$ 都收敛,且有 $\int_a^{+\infty} f(x)\mathrm{d}x = \int_a^b f(x)\mathrm{d}x + \int_b^{+\infty} f(x)\mathrm{d}x$. 如果被积函数有原函数 $F(x)$,也有 $\int_a^{+\infty} f(x)\mathrm{d}x = F(x)\Big|_a^{+\infty} = F(+\infty) - F(a+)$. 由此,定积分的性质与计算方法也适合于收敛的反常积分的求值,因为反常积分收敛当且仅当在计算它的过程中所涉积分均收敛.

例 5.5.7 计算 $\int_0^1 \dfrac{\mathrm{d}x}{\sqrt{x(1-x)}}$.

解 $\int_0^1 \dfrac{\mathrm{d}x}{\sqrt{x(1-x)}} = \int_0^1 \dfrac{1}{\sqrt{1-(\sqrt{x})^2}} \dfrac{\mathrm{d}x}{\sqrt{x}} = 2\arcsin\sqrt{x}\Big|_0^1 = \pi$.

例 5.5.8 $\int_1^{+\infty} \dfrac{\mathrm{d}x}{\sqrt{x^3 - x^2}}$.

解 $\int_1^{+\infty} \dfrac{\mathrm{d}x}{\sqrt{x^3 - x^2}} = \int_1^{+\infty} \dfrac{\mathrm{d}x}{\sqrt{x-1}(1+x-1)} = 2\arctan(\sqrt{x-1})\Big|_1^{+\infty} = \pi$.

例 5.5.9 计算 $\int_{-\infty}^{+\infty} f(x)\mathrm{d}x$,其中 $f(x) = \begin{cases} \mathrm{e}^x, & (-\infty, 0], \\ -x\ln x, & (0, 1], \\ x\mathrm{e}^{-x}, & (1, +\infty). \end{cases}$

解 $\int_{-\infty}^{+\infty} f(x)\mathrm{d}x = \int_{-\infty}^0 \mathrm{e}^x \mathrm{d}x - \int_0^1 x\ln x\, \mathrm{d}x + \int_1^{+\infty} x\mathrm{e}^{-x} \mathrm{d}x$

$= \mathrm{e}^x\Big|_{-\infty}^0 - \dfrac{x^2}{2}\ln x\Big|_0^1 + \dfrac{x^2}{4}\Big|_0^1 - x\mathrm{e}^{-x}\Big|_1^{+\infty} - \mathrm{e}^{-x}\Big|_1^{+\infty}$

$= \dfrac{5}{4} + 2\mathrm{e}^{-1}$.

至于在有界闭区域上的无界二元函数 $f(x,y)$ 的反常积分,自然我们可类似地加以讨论. 比如说二元函数 $f(x,y)$ 在有界区域 D 上有定义,但有无穷间断点或无穷间断线,如果用任意曲线 γ 将无穷间断点或无穷间断线割掉,割出的有界闭区域记为 D_γ,且在 D_γ 上的二重积分 $\iint\limits_{D_\gamma} f(x,y)\mathrm{d}x\mathrm{d}y$ 在 D_γ 无限接近 D 时无限接近于某常数,那么称函数 $f(x,y)$ 在

D 上可积,或称无界函数二重积分 $\iint\limits_D f(x,y)\mathrm{d}x\mathrm{d}y$ 收敛. 此处也不赘述.

类似地我们可讨论更一般的反常重积分,其核心是割无界区域为有界区域,割无界函数为有界函数,再求有界区域或有界函数的重积分并取其极限,此处不再讨论. 类似于前面反常单积分的讨论,在计算收敛的反常二重积分时也可用累次积分和换元法,因收敛的反常重积分在计算它的过程中每步所涉积分都是收敛的. 但因反常重积分是区域上的积分,不像**反常单积分在计算过程中所涉积分收敛时必定收敛**那样,**反常重积分收敛时在计算其过程中所涉积分都收敛,但计算过程中所涉积分都收敛未必有反常重积分收敛**. 如例 5.5.12. 下面给出计算反常二重积分的例子,用定义计算反常二重积分或讨论反常二重积分的收敛与发散时,用来分割区域的曲线 γ 还是有一定讲究的,选用得好,计算反常二重积分会方便些. 在这些例子中有些例子可作为反常积分的进一步讨论和实际应用的定理.

例 5.5.10 计算 $\iint\limits_D \dfrac{1}{(x+y+1)^3}\mathrm{d}\sigma$,其中,$D=\{(x,y)\mid 0\leqslant x<+\infty,0\leqslant y<+\infty\}$.

解 容易知反常积分收敛,故利用累次积分来计算,

$$\iint\limits_D \frac{1}{(x+y+1)^3}\mathrm{d}\sigma=\int_0^{+\infty}\mathrm{d}x\int_0^{+\infty}\frac{1}{(x+y+1)^3}\mathrm{d}y$$
$$=\int_0^{+\infty}\left(-\frac{1}{2}\frac{1}{(x+y+1)^2}\Big|_0^{+\infty}\right)\mathrm{d}x$$
$$=\int_0^{+\infty}\frac{1}{2}\frac{1}{(x+1)^2}\mathrm{d}x$$
$$=-\frac{1}{2}\frac{1}{x+1}\Big|_0^{+\infty}=\frac{1}{2}.$$

例 5.5.11 计算积分 $\iint\limits_D \mathrm{e}^{-x^2-y^2}\mathrm{d}\sigma$,其中,$D=\{(x,y)\mid 0\leqslant x<+\infty,0\leqslant y<+\infty\}$.

解 用曲线 $\gamma:x^2+y^2=R^2$ 从 D 中割出一个有界闭区域 D_γ,即为

$$D_\gamma=\{(x,y)\mid x^2+y^2<R^2,x\geqslant 0,y\geqslant 0\}.$$

于是,令 $x=r\cos\theta,y=r\sin\theta$ 则有

$$\iint\limits_D \mathrm{e}^{-x^2-y^2}\mathrm{d}\sigma=\lim_{R\to+\infty}\iint\limits_{D_\gamma}\mathrm{e}^{-x^2-y^2}\mathrm{d}\sigma=\lim_{R\to+\infty}\int_0^{\frac{\pi}{2}}\mathrm{d}\theta\int_0^R \mathrm{e}^{-r^2}r\mathrm{d}r=\frac{\pi}{2}\frac{-1}{2}\mathrm{e}^{-r^2}\Big|_0^R=\frac{\pi}{4}.$$

因此,反常积分是收敛的. 进一步,由积分收敛有下面等式

$$\iint\limits_D \mathrm{e}^{-x^2-y^2}\mathrm{d}\sigma=\int_0^{+\infty}\mathrm{d}x\int_0^{+\infty}\mathrm{e}^{-x^2-y^2}\mathrm{d}y=\int_0^{+\infty}\mathrm{e}^{-x^2}\mathrm{d}x\int_0^{+\infty}\mathrm{e}^{-y^2}\mathrm{d}y,$$

即等式右边的各个积分也都是收敛的,且 $\int_0^{+\infty} e^{-x^2} dx = \int_0^{+\infty} e^{-y^2} dy$,因此,

$$\int_0^{+\infty} e^{-x^2} dx = \sqrt{\left(\int_0^{+\infty} e^{-x^2} dx\right)^2} = \sqrt{\iint_D e^{-x^2-y^2} d\sigma} = \frac{\sqrt{\pi}}{2}.$$

这样,我们得到在概率论中有重要作用的概率积分(高斯积分)

$$\int_0^{+\infty} e^{-x^2} dx = \frac{\sqrt{\pi}}{2}.$$

例 5.5.12 证明二次积分 $\int_1^{+\infty} dx \int_1^{+\infty} \frac{x^2-y^2}{(x^2+y^2)^2} dy$,$\int_1^{+\infty} dy \int_1^{+\infty} \frac{x^2-y^2}{(x^2+y^2)^2} dx$ 都收敛,但反常二重积分 $\iint_{x\geqslant 1, y\geqslant 1} \frac{x^2-y^2}{(x^2+y^2)^2} dx dy$ 是发散的.

证明 由于反常单积分

$$\int_1^{+\infty} \frac{x^2-y^2}{(x^2+y^2)^2} dy = \int_1^{+\infty} \frac{x^2}{2y} \cdot \frac{2y}{(x^2+y^2)^2} dy - \int_1^{+\infty} \frac{y}{2} \cdot \frac{2y}{(x^2+y^2)^2} dy$$

$$= -\frac{x^2}{2y(x^2+y^2)}\bigg|_1^{+\infty} - \int_1^{+\infty} \frac{x^2}{2y^2(x^2+y^2)} dy - \int_1^{+\infty} \frac{y}{2} \cdot \frac{2y}{(x^2+y^2)^2} dy$$

$$= \frac{x^2}{2(1+x^2)} - \int_1^{+\infty} \frac{x^2}{2y^2(x^2+y^2)} dy + \frac{y}{2(x^2+y^2)}\bigg|_1^{+\infty} - \int_1^{+\infty} \frac{1}{2(x^2+y^2)} dy$$

$$= \frac{x^2-1}{2(1+x^2)} - \frac{1}{2} \int_1^{+\infty} \left(\frac{1}{y^2} - \frac{1}{x^2+y^2}\right) dy - \frac{1}{2} \int_1^{+\infty} \frac{1}{x^2+y^2} dy$$

$$= \frac{x^2-1}{2(1+x^2)} - \frac{1}{2} = -\frac{1}{1+x^2},$$

因此,$\int_1^{+\infty} dx \int_1^{+\infty} \frac{x^2-y^2}{(x^2+y^2)^2} dy = -\int_1^{+\infty} \frac{1}{1+x^2} dx = -\frac{\pi}{4}$. 从而,$\int_1^{+\infty} dx \int_1^{+\infty} \frac{x^2-y^2}{(x^2+y^2)^2} dy$ 收敛. 类似地,我们可求得 $\int_1^{+\infty} dy \int_1^{+\infty} \frac{x^2-y^2}{(x^2+y^2)^2} dx = \frac{\pi}{4}$,故 $\int_1^{+\infty} dy \int_1^{+\infty} \frac{x^2-y^2}{(x^2+y^2)^2} dx$ 收敛. 但反常二重积分 $\iint_{x\geqslant 1, y\geqslant 1} \frac{x^2-y^2}{(x^2+y^2)^2} dx dy$ 发散. 事实上,如果它收敛,则它的不同次序的二次积分的值都应是反常二重积分值,但先 y 后 x 的二次积分的值为 $-\frac{\pi}{4}$,而先 x 后 y 的二次积分的值为 $\frac{\pi}{4}$. 这是矛盾的,故 $\iint_{x\geqslant 1, y\geqslant 1} \frac{x^2-y^2}{(x^2+y^2)^2} dx dy$ 发散.

尽管由定义可求不少反常积分的值,但毕竟要依赖于被积函数的原函数能用初等函数表达,不幸的是有的被积函数有原函数但不能用初等函数表示出来,这样要确定反常积分的值是很困难的. 即便是用计算机求之也难实现,因为不知其是否收敛. 如果收

敛,那么计算机还是能算出反常积分的近似值的. 于是,在求反常积分的值前须知其收敛. 那么如何判定反常积分收敛与发散呢？下面几个单变量反常积分的例子(例子中 b 或为瑕点或为∞),可用来判定反常积分的收敛与发散. 多变量的反常积分也有类似的结果.

例 5.5.13* 对连续函数 $f(x)$,$\int_a^b |f(x)| dx$ 收敛的充分必要条件是 $\int_a^c |f(x)| dx$ 有界,其中 $c \in [a, b)$.

证明 由于 $F(c) = \int_a^c |f(x)| dx$ 是单调有界函数,由单调有界原理知 $\lim_{c \to b^-} F(c)$ 存在,故 $\int_a^b |f(x)| dx$ 收敛. 另一方面,由 $\int_a^b |f(x)| dx$ 收敛知 $F(c)$ 在 b 的左邻域 $(b-\delta, b)$ 内是有界的,又 $F(c)$ 在 $[a, b-\delta]$ 连续因而有界,故 $F(c)$ 是有界的.

例 5.5.14* 设 $|f(x)| \leqslant |g(x)|$,那么(1)若 $\int_a^b |g(x)| dx$ 收敛,则 $\int_a^b |f(x)| dx$ 收敛;(2)若 $\int_a^b |f(x)| dx$ 发散,则 $\int_a^b |g(x)| dx$ 也发散.

证明 因 $\int_a^b |g(x)| dx$ 收敛,$G(c) = \int_a^c |g(x)| dx$ 有界,从而 $F(c) = \int_a^c |f(x)| dx$ 有界,故由例 5.5.13 知 $\int_a^b |f(x)| dx$ 收敛,这便是(1). 结论(2)也是对的,事实上,若不然,由 $\int_a^b |g(x)| dx$ 收敛和(1)知 $\int_a^b |f(x)| dx$ 收敛,这与 $\int_a^b |f(x)| dx$ 发散矛盾. 故例 5.5.14 成立.

例 5.5.14 结论也称为反常积分的**比较判别法**. 比较判别法也可用**极限形式**：

如果 $\lim_{x \to b^-} \dfrac{|f(x)|}{|g(x)|} = L$,则当 $\int_a^b |g(x)| dx$ 收敛时,$\int_a^b |f(x)| dx$ 也收敛;

如果 $\lim_{x \to b^-} \dfrac{|f(x)|}{|g(x)|} = +\infty$,则当 $\int_a^b |g(x)| dx$ 发散时,$\int_a^b |f(x)| dx$ 也发散.

例 5.5.15* 如果 $\int_a^b |f(x)| dx$ 收敛,那么 $\int_a^b f(x) dx$ 收敛. 称满足条件的反常积分 $\int_a^b f(x) dx$ 为**绝对收敛**；若条件中的反常积分发散但结论中的反常积分收敛,则反常积分的这种收敛称为**条件收敛**.

证明 由于 $f(x) = \dfrac{f(x) - |f(x)|}{2} + \dfrac{f(x) + |f(x)|}{2}$,而 $0 \leqslant \dfrac{|f(x)| - f(x)}{2} \leqslant |f(x)|$,则由已知和例 5.5.14 便知 $\int_a^b \dfrac{|f(x)| - f(x)}{2} dx$ 收敛. 同理,$\int_a^b \dfrac{f(x) + |f(x)|}{2} dx$ 也收敛. 于是,$\int_a^b f(x) dx = \int_a^b \dfrac{f(x) + |f(x)|}{2} dx - \int_a^b \dfrac{|f(x)| - f(x)}{2} dx$ 收敛.

例 5.5.16* 伽马函数 $\Gamma(s) = \int_0^{+\infty} x^{s-1} e^{-x} dx$ 的定义域为右边反常积分的收敛域. 这个

函数是无穷积分又是瑕积分,瑕点是 $x=0$. 由于当 $x\to 0^+$ 时 $x^{s-1}e^{-x}\sim x^{s-1}$,而 $\int_0^1 x^{s-1}dx = \int_0^1 \dfrac{1}{x^{1-s}}dx$ 当 $s>0$ 时是收敛的. 故由比较判别法的极限形式知当 $s>0$ 时,$\int_0^1 x^{s-1}e^{-x}dx$ 收敛. 又当 $s>0$ 时, $\lim\limits_{x\to+\infty} x^{2s}e^{-x} = \lim\limits_{x\to+\infty} \dfrac{x^{2s}}{e^x} = 0$, 故存在 $M>0$, $X>0$, 使得当 $x>X$ 时, $x^{2s}e^{-x}<M$. 于是,$x^{s-1}e^{-x}=x^{-s-1}x^{2s}e^{-x}\leqslant Mx^{-s-1}$.

而 $\int_X^{+\infty} x^{-s-1}dx = \int_X^{+\infty} \dfrac{1}{x^{1+s}}dx$ 当 $s>0$ 时收敛,故由比较判别法的极限形式知,当 $s>0$ 时,$\int_X^{+\infty} x^{s-1}e^{-x}dx$ 收敛. 进而知,当 $s>0$ 时,反常积分 $\int_1^{+\infty} x^{s-1}e^{-x}dx$ 收敛. 这样,当 $s>0$ 时, $\int_0^1 x^{s-1}e^{-x}dx$, $\int_1^{+\infty} x^{s-1}e^{-x}dx$ 都收敛,因而 $\int_0^{+\infty} x^{s-1}e^{-x}dx$ 收敛,且

$$\int_0^{+\infty} x^{s-1}e^{-x}dx = \int_0^1 x^{s-1}e^{-x}dx + \int_1^{+\infty} x^{s-1}e^{-x}dx.$$

又当 $s\leqslant 0$ 时, $\int_0^1 x^{s-1}e^{-x}dx = \int_0^1 \dfrac{1}{x^{1-s}}e^{-x}dx$,用例 5.5.14 与 $\int_0^1 \dfrac{1}{x^{1-s}}dx$ 发散比较知发散. 这表明,函数 $\Gamma(s)$ 的定义域为 $s>0$. 此外,伽马函数还有下列等式:

(1) $\Gamma(1) = \int_0^{+\infty} e^{-x}dx = -e^{-x}\Big|_0^{+\infty} = 1$;

(2) $\Gamma(s+1) = s\Gamma(s)$;

(3) $\Gamma(s) = 2\int_0^{+\infty} x^{2s-1}e^{-x^2}dx$.

例 5.5.17* 贝塔函数 $B(p,q) = \int_0^1 x^{p-1}(1-x)^{q-1}dx$ 的定义域即为右边反常积分的收敛域,由于右边这个反常积分有两个瑕点 $x=0$ 和 $x=1$,因此,它收敛仅当 $\int_0^{\frac{1}{2}} x^{p-1}dx$ 和 $\int_{\frac{1}{2}}^1 (1-x)^{q-1}dx$ 都收敛. 由于当 $x\to 0^+$ 时, $x^{p-1}(1-x)^{q-1}\sim x^{p-1}$,故当 $p>0$ 时,积分 $\int_0^{\frac{1}{2}} x^{p-1}dx = \int_0^{\frac{1}{2}} \dfrac{1}{x^{1-p}}dx$ 收敛,再由比较判别法的极限形式知当 $p>0$, $\forall q$ 时,反常积分 $\int_0^{\frac{1}{2}} x^{p-1}(1-x)^{q-1}dx$ 收敛. 又因为当 $\dfrac{1}{2}<x<1$ 时, $x^{p-1}(1-x)^{q-1}<(1-x)^{q-1}(x\to 1^-)$, 而当 $q>0$ 时, $\int_{\frac{1}{2}}^1 (1-x)^{q-1}dx = \int_{\frac{1}{2}}^1 \dfrac{1}{(1-x)^{1-q}}dx$ 收敛,进而,由比较判别法的极限形式知当 $q>0$, $\forall p$ 时,反常积分 $\int_{\frac{1}{2}}^1 x^{p-1}(1-x)^{q-1}dx$ 收敛. 因此,当 $p>0$, $q>0$ 时, $\int_0^1 x^{p-1}(1-x)^{q-1}dx$ 收敛,且有

$$\int_0^1 x^{p-1}(1-x)^{q-1}dx = \int_0^{\frac{1}{2}} x^{p-1}(1-x)^{q-1}dx + \int_{\frac{1}{2}}^1 x^{p-1}(1-x)^{q-1}dx.$$

否则 $B(p,q)=\int_0^1 x^{p-1}(1-x)^{q-1}dx$ 发散. 因此, 贝塔函数的定义域为 $\{(p,q)|p>0, q>0\}$. 此外, 贝塔函数也有下列等式:

(1) $B\left(\dfrac{1}{2}, \dfrac{1}{2}\right)=\pi$;

(2) $B(p+1, q+1)=\dfrac{p}{p+q+1}B(p, q+1)$,

$\quad B(p+1, q+1)=\dfrac{q}{p+q+1}B(p+1, q)$;

(3) $B(p, q)=2\int_0^{\frac{\pi}{2}} (\cos\theta)^{2p-1}(\sin\theta)^{2q-1}d\theta$;

(4) $B(p, q)=\dfrac{\Gamma(p)\Gamma(q)}{\Gamma(p+q)}$.

事实上, 对于(4), 由伽马函数的另一表达式(3)和收敛的反常积分与积分变量无关, 我们可以得到

$$\Gamma(p)\Gamma(q) = 4\int_0^{+\infty} x^{2p-1}e^{-x^2}dx \int_0^{+\infty} x^{2q-1}e^{-x^2}dx$$

$$= 4\int_0^{+\infty} x^{2p-1}e^{-x^2}dx \int_0^{+\infty} y^{2q-1}e^{-y^2}dy$$

$$= 4\int_0^{+\infty} \left(\int_0^{+\infty} y^{2q-1}e^{-y^2} x^{2p-1}e^{-x^2} dy\right)dx$$

$$= 4\iint\limits_{\substack{0\leqslant x<+\infty \\ 0\leqslant y<+\infty}} x^{2p-1}y^{2q-1}e^{-x^2-y^2}dxdy.$$

易知上述反常二重积分是收敛的, 这只要用半径为 r 的四分之一圆周将区域割出一个有界闭域 D_r, 且易知 $\lim\limits_{r\to+\infty}\iint\limits_{D_r} x^{2p-1}y^{2q-1}e^{-x^2-y^2}dxdy$ 存在, 进而 $\iint\limits_{\substack{0\leqslant x<+\infty \\ 0\leqslant y<+\infty}} x^{2p-1}y^{2q-1}e^{-x^2-y^2}dxdy$ 收敛. 于是对上述等式右边收敛的反常二重积分作极坐标变换 $x=r\cos\theta$, $y=r\sin\theta$, 则有

$$4\iint\limits_{\substack{0\leqslant x<+\infty \\ 0\leqslant y<+\infty}} x^{2p-1}y^{2q-1}e^{-x^2-y^2}dxdy = 4\int_0^{\frac{\pi}{2}} \cos^{2p-1}\theta\sin^{2q-1}\theta d\theta \int_0^{+\infty} r^{2(p+q)-2}e^{-r^2}rdr$$

$$= 2\int_0^{\frac{\pi}{2}} \cos^{2p-1}\theta\sin^{2q-1}\theta d\theta \int_0^{+\infty} (r^2)^{p+q-1}e^{-r^2}d(r^2)$$

$$= B(p, q)\Gamma(p+q).$$

这便证明了 $B(p, q)=\dfrac{\Gamma(p)\Gamma(q)}{\Gamma(p+q)}$. 由这个关系式, 我们有 $\left[\Gamma\left(\dfrac{1}{2}\right)\right]^2=B\left(\dfrac{1}{2}, \dfrac{1}{2}\right)=\pi$,

进而得到 $\Gamma\left(\dfrac{1}{2}\right)=\sqrt{\pi}$. 这样我们也获得了概率积分(高斯积分)公式

$$\int_0^{+\infty} e^{-x^2}\,dx = \Gamma\left(\dfrac{1}{2}\right) = \dfrac{\sqrt{\pi}}{2}.$$

练习 5.5

1. 求下列反常积分的值：

(1) $\int_0^{+\infty} x e^{-x^2}\,dx$；

(2) $\int_1^{+\infty} \dfrac{1}{x\sqrt[3]{x^2+1}}\,dx$；

(3) $\int_1^{+\infty} \dfrac{\ln x}{x^2}\,dx$；

(4) $\int_0^{+\infty} \dfrac{1}{(x+2)(x+3)}\,dx$；

(5) $\int_0^{+\infty} \dfrac{1}{(2x^2+1)\sqrt{1+x^2}}\,dx$；

(6) $\int_e^{+\infty} \dfrac{1}{x\ln x \ln^2(\ln x)}\,dx$；

(7) $\int_0^{+\infty} \dfrac{x^2}{1+x^4}\,dx$；

(8) $\int_0^{+\infty} \dfrac{x e^{-x}}{(1+e^{-x})^2}\,dx$；

(9) $\int_0^{+\infty} \dfrac{\arctan x}{(x^2+1)^{\frac{3}{2}}}\,dx$；

(10) $\int_0^{+\infty} \cos bx \, e^{-ax}\,dx$.

2. 计算下列各积分：

(1) $\int_{-1}^{1} \dfrac{dx}{\sqrt{1-x^2}}$；

(2) $\int_0^1 \ln x\,dx$；

(3) $\int_2^{+\infty} \dfrac{1}{x^2+x-2}\,dx$；

(4) $\int_0^{+\infty} \dfrac{1}{x^3+1}\,dx$；

(5) $\int_a^b \dfrac{dx}{\sqrt{x-a}\sqrt{b-x}}$；

(6) $\int_1^2 \dfrac{dx}{\sqrt{2-x}\sqrt{x-1}}$；

(7) $\int_0^1 \dfrac{dx}{(2-x)\sqrt{x-1}}$；

(8) $\int_1^2 \dfrac{x\,dx}{\sqrt{x-1}}$；

(9) $\int_0^1 \dfrac{x\,dx}{\sqrt{1-x^2}}$；

(10) $\int_1^e \dfrac{dx}{x\sqrt{1-\ln^2 x}}$；

(11) $\int_0^{\frac{\pi}{2}} \ln \sin x\,dx$；

(12) $\int_0^{\frac{\pi}{2}} \ln \cos x\,dx$；

(13) $\int_{-\infty}^{+\infty} f(x)\,dx$，其中，$f(x)=\begin{cases} e^x, & x<0, \\ 1, & 0\leqslant x\leqslant 1, \\ \dfrac{1}{x^2}, & x>1; \end{cases}$

(14) $\int_{-\infty}^{+\infty} f(x)\mathrm{d}x$,其中 $f(x)=\begin{cases} \mathrm{e}^x, & x<0, \\ \dfrac{1}{\sqrt{x(1-x)}}, & 0\leqslant x\leqslant 1, \\ \dfrac{1}{x^2}, & x>1; \end{cases}$

(15) $\int_{-\infty}^{+\infty} f(x)\mathrm{d}x$,其中,$f(x)=\begin{cases} \mathrm{e}^x, & x<0, \\ \dfrac{1}{\sqrt{x(1-x)}}, & 0\leqslant x\leqslant 1, \\ \mathrm{e}^{-2x}, & x>1; \end{cases}$

(16) $\int_{-\infty}^{+\infty} xf(x)\mathrm{d}x$,其中,$f(x)=\begin{cases} \mathrm{e}^{3x}, & x<0, \\ 1, & 0\leqslant x\leqslant 1, \\ \mathrm{e}^{-2x}, & x>1. \end{cases}$

3. 用例 5.5.13、例 5.5.14、例 5.5.15 等例子确定下列反常积分的收敛性:

(1) $\int_{1}^{+\infty} \dfrac{\mathrm{d}x}{x\sqrt[3]{x^2+1}}$;

(2) $\int_{0}^{2} \dfrac{\mathrm{d}x}{\ln x}$;

(3) $\int_{1}^{+\infty} \dfrac{x^2\mathrm{d}x}{x^4-x^2+1}$;

(4) $\int_{0}^{+\infty} \dfrac{x^m\mathrm{d}x}{x^n+1}(n\geqslant 0)$;

(5) $\int_{0}^{+\infty} \dfrac{\cos x\,\mathrm{d}x}{1+x^n}(n>0)$;

(6) $\int_{0}^{+\infty} \dfrac{\ln(1+x)\mathrm{d}x}{x^n}$;

(7) $\int_{0}^{+\infty} x^{p-1}\mathrm{e}^{-x}\mathrm{d}x$;

(8) $\int_{1}^{+\infty} \dfrac{\mathrm{d}x}{x^p\ln^q x}$;

(9) $\int_{0}^{1} x^p \ln^q \dfrac{1}{x}\mathrm{d}x$;

(10) $\int_{0}^{\frac{\pi}{2}} \dfrac{\mathrm{d}x}{\sin^p x \cos^q x}$.

4*. 证明:(1) $\Gamma(p)=2\int_{0}^{+\infty} u^{2p-1}\mathrm{e}^{-u^2}\mathrm{d}u$;(2) $\mathrm{B}(p,q)=2\int_{0}^{\frac{\pi}{2}} (\cos\theta)^{2p-1}(\sin\theta)^{2q-1}\mathrm{d}\theta$.

5*. 证明:(1) $\Gamma(s+1)=s\Gamma(s)$;(2) $\mathrm{B}(p+1,q+1)=\dfrac{p}{p+q+1}\mathrm{B}(p,q+1)$.

6*. 证明 $\Gamma(p)\Gamma\left(p+\dfrac{1}{2}\right)=\dfrac{\Gamma(2p)}{2^{2p-1}}\sqrt{\pi}\ (p>0)$.

本章要点与要求

(1) 要点:定积分定义、定积分存在条件、二重积分定义、二重积分存在条件、函数和的积分性质,积分的区间可加性、定积分的比较性质、积分中值定理、函数在区间或区域上的平均值、原函数存在定理、牛顿-莱布尼茨公式、换元积分法、分部积分法;重积分的定义及存在条件、积分的函数和性质、积分的区域可加性、二重积分的比较性质、积分中值定理、富比尼公式、换元公式;平面区域面积,立体体积,消费者剩余,生产者剩余,无穷积分*、无穷间断点的积分*(瑕积分)、伽马函数与贝塔函数的关系*、高斯积分.

(2) 要求:理解定积分、重积分的定义,理解反常积分的收敛与发散的定义;掌握积分的函数和性质、积分的区间或区域可加性、比较性质、微积分基本定理——原函数存在定理及牛顿-莱比尼茨公式、富比尼公式、"拆项"积分法、换元积分法、分部积分法;熟练地计算本章所论及的积分;会用积分求平面区域的面积和立体体积;了解函数的平均值公式以及消费者与生产者剩余;能熟练地用定义计算并判断反常积分的收敛与发散,知道伽马与贝塔函数*.

习 题 5

1. 计算下列积分:

(1) $\int_{-1}^{7} \dfrac{\mathrm{d}x}{\sqrt{4+3x}}$;

(2) $\int_{1}^{\mathrm{e}^2} \dfrac{\mathrm{d}x}{x\sqrt{1+\ln x}}$;

(3) $\int_{0}^{\frac{\pi}{6}} \dfrac{\mathrm{d}x}{\cos^2 2x}$;

(4) $\int_{0}^{\frac{\pi}{2}} \sin 2x \cos^2 x \,\mathrm{d}x$;

(5) $\int_{0}^{\ln 2} \dfrac{\mathrm{d}x}{\sqrt{\mathrm{e}^x - 1}}$;

(6) $\int_{1}^{4} \dfrac{x\,\mathrm{d}x}{1+\sqrt{x}}$;

(7) $\int_{1}^{2} \dfrac{\sqrt{x^2 - 1}\,\mathrm{d}x}{x}$;

(8) $\int_{\frac{1}{\sqrt{2}}}^{1} \dfrac{\sqrt{1-x^2}\,\mathrm{d}x}{x^2}$;

(9) $\int_{1}^{\sqrt{3}} \dfrac{\mathrm{d}x}{(4-x^2)^{3/2}}$;

(10) $\int_{0}^{\frac{\pi}{4}} \dfrac{\tan x\,\mathrm{d}x}{\sin^2 x + 1}$;

(11) $\int_{0}^{\pi} \sqrt{\sin^3 x - \sin^2 x}\,\mathrm{d}x$;

(12) $\int_{0}^{1} x\mathrm{e}^x\,\mathrm{d}x$;

(13) $\int_{1}^{\mathrm{e}} x\ln x\,\mathrm{d}x$;

(14) $\int_{\mathrm{e}}^{1} (-\ln x)^3\,\mathrm{d}x$;

(15) $\int_{0}^{1} \arcsin x\,\mathrm{d}x$;

(16) $\int_{1}^{\mathrm{e}} \sin(\ln x)\,\mathrm{d}x$;

(17) $\int_{0}^{\pi} \mathrm{e}^x \sin x\,\mathrm{d}x$;

(18) $\int_{\mathrm{e}^{-1}}^{\mathrm{e}} \mathrm{sgn}(x) \cdot \ln x\,\mathrm{d}x$;

(19) $\iint\limits_{\substack{0 \leqslant x \leqslant 1 \\ -1 \leqslant y \leqslant 0}} x\mathrm{e}^{xy}\,\mathrm{d}x\,\mathrm{d}y$;

(20) $\iint\limits_{\substack{1 \leqslant x \leqslant 2 \\ 3 \leqslant y \leqslant 4}} \dfrac{1}{(y-x)^2}\,\mathrm{d}x\,\mathrm{d}y$;

(21) $\iint\limits_{\substack{0 \leqslant x \leqslant 1 \\ x \leqslant y \leqslant 5x}} (6y+x)\,\mathrm{d}x\,\mathrm{d}y$;

(22) $\iint\limits_{\substack{1 \leqslant x \leqslant 2 \\ \frac{1}{x} \leqslant y \leqslant x}} \dfrac{x^2}{y^2}\,\mathrm{d}x\,\mathrm{d}y$;

(23) $\int_{0}^{1}\mathrm{d}x\int_{0}^{\sqrt{x}} \mathrm{e}^{-\left(\frac{y}{2}\right)^2}\,\mathrm{d}y$;

(24) $\int_{0}^{1}\mathrm{d}y\int_{0}^{y} \dfrac{\sin(1-x)}{1-x}\,\mathrm{d}x$;

(25) $\int_0^1 dx \int_{-\sqrt{x}}^{\sqrt{x}} xy\, dy + \int_1^4 dx \int_{x-2}^{\sqrt{x}} xy\, dy$;

(26) $\int_0^{\frac{1}{2}} dy \int_0^y \frac{e^x}{1-2x} dx + \int_{\frac{1}{2}}^1 dy \int_0^{1-y} \frac{e^x}{1-2x} dx$;

(27) $\iint\limits_{\substack{x^2+y^2 \leqslant 1 \\ x \geqslant 0,\, y \geqslant 0}} \ln(1+x^2+y^2)\, dx\, dy$;

(28) $\iint\limits_{\substack{1 \leqslant x \leqslant 2 \\ \frac{1}{x} \leqslant y \leqslant x}} \frac{(\sqrt{x})^4}{(\sqrt[3]{y})^6} dx\, dy$;

(29) $\iint\limits_{\frac{x^2}{a^2}+\frac{y^2}{b^2} \leqslant 1} \sqrt{1+\frac{x^2}{a^2}+\frac{y^2}{b^2}}\, dx\, dy$;

(30) $\iint\limits_{\substack{0 \leqslant x \leqslant 1 \\ 0 \leqslant y \leqslant 1-x}} e^{\frac{x}{x+y}}\, dx\, dy$;

(31) $\iint\limits_{\substack{0 \leqslant x \leqslant 2 \\ 1-x \leqslant y \leqslant 2-x}} \cos\frac{y-x}{y+x}\, dx\, dy$;

(32) $\iint\limits_{|x|+|y| \leqslant 1} e^{x+y}\, dx\, dy$;

(33) $\int_1^{+\infty} \frac{x}{(1+x)\sqrt{x^3}} dx$;

(34) $\int_1^{+\infty} \frac{1}{x\sqrt{x^2+1}} dx$;

(35) $\int_2^{+\infty} \frac{1}{x(\ln x)^p} dx$;

(36) $\int_0^{+\infty} e^{-\sqrt{x}} dx$;

(37) $\int_0^{+\infty} \frac{x\ln x}{(1+x^2)^2} dx$;

(38) $\int_2^{+\infty} \frac{1-\ln x}{x^2} dx$;

(39) $\int_0^1 \ln\frac{1}{1-x^2} dx$;

(40) $\int_1^e \frac{dx}{\sqrt{x^2-(x\ln x)^2}}$;

(41) $\int_1^e \frac{dx}{x\sqrt{\ln x}}$;

(42) $\int_{-\infty}^{+\infty} e^{-(4x^2+4x+5)} dx$;

(43) $\int_{-\infty}^{+\infty} (x^2+x+1)e^{-x^2} dx$;

(44) $\int_{-\infty}^{+\infty} e^{-\left(4x^2+\frac{a^2}{4x^2}\right)} dx$;

(45) $\iint\limits_{\substack{0 \leqslant x < +\infty \\ 0 \leqslant y < +\infty}} \frac{dx\, dy}{(x+y+1)^2}$;

(46) $\int_{-\infty}^{+\infty} \int_{-\infty}^{+\infty} e^{-x^2-y^2}\, dx\, dy$;

(47) $\iint\limits_{0 \leqslant x \leqslant y < +\infty} \frac{x}{ye^y}\, dx\, dy$;

(48) $\iint\limits_{0 \leqslant x \leqslant y < +\infty} \frac{1}{e^y \sqrt{x^2+y^2}}\, dx\, dy$;

(49) $\iint\limits_{x^2+y^2 \leqslant 1} \ln\left(\frac{1}{\sqrt{x^2+y^2}}\right) dx\, dy$;

(50) $\int_{-\infty}^{+\infty} \int_{-\infty}^{+\infty} e^{-x^2-y^2} \sin(x^2+y^2)\, dx\, dy$.

2. 确定反常积分的收敛性:

(1) $\int_1^{+\infty} \sin\frac{1}{x^2} dx$;

(2) $\int_1^{+\infty} \ln\left(1+\frac{1}{x}\right) dx$;

(3) $\int_0^{+\infty} \frac{1}{1+x^3} dx$;

(4) $\int_1^{+\infty} \frac{1}{\sqrt[3]{x^3+x^5}} dx$;

(5) $\int_{-\infty}^{+\infty} \dfrac{1}{x^2+2x+2} \, dx$;

(6) $\int_{-\infty}^{0} \dfrac{e^x}{x} \, dx$;

(7) $\int_{0}^{1} \dfrac{1}{\sqrt[3]{x^3+1}} \, dx$;

(8) $\int_{0}^{\pi} \dfrac{1}{\sqrt{\sin x}} \, dx$;

(9) $\int_{0}^{1} \dfrac{\ln x}{1-x^2} \, dx$;

(10) $\int_{0}^{1} \dfrac{\ln x}{(1-x)^2} \, dx$;

(11) $\int_{0}^{\pi/2} \dfrac{\ln(\sin x)}{\sqrt{x}} \, dx$;

(12) $\int_{0}^{2} \dfrac{1}{\ln x} \, dx$;

(13) $\iint\limits_{x^2+y^2 \geqslant 1} \dfrac{1}{(x^2+y^2)^2} \, dx \, dy$;

(14) $\iint\limits_{|x|+|y| \leqslant 1} \dfrac{1}{\sqrt{x^3}+\sqrt{y}} \, dx \, dy$;

(15) $\iint\limits_{x^2+y^2 \leqslant 1} \dfrac{1}{\sqrt{x^2+xy+y^2}} \, dx \, dy$;

(16) $\iint\limits_{x^2+y^2 \leqslant 1} \dfrac{1}{\sqrt{1-x^2-y^2}} \, dx \, dy$;

(17) $\iint\limits_{|x|+|y| \geqslant 1} \dfrac{1}{\sqrt[p]{x}+\sqrt[q]{y}} \, dx \, dy$;

(18) $\iint\limits_{x+y \geqslant 1} \dfrac{\sin x \sin y}{(x+y)^p} \, dx \, dy$.

3. 求由曲线 $y^2 = ax$, $ay = x$ 所围平面图形的面积.

4. 求由抛物线 $y^2 = 2x$ 与直线 $y = x - 4$ 所围平面图形的面积.

5. 求椭圆 $\dfrac{x^2}{a^2} + \dfrac{y^2}{b^2} = 1$ 分别绕 x 轴和 y 轴旋转一周所得的几何体的体积.

6. 某厂商生产某产品的边际成本是产量 x 的函数 $MC(x) = 3x^2 - 118x + 1\,315$,求固定成本为 2 000 元时的总成本函数.

7. 某厂商生产某产品的边际收益是产量 x 的函数 $MR(x) = 10(10-x)e^{-\frac{x}{10}}$,求总收益函数 $R(x)$.

8. 某厂商生产某产品的边际收益是产量 x 的函数 $MR(x) = 8 - 2x$(万元/百台),而边际成本为 $MC(x) = 2x$,求:(1) 利润最大时的产量;(2) 产量从利润最大时增加生产 50 台,总利润是增加还是减少? 这个量是多少?

参 考 文 献

[1] 吉米多维奇. 数学分析习题集[M]. 李荣涷,译. 北京:人民教育出版社,1953.
[2] 吉林大学数学系. 数学分析(上)[M]. 北京:人民教育出版社,1978.
[3] 吉林大学数学系. 数学分析(中)[M]. 北京:人民教育出版社,1978.
[4] 吉林大学数学系. 数学分析(下)[M]. 北京:人民教育出版社,1978.
[5] G. Klambauer. 数学分析[M]. 孙本旺,译. 长沙:湖南人民出版社,1981.
[6] 陈纪修,於崇华,金路. 数学分析(上)[M]. 北京:高等教育出版社,1999.
[7] 陈纪修,於崇华,金路. 数学分析(下)[M]. 北京:高等教育出版社,1999.
[8] 王雪标,王拉娣,聂高辉. 微积分(上)[M]. 北京:高等教育出版社,2006.
[9] 王雪标,王拉娣,聂高辉. 微积分(下)[M]. 北京:高等教育出版社,2006.
[10] 姚孟臣. 大学文科高等数学[M]. 北京:高等教育出版社,2019.
[11] 聂高辉. 经济数学基础精要与例解[M]. 北京:科学出版社,2021.

参 考 答 案

第1章 函 数

练习 1.1

1. $\dfrac{1}{4}$. 2. $e-2$.

练习 1.2

1. $(-\infty,-3] \cup [-2, 2] \cup [3,+\infty), [-2, 2], \varnothing$. 2. $x < -\dfrac{1}{2}$. 3. 略.

练习 1.3

1. (1) $0, -1.5, 0$;(2) $1, -1, 0$.

2. $\dfrac{1}{2}$, $\dfrac{2\Delta x - \Delta y}{2(2+\Delta y)\sqrt{(\Delta x)^2+(\Delta y)^2}}$.

3. $D(f)=[-1, 1], D(g)=(2n\pi, (2n+1)\pi), n \in \mathbf{Z}$.

4. $\dfrac{1-x}{1+x}$, $1-2\cos^2 x$.

5. (1) $y=\sqrt{u}, u=v+\sqrt{v}, v=\dfrac{1}{x}$;(2) $y=\lg(2+u), u=\sqrt{v}, v=\arctan x$;

(3) $y=2^u, u=xv, v=\lg x$.

6. $y=\dfrac{b-dx}{cx-a}$, $y=\begin{cases} -\sqrt{-(x+1)}, & x<-1, \\ 0, & x=0, \\ \sqrt{x-1}, & x>1. \end{cases}$

7. 略. 8. 略.基本周期 $T=8$. 9. $C(Q)=\dfrac{cR}{Q}+\dfrac{Qpi}{2}$.

10^*. $\dfrac{1}{3n+1}$. 11^*. $1-\sqrt{2}+\dfrac{1}{\sqrt{n+2}+\sqrt{n+1}}$. 12^*. $\dfrac{9}{2}+\dfrac{8n+3}{2 \cdot 5^{n+1}}$.

练习 1.4

1. (1) $nx^{n-1}+\dfrac{n(n-1)}{2}x^{n-2}\Delta x+\dfrac{n(n-1)}{3}x^{n-3}(\Delta x)^2+\cdots+(\Delta x)^{n-1}$;(2) $e^{(e^{e^x}+e^x+x)}$;

(3) $\sqrt[3]{x^2}+\sqrt[3]{x}+1$;(4) $\left(1+\sin\dfrac{2}{x}\right)^{\frac{x}{2}}$;(5) $\dfrac{x+2}{x-2}$;(6) 1;(7) $\dfrac{1}{2}\sin 2x$;(8) $\sin 4x$;

(9) $\tan\dfrac{x}{2}$;(10) $-\tan 4x$.

2. 略. 3. $\dfrac{\sin x}{2^n \sin \dfrac{x}{2^n}}$. 4. $\tan 4x$.

5. (1) $y = \sin(2\arctan t)$;(2) $y = \cos(2\arctan t)$;(3) $y = 2t$;

(4) $y = \operatorname{sgn}\left(\sin\dfrac{\pi}{t}\right) = \begin{cases} -1, & \dfrac{1}{2k} < t < \dfrac{1}{2k-1}, \\ 0, & t = \dfrac{1}{k}, \\ 1, & \dfrac{1}{2k+1} < t < \dfrac{1}{2k}. \end{cases}$

6. (1) $y = \dfrac{1+\arcsin\dfrac{x-1}{2}}{1-\arcsin\dfrac{x-1}{2}}$;(2) $y = \dfrac{8x \pm 4\sqrt{x^2-3}}{3}$;(3) $y = \dfrac{x^3+3x}{3x^2+1}$;(4) $y = \ln\sqrt{\dfrac{x}{x-2}}$.

7. $2^{\frac{1}{2}+\frac{1}{4}+\cdots+\frac{1}{2^n}}$.   8*. $S_n = \dfrac{q\cos\alpha - q^2 - q^{n+1}\cos(n+1)\alpha + q^{n+2}\cos n\alpha}{1-2q\cos\alpha + q^2}$.   9*. $S_{2n} = \dfrac{q^2(1-q^n)}{1-q}$.

10. 利润函数 $\dfrac{bx}{a+x} - ax^2 \cdot \dfrac{x+b}{x+c}$,平均成本函数 $\overline{C}(x) = \dfrac{b}{a+x} - \dfrac{ax(x+b)}{x+c}$.

11. $C(Q) = \dfrac{570 \times 5\,170}{Q} + 600 \times 5\,170 + \dfrac{14.2\% \times 600}{2}Q$.   12. $R = -\dfrac{x^2}{2} + 4x$.

习题 1

1. $\dfrac{1}{5}$;   2. $\dfrac{1}{\ln 2}$ 3. $\{1, 2, 3, 4, 5\}, \{5\}, \{1, 3, 5\}, \{1, 3, 5\}$.

4. $(-\infty, -8) \cup (12, +\infty), \left(-11, -\dfrac{1}{2}\right)$.

5. (1) $4n^2\pi^2 \leqslant x \leqslant (2n+1)^2\pi^2$;(2) $-\dfrac{1}{3} \leqslant x \leqslant 1$.   6. $x^4 + x^2 - 3$.

7. $f(x) = x^2 - x, z = 2y + (x-y)^2$.   8. (1) $(-\infty, +\infty), \dfrac{2}{\pi}$;(2) $(-\infty, 0) \cup (0, 2), 0$.

9. (1) $(-\infty, -8) \cup (0, +\infty)$, 函数无界;(2) 值域为 $\left(0, \dfrac{40}{7}\right]$, 函数有界.

10. $3x^2 + 3xh + h^2$.

11. $\dfrac{2\cos\dfrac{2x+\Delta x}{2}\sin\dfrac{\Delta x}{2} - 2\sin\dfrac{2y+\Delta y}{2}\sin\dfrac{\Delta y}{2}}{\sqrt{(\Delta x)^2 + (\Delta x)^2}}$.

12*. $\dfrac{\dfrac{2}{3}\sin\dfrac{2}{3} + \left(\dfrac{2}{3}\right)^{n+2}\sin\dfrac{2n}{3} - \left(\dfrac{2}{3}\right)^{n+1}\sin\dfrac{2n+2}{3}}{1 - \dfrac{4}{3}\cos\dfrac{2}{3} + \dfrac{4}{9}}$.

13*. $\dfrac{\cos\dfrac{1}{2^{n+1}} - \cos\dfrac{2n+3}{2^{n+1}}}{2\sin\dfrac{1}{2^{n+1}}}, \dfrac{1}{2^n}\cot\dfrac{x}{2^n} - \cot x \, (x \neq k\pi, k \in \mathbf{Z})$.   14*. $\log_a\dfrac{\sin 2^n x}{2^n \sin x}$.

15. $y = \begin{cases} px, & 0 < x \leqslant l, \\ px + 2k(x-l), & x > l. \end{cases}$ 16. $q = b + c \cdot \dfrac{p_0 - p}{p_0 - p_1}, p \in [p_1, p_0]$.

17. $\dfrac{6pV}{r}$.   18. $P(x, y) = 55x + 70y - 3xy - 2x^2 - 3y^2$.

19. $V = \dfrac{54xy - 2x^2y^2}{2x + 2y}$.

第 2 章　极限与连续

练习 2.1

1. (1) 0;(2) $\dfrac{1}{2}$;(3) 0;(4) $\dfrac{1}{3}$;(5) 0;(6) $\dfrac{6}{5}$;(7) 0;(8) $\dfrac{1}{2}$;(9) $\dfrac{1}{4}$;(10) $\dfrac{1}{2}$;(11) 0.

2. (1) 2;(2) $\dfrac{1+\sqrt{5}}{2}$;(3) $\dfrac{1+\sqrt{13}}{2}$;(4) $\sqrt{2}$.

3*. (1) $S_n = 1 + \dfrac{1-\dfrac{1}{2^{n-1}}}{1-\dfrac{1}{2}} - \dfrac{2n-1}{2^n}, 3$;(2) $S_n = \dfrac{1}{4} + \dfrac{1}{2(n+1)(n+2)}, \dfrac{1}{4}$;

(3) $S_n = 1 - \sqrt{2} + \dfrac{1}{\sqrt{n+2}+\sqrt{n+1}}, 1-\sqrt{2}$;

(4) $S_n = \dfrac{q\cos x - q^2 - q^{n+1}\cos(n+1)x - q^{n+2}\cos nx}{1 - 2q\cos x + q^2}, S = \dfrac{q\cos x - q^2}{1 - 2q\cos x + q^2}$.

4*. (1) 收敛;(2) 发散;(3) 收敛;(4) 发散;(5) 收敛;(6) 收敛;(7) 收敛;(8) 收敛;
(9) 收敛;(10) 收敛;(11) 发散;(12) 发散;(13) 收敛;(14) 收敛;(15) 收敛;(16) 发散;
(17) 收敛;(18) 发散;(19) 收敛;(20) 收敛.

练习 2.2

1. (1) $\dfrac{1}{2}$;(2) 1;(3) $\dfrac{n(n+1)}{2}$;(4) $-\dfrac{1}{2}$;(5) $\dfrac{n}{m}$;(6) 2;(7) 4;(8) $\dfrac{4}{3}$;(9) $\dfrac{n}{m}$;(10) -2.

2. (1) $(-1)^{m-n}\dfrac{n}{m}$;(2) 0;(3) $-\dfrac{1}{2}$;(4) $\dfrac{1}{3}$;(5) $-\dfrac{1}{3}$;(6) $-\dfrac{1}{2}$;(7) $\dfrac{\alpha}{\beta}a^{\alpha-\beta}$;(8) $\left(\dfrac{a}{c}\right)^b \log_c a$.

3. (1) e^3;(2) e^{2a};(3) e^2;(4) $\dfrac{4}{5}$;(5) e;(6) $(2^2 3^3 4^4)^{\frac{1}{1+2+3+4}}$;(7) 1;(8) $2\sqrt[3]{3}$.

4. (1) 5;(2) $\dfrac{4}{5}$;(3) $\dfrac{1}{4}$;(4) $\dfrac{1}{4}$;(5) 2;(6) ∞.

5. 略.　6. 略.

练习 2.3

1. (1) $x=0$,第一类可移型.(2) $x=1$,第二类无穷型.(3) $x=0$,第一类可移型.
(4) $x=1$,第一类可移型;$x=2$,第二类无穷型.
(5) $x=0$,第一类可移型;$x=(2n+1)\dfrac{\pi}{4}$,第二类无穷型.
(6) $x=0$,第二类无穷型.(7) $x=0$,第一类可移型.(8) $x=1$,第一类跳跃型.

2. $a=b=\dfrac{5}{3}$.　3. $a=2, b=0$.　4. 略.　5. 略.

6. 略.　7. 不一定.　8. 不一定.　9. 不一定.　10. 略.　11. 略.　12. 略.　13. 略.

14. $f(x) = \begin{cases} 1, & x \geqslant 0, \\ -1, & x < 0. \end{cases}$

15. 例如 $f(x) = \begin{cases} 1, & x \geqslant 0, \\ -1, & x < 0 \end{cases}$ 和 $g(x) = \begin{cases} x, & x \in [0,1] \cap \mathbf{Q}, \\ 1-x, & x \in [0,1] \cap \not\mathbf{Q} \end{cases}$ 都不连续,但 $f(g(x)) = 1$ 在区间 $[0,1]$ 上连续.　16. 略.

习题 2

1. (1) 正确;(2) 错;(3) 错;(4) 正确;(5) 正确.

2. (1) 错；(2) 正确；(3) 正确；(4) 错；(5) 错.

3. (1) 正确；(2) 错；(3) 正确；(4) 正确；(5) 错.

4. (1) 错；(2) 正确；(3) 正解；(4) 错；(5) 错.

5. (1) 错；(2) 错；(3) 错；(4) 错；(5) 正确.

6. (1) 略；(2) 略；(3) 略；(4) 略；(5) 略；(6) 略；(7) 略；(8) 略.

7. (1) 3；(2) $-\frac{1}{2}$；(3) $\frac{1}{2}$；(4) 0；(5) $\frac{1}{4}$；(6) $\sqrt[n]{b}$；(7) $\ln a$；(8) $\ln a$；(9) 0；

(10) $\frac{4}{3}$；(11) 2；(12) 1；(13) $\frac{1+\sqrt{5}}{2}$；(14) $\sqrt{2}$；(15) $\frac{1+\sqrt{5}}{2}$；(16) $\frac{1+\sqrt{13}}{2}$；(17) 0；(18) $\frac{2}{3}$；

(19) $\frac{n-m}{nm}$；(20) e；(21) $e^{-\frac{1}{2}}$；(22) $e^{-\frac{1}{2}}$；(23) $\frac{1}{2}$；(24) 0；(25) $e^{-\frac{2}{\pi}}$；(26) 1；(27) $e^{-\frac{1}{2}}$；

(28) 0；(29) 0；(30) e^{-1}；(31) $\frac{1}{2}$；(32) 2；(33) $2m$；(34) $\frac{2}{5}$；(35) 2；(36) 1.

8. $a=1, b=-1$. **9.** $f(0)=-3$. **10.** $a=-4, b=6$.

11. (1) $a>0, b\neq -1$；(2) $a=1$；(3) 4；(4) 1；(5) $a=\frac{1}{4}, b=0$；(6) $a=4, b=\frac{1}{4}$.

12. 略. **13.** 略.

14. (1) $\frac{1}{3}$；(2) 1；(3) 4；(4) $\frac{q\sin x}{1-2q\cos x+q^2}$.

15. (1) 发散；(2) 收敛；(3) 发散；(4) 收敛；(5) 发散；

(6) $|a|\leqslant 1$ 时收敛，$|a|>1$ 时发散；(7) $|x|<1$ 时收敛，$x=1$ 收敛，$x=-1$ 发散；(8) 收敛；

(9) 发散；(10) 收敛；(11) 收敛；(12) $|x|<1$ 收敛.

16. (1) 0；(2) 0；(3) e^x；(4) $\frac{\sin x}{x}$.

17. (1) 有界且有最值；(2) 有界；(3) 有界；(4) 有界.

18. 略. **19.** 略. **20.** 略. **21.** 略. **22.** 略.

第3章 微 分

练习 3.1

1. (1) $3dx, 3$；(2) $-2dx, -2$；(3) $\frac{dx}{3}, \frac{1}{3}$；(4) $0, 0$.

2. $g(a)dx, -g(a)$.

3. (1) 不可微；(2) 可微，dx 和 1；(3) 不可微；(4) 可微，0 和 0.

4. $s: y=4x-5$；$T: y=4x-4a+a^2$；$N: y=-\frac{1}{4}x+\frac{1}{4}a+a^2$.

练习 3.2

1. (1) $(4x+3)dx, 4x+3$；(2) $-\frac{2}{x^3}dx, -\frac{2}{x^3}$；(3) $\frac{1}{2\sqrt{x}}dx, \frac{1}{2\sqrt{x}}$；

(4) $\frac{1}{3\sqrt[3]{x^2}}dx, \frac{1}{3\sqrt[3]{x^2}}$.

2. (1) $\left(\frac{1}{2\sqrt{x}}-\frac{1}{3\sqrt[4]{x^3}}\right)dx, \frac{1}{2\sqrt{x}}-\frac{1}{3\sqrt[4]{x^3}}$；(2) $\left(\frac{\sin\sqrt{x}}{2\sqrt{x}}+\frac{\cos\sqrt{x}}{2}\right)dx, \frac{\sin\sqrt{x}}{2\sqrt{x}}+\frac{\cos\sqrt{x}}{2}$；

(3) $-\dfrac{1}{\sqrt[3]{(2x+1)^2}}\mathrm{d}x$,$-\dfrac{1}{\sqrt[3]{(2x+1)^2}}$;

(4) $\dfrac{(x+3)(2-x)^5-10(x+1)(x+3)(2-x)^4-14(x+1)(2-x)^5}{2\sqrt{x+1}(x+3)^8}\mathrm{d}x$,

$\dfrac{(x+3)(2-x)^5-10(x+1)(x+3)(2-x)^4-14(x+1)(2-x)^5}{2\sqrt{x+1}(x+3)^8}$;

(5) $\dfrac{3\cos\mathrm{e}^{\sqrt{\tan 3x}}\mathrm{e}^{\sqrt{\tan 3x}}\sec^2 3x}{2\sqrt{\tan 3x}}\mathrm{d}x$,$\dfrac{3\cos\mathrm{e}^{\sqrt{\tan 3x}}\mathrm{e}^{\sqrt{\tan 3x}}\sec^2 3x}{2\sqrt{\tan 3x}}$;

(6) $\dfrac{2(x+1)(x+4)}{(x^2-4)(2x+5)}\mathrm{d}x$,$\dfrac{2(x+1)(x+4)}{(x^2-4)(2x+5)}$;

(7) $\dfrac{x\cos(\arctan\sqrt{1+x^2})}{(x^2+2)\sqrt{1+x^2}}\mathrm{d}x$,$\dfrac{x\cos(\arctan\sqrt{1+x^2})}{(x^2+2)\sqrt{1+x^2}}$;

(8) $-\dfrac{1}{\sqrt{1+x^2}(1+\arcsin^2\sqrt{1+x^2})}\mathrm{d}x$,$-\dfrac{1}{\sqrt{1+x^2}(1+\arcsin^2\sqrt{1+x^2})}$;

(9) $\left(1+\dfrac{1}{x}\right)^x\left[\ln\left(1+\dfrac{1}{x}\right)-\dfrac{1}{x+1}\right]\mathrm{d}x$,$\left(1+\dfrac{1}{x}\right)^x\left[\ln\left(1+\dfrac{1}{x}\right)-\dfrac{1}{x+1}\right]$;

(10) $\left(1+\dfrac{\sin x}{x}\right)^{\frac{x}{\cos x}}\dfrac{\ln\left(1+\dfrac{\sin x}{x}\right)\cos x+\dfrac{x\cos^2 x-\sin x\cos x}{x+\sin x}+x\sin x\ln\left(1+\dfrac{\sin x}{x}\right)}{\cos^2 x}\mathrm{d}x$,

$\left(1+\dfrac{\sin x}{x}\right)^{\frac{x}{\cos x}}\dfrac{\ln\left(1+\dfrac{\sin x}{x}\right)\cos x+\dfrac{x\cos^2 x-\sin x\cos x}{x+\sin x}+x\sin x\ln\left(1+\dfrac{\sin x}{x}\right)}{\cos^2 x}$.

3. (1) $\dfrac{\mathrm{d}^2 y}{\mathrm{d}x^2}=-\dfrac{5x^4 y^6+5x^{10}}{y^{11}}$；(2) $\dfrac{\mathrm{d}y}{\mathrm{d}x}\bigg|_{(1,2)}=-\dfrac{5}{4}$；(3) $\dfrac{\mathrm{d}y}{\mathrm{d}x}\bigg|_{x=0}=-\mathrm{e}^{-1}$；

(4) $\dfrac{\mathrm{d}y}{\mathrm{d}x}\bigg|_{x=1}=1$；(5) $\dfrac{\mathrm{d}y}{\mathrm{d}x}\bigg|_{t=\frac{\pi}{4}}=0$, $\mathrm{d}x\bigg|_{t=\frac{\pi}{4}}=\dfrac{\sqrt{2}}{2}\mathrm{d}t$；(6) $\dfrac{\mathrm{d}^2 y}{\mathrm{d}x^2}=\dfrac{4}{9}\mathrm{e}^{3t}$.

4. (1) $f^n(x)=\dfrac{(-1)^{n-1}2^{n-1}n!}{(2x+1)^{n+1}}$；(2) $f^n(x)=(b\ln a)^n a^{bx+c}$；

(3) $f^n(x)=\dfrac{(n-1)!}{(1-x)^n}+\dfrac{(n-1)!(-1)^{n-1}}{(1+x)^n}$；(4) $f^{(n)}(x)=\dfrac{4^n}{2}\cos\left(\dfrac{n\pi}{z}+4x\right)$；

(5) $f^n(x)=\dfrac{(-1)^n 2^n n!}{(2x+1)^{n+1}}-\dfrac{(-1)^n n!}{2(x+1)^{n+1}}$；

(6) $f^{(n)}(x)=(a^2+b^2)^n\mathrm{e}^{ax}\sin(bx+\theta)$, $\theta=\arctan\dfrac{b}{a}$.

5. (1) $6\cos 9$；(2) -1；(3) $\dfrac{-1}{6}$；(4) 0；(5) $\dfrac{-10}{\pi}$；(6) $\dfrac{1}{a+1}$.

练习 3.3

1. 微分 $\mathrm{d}f(x,y)=y\mathrm{d}x+x\mathrm{d}y$, 各偏导数 $\dfrac{\partial f(x,y)}{\partial x}=y$, $\dfrac{\partial f(x,y)}{\partial y}=x$.

2. (1) $\dfrac{\partial f}{\partial x}=-3y$, $\dfrac{\partial f}{\partial y}=5y^4-3x$；(2) $\dfrac{\partial f}{\partial x}=\cos x\cos y$, $\dfrac{\partial f}{\partial y}=-\sin x\sin y$；

(3) $\dfrac{\partial f}{\partial x}=\dfrac{(ad-bc)y}{(cx+dy)^2}$, $\dfrac{\partial f}{\partial y}=\dfrac{(bc-ad)x}{(cx+dy)^2}$；(4) $\dfrac{\partial f}{\partial x}=300(3x+5y)^{99}$, $\dfrac{\partial f}{\partial y}=500(3x+5y)^{99}$；

(5) $\dfrac{\partial f}{\partial x}=\dfrac{x}{(1+x^2+y^2)\sqrt{x^2+y^2}}$, $\dfrac{\partial f}{\partial y}=\dfrac{y}{(1+x^2+y^2)\sqrt{x^2+y^2}}$；

(6) $\dfrac{\partial f}{\partial x} = -\dfrac{y\operatorname{sgn}(x)}{x^2+y^2}$, $\dfrac{\partial f}{\partial y} = \dfrac{|x|}{x^2+y^2}$.

3. (1) $\dfrac{\partial^2 f}{\partial x^2} = 6xy^5 + 24x^2y$, $\dfrac{\partial^2 f}{\partial x \partial y} = 15x^2y^4 + 8x^3$, $\dfrac{\partial^2 f}{\partial y^2} = 20x^3y^3$;

(2) $\dfrac{\partial^2 f}{\partial x^2} = e^{2y+xe^y}$, $\dfrac{\partial^2 f}{\partial x \partial y} = e^{y+xe^y} + xe^{2y+xe^y}$, $\dfrac{\partial^2 f}{\partial y^2} = xe^{y+xe^y} + x^2e^{2y+xe^y}$;

(3) $\dfrac{\partial^2 f}{\partial x^2} = \dfrac{2y^2}{(x-y)^3}$, $\dfrac{\partial^2 f}{\partial x \partial y} = \dfrac{-2xy}{(x-y)^3}$, $\dfrac{\partial^2 f}{\partial y^2} = \dfrac{2x^2}{(x-y)^3}$;

(4) $\dfrac{\partial^2 f}{\partial x^2} = \dfrac{-2x}{(x^2+1)^2}$, $\dfrac{\partial^2 f}{\partial y^2} = \dfrac{-2y}{(y^2+1)^2}$, $\dfrac{\partial^2 f}{\partial x \partial y} = 0$;

(5) $\dfrac{\partial^2 f}{\partial x^2} = \dfrac{-3(xy^3z+xyz^3)}{(x^2+y^2+z^2)^{\frac{5}{2}}}$, $\dfrac{\partial^2 f}{\partial y^2} = \dfrac{-3(x^3yz+xyz^3)}{(x^2+y^2+z^2)^{\frac{5}{2}}}$, $\dfrac{\partial^2 f}{\partial z^2} = \dfrac{-3(x^3yz+xy^3z)}{(x^2+y^2+z^2)^{\frac{5}{2}}}$,

$\dfrac{\partial^2 f}{\partial x \partial y} = \dfrac{3x^2y^2z + x^2z^3 + y^2z^3 + z^5}{(x^2+y^2+z^2)^{\frac{5}{2}}}$, $\dfrac{\partial^2 f}{\partial x \partial z} = \dfrac{3x^2yz^2 + y^3z^2 + y^3x^2 + y^5}{(x^2+y^2+z^2)^{\frac{5}{2}}}$,

$\dfrac{\partial^2 f}{\partial y \partial z} = \dfrac{3xy^2z^2 + x^3y^2 + x^3z^2 + x^5}{(x^2+y^2+z^2)^{\frac{5}{2}}}$;

(6) $\dfrac{\partial^2 f}{\partial x^2} = x^{y^z-2}(y^{2z} - y^z)$, $\dfrac{\partial^2 f}{\partial y^2} = \ln x \cdot x^{y^z} y^{z-2} z(z - 1 + \ln x \cdot z \cdot y^z)$,

$\dfrac{\partial^2 f}{\partial z^2} = \ln x \cdot \ln^2 y \cdot x^{y^z} y^z (1 + \ln x \cdot y^z)$, $\dfrac{\partial^2 f}{\partial x \partial y} = x^{y^z - 1} y^{z-1} z(1 + \ln x \cdot y^z)$,

$\dfrac{\partial^2 f}{\partial x \partial z} = x^{y^z - 1} y^z \ln y(1 + \ln x \cdot y^z)$, $\dfrac{\partial^2 f}{\partial y \partial z} = \ln x \cdot x^{y^z} y^{z-1}(1 + z\ln y + \ln x \cdot \ln y \cdot y^z z)$.

4. (1) $\dfrac{\partial z}{\partial x} = -\dfrac{x}{3z}$, $\dfrac{\partial^2 z}{\partial x \partial y} = -\dfrac{2xy}{9z^3}$, $\dfrac{\partial^2 z}{\partial y^2} = -\dfrac{6z^2 + 4y^2}{9z^3}$;

(2) $\dfrac{\partial^2 z}{\partial x^2} = \dfrac{1}{xy(1-e^{xyz})}\left[\dfrac{e^{xyz}}{(e^{xyz}-1)^2} + \dfrac{e^{xyz} + 3yze^{xyz} - yze^{2xyz} - 2yz - 2}{x(e^{xyz}-1)}\right]$,

$\dfrac{\partial^2 z}{\partial x \partial y} = \dfrac{1}{xy(1-e^{xyz})}\left[\dfrac{e^{xyz}}{(e^{xyz}-1)^2} + \dfrac{xe^{xyz} - y}{xy(e^{xyz}-1)}\right]$,

$\dfrac{\partial^2 z}{\partial y^2} = \dfrac{1}{xy(1-e^{xyz})}\left[\dfrac{e^{xyz}}{(e^{xyz}-1)^2} + \dfrac{e^{xyz} + 3xze^{xyz} - xze^{2xyz} - 2xz - 2}{y(e^{xyz}-1)}\right]$;

(3) $\left(\dfrac{\partial z}{\partial x} = -\dfrac{1}{1-\cos(y+z)}, \dfrac{\partial^2 z}{\partial x \partial y} = \dfrac{\sin(y+z)}{[1-\cos(y+z)]^3}, \dfrac{\partial^2 z}{\partial y^2} = -\dfrac{\sin(y+z)}{[1-\cos(y+z)]^3}\right)$;

(4) $\dfrac{\partial u}{\partial x} = \dfrac{\cos\dfrac{v}{u}}{\cos\dfrac{v}{u}\cos\dfrac{u}{v} - \dfrac{u^2}{v^2}\sin\dfrac{u}{v}\sin\dfrac{v}{u}}$, $\dfrac{\partial u}{\partial y} = \dfrac{-\dfrac{u^2}{v^2}\sin\dfrac{u}{v}}{\cos\dfrac{v}{u}\cos\dfrac{u}{v} - \dfrac{u^2}{v^2}\sin\dfrac{u}{v}\sin\dfrac{v}{u}}$,

$\dfrac{\partial v}{\partial x} = \dfrac{\sin\dfrac{v}{u} - \dfrac{v}{u}\cos\dfrac{v}{u}}{-\cos\dfrac{v}{u}\cos\dfrac{u}{v} + \dfrac{u^2}{v^2}\sin\dfrac{u}{v}\sin\dfrac{v}{u}}$, $\dfrac{\partial v}{\partial y} = \dfrac{\dfrac{u}{v}\sin\dfrac{u}{v} - \cos\dfrac{u}{v}}{-\cos\dfrac{v}{u}\cos\dfrac{u}{v} + \dfrac{u^2}{v^2}\sin\dfrac{u}{v}\sin\dfrac{v}{u}}$,

$du = \dfrac{\cos\dfrac{v}{u}}{\cos\dfrac{v}{u}\cos\dfrac{u}{v} - \dfrac{u^2}{v^2}\sin\dfrac{u}{v}\sin\dfrac{v}{u}}dx + \dfrac{-\dfrac{u^2}{v^2}\sin\dfrac{u}{v}}{\cos\dfrac{v}{u}\cos\dfrac{u}{v} - \dfrac{u^2}{v^2}\sin\dfrac{u}{v}\sin\dfrac{v}{u}}dy$,

$$dv = \frac{\sin\dfrac{v}{u} - \dfrac{v}{u}\cos\dfrac{v}{u}}{-\cos\dfrac{v}{u}\cos\dfrac{u}{v} + \dfrac{u^2}{v^2}\sin\dfrac{u}{v}\sin\dfrac{v}{u}}dx + \frac{\dfrac{u}{v}\sin\dfrac{u}{v} - \cos\dfrac{u}{v}}{-\cos\dfrac{v}{u}\cos\dfrac{u}{v} + \dfrac{u^2}{v^2}\sin\dfrac{u}{v}\sin\dfrac{v}{u}}dy.$$

5. (1) $\dfrac{\partial^n z}{\partial x^n} = \dfrac{\sin y (-1)^n 2^n n!}{(2x+1)^{n+1}}$, $\dfrac{\partial^n z}{\partial y^n} = \dfrac{\sin\left(y + \dfrac{\pi}{2}n\right)}{2x+1}$;

(2) $\dfrac{\partial^n z}{\partial x^n} = \dfrac{(-1)^{n-1}(n-1)!}{(x+y)^n}$, $\dfrac{\partial^n z}{\partial y^n} = \dfrac{(-1)^{n-1}(n-1)!}{(x+y)^n}$;

(3) $\left(\dfrac{\partial^2 z}{\partial x^2} \cdot \dfrac{\partial^2 z}{\partial y^2}\right)\bigg|_{(0,0)} = \dfrac{1}{16}$;

(4) $\left(\dfrac{\partial^2 u}{\partial x^2} + \dfrac{\partial^2 u}{\partial y^2} + \dfrac{\partial^2 u}{\partial z^2}\right)\bigg|_{(1,2,3)} = 0$.

练习 3.4

1. $y = 1 + 2x$, $y = 1 - \dfrac{x}{2}$. **2.** $y = a + \dfrac{1}{na^{n-1}}x$, $y = a + \dfrac{x}{2a}$. **3.** $z = \ln 2 + \dfrac{x}{2} + \dfrac{y}{z}$.

4. 0.8104, 1.007, 0.97, 108.972.

5. $v(t) = t^3 - 9t^2 + 4t + 1$(百千米/小时),加速度 $a(t) = 3t^2 - 18t + 4$(百千米/小时),$j(4) = 16$(百千米/小时).

6. $C(900) = 1775$, $\bar{C}(900) = 1.97$, $\dfrac{\Delta C}{\Delta x} = 1.58$, $C'(900) = 1.5$. **7.** $\dfrac{p}{20-p}$, $\dfrac{3}{17}$, 0.82, 16.

8. 74, 110; $-\dfrac{4}{5}$, $-\dfrac{1}{4}$; $MR(x) = 55 - 2x - 2y$, $MR(y) = 70 - 2x - 4y$, $\dfrac{71}{20}$, $\dfrac{31}{10}$.

9. (1) $E_{Q_1 p_2} = \dfrac{p_2}{40 - 2p_1 + p_2}$, $E_{Q_2 p_1} = \dfrac{p_1}{15 + p_1 - p_2}$,两市场是替代关系;

(2) $E_{Rp_1} = \dfrac{p_1 Q_1 (1 - E_{Q_1 p_1}) + p_2 Q_2 E_{Q_2 p_1}}{R}$, $E_{Rp_2} = \dfrac{p_2 Q_2 (1 - E_{Q_2 p_2}) + p_1 Q_1 E_{Q_1 p_2}}{R}$,商品是低弹性商品时,两市场的价格上涨都将带来收益的增加;

(3) 产量为 18,因为在这产量上再多生产一单位的产量边际利润是负的,从而利润下降.

10. (1) $3L^2$, $6KL$;(2) $3L^2$, $3KL$;(3) $\Delta P \approx 3L^2 \Delta K + 6KL \Delta L$.

11. (1) $E_{q_1 p_1} = \dfrac{2p_1}{14 - 2p_1 + p_2 + I}$, $E_{q_2 p_2} = \dfrac{2p_2}{20 + p_1 - 2p_2 + I}$;

(2) $E_{q_1 p_2} = \dfrac{p_2}{14 - 2p_1 + p_2 + I}$, $E_{q_2 p_1} = \dfrac{p_1}{20 + p_1 - 2p_2 + I}$;

(3) $E_{q_1 I} = \dfrac{I}{14 - 2p_1 + p_2 + I}$, $E_{q_2 I} = \dfrac{I}{20 + p_1 - 2p_2 + I}$;

(4) $\{(x, y) \mid 0 \leqslant x \leqslant 24 + 1.5I, 12 + 1.5I \geqslant y \geqslant 0\}$.

习题 3

1. $f'(x) = \begin{cases} 2x, & -\infty < x \leqslant 1, \\ 2, & 1 < x < +\infty. \end{cases}$

2. $g(a) \sin 2a$.

3. (1) $-2x \tan(x^2 + 1)$;(2) $\dfrac{2x}{2\sqrt{1-x^2}} a^{\cot\sqrt{1-x^2}} \ln a \csc^2 \sqrt{1-x^2}$;

(3) $(1+x^2)^{\sin x} 2x \left[\cos x^2 \ln(1+x^2) + \dfrac{\sin x^2}{1+x^2}\right]$;(4) $\dfrac{1}{3}\left[\dfrac{\sec x}{\sqrt[3]{3 + \tan x}}\right]^2$;(5) $\dfrac{1 + 3\sin 3x}{x - \cos 3x}$;

(6) $-\frac{1}{2}\sqrt{\frac{1-\sin x}{1+\sin x}}\left(\frac{\cos x}{1-\sin x}+\frac{\cos x}{1+\sin x}\right)$; (7) $\sqrt{a^2-x^2}$; (8) $-\frac{\sin 2x}{\sqrt{1+\cos^4 x}}$;

(9) $\frac{e^x-1}{e^{2x}+1}$; (10) $\frac{4}{(1+x^2)^2\sqrt{1-x^2}}$; (11) $-\frac{e^x}{\sqrt{1+e^{2x}}}$; (12) $\frac{\arcsin e^x - \sqrt{1-e^{2x}}}{\sqrt{1-e^{2x}}}e^x$;

(13) $\frac{\partial z}{\partial x}=\frac{1}{y^2}$, $\frac{\partial z}{\partial y}=-\frac{2x}{y^3}$; (14) $\frac{\partial z}{\partial x}=\frac{x^2-y^2}{x^2 y}$, $\frac{\partial z}{\partial y}=\frac{y^2-x^2}{xy^2}$;

(15) $\frac{\partial z}{\partial x}=\frac{6x}{3x^2+2y^3}$, $\frac{\partial z}{\partial y}=\frac{6y}{3x^2+2y^3}$; (16) $\frac{\partial z}{\partial x}=\frac{y}{x^2+y^2}$, $\frac{\partial z}{\partial y}=-\frac{x}{x^2+y^2}$;

(17) $\frac{\partial z}{\partial x}=\frac{y}{\sqrt{1-x^2 y^2}}$, $\frac{\partial z}{\partial y}=\frac{x}{\sqrt{1-x^2 y^2}}$; (18) $\frac{\partial z}{\partial x}=\frac{1}{1+x^2}$, $\frac{\partial z}{\partial y}=\frac{1}{1+y^2}$;

(19) $\frac{\partial z}{\partial x}=\frac{(x^2+1)y}{\sqrt{x^2+y^2-x^2 y^2}}$, $\frac{\partial z}{\partial y}=\frac{(y^2+1)x}{\sqrt{x^2+y^2-x^2 y^2}}$;

(20) $\frac{\partial z}{\partial x}=-\sin y(\cos x)^{\sin y-1}\sin x$, $\frac{\partial z}{\partial y}=(\cos x)^{\sin y}\cos y\ln\sin x$;

(21) $\frac{\partial z}{\partial x}=\left(\frac{x}{y}\right)^{\frac{y}{x}}\frac{x-y}{x^2}$, $\frac{\partial z}{\partial y}=\left(\frac{x}{y}\right)^{\frac{y}{x}}\frac{y-x}{xy}$;

(22) $\frac{\partial z}{\partial x}=\frac{2(x^3+y^2)\cos(x^2+y^2)-x\sin(x^2+y^2)}{\sqrt{(x^2+y^2)^3}}$,

$\frac{\partial z}{\partial y}=\frac{2(y^3+x^2)\cos(x^2+y^2)-y\sin(x^2+y^2)}{\sqrt{(x^2+y^2)^3}}$;

(23) $\frac{\partial z}{\partial x}=\ln\frac{x+\sqrt{x-y^2}}{y}+\frac{xy+y\sqrt{x-y^2}}{(x+\sqrt{x-y^2})\sqrt{x-y^2}}$, $\frac{\partial z}{\partial y}=\frac{x}{\sqrt{x-y^2}}$;

(24) $\frac{\partial z}{\partial x}=-\ln|x+\sqrt{x^2+y^2}|$, $\frac{\partial z}{\partial y}=\frac{y}{(x+\sqrt{x^2+y^2})}$.

4. (1) $dy=\frac{\cos x}{2+\sin y}dx$; (2) $dy=\frac{(1+y^2)e^{x+y}}{1-(1+y^2)e^{x+y}}dx$; (3) $dy=\frac{x^2 y-e^{\frac{y}{x}}x^2 y-e^{\frac{y}{x}}y^3}{x^3+e^{\frac{y}{x}}x^3+e^{\frac{y}{x}}xy^2}dx$;

(4) $dz=\frac{x\tan\frac{\sqrt{x^2+y^2}}{z}+zx\sqrt{x^2+y^2}\sec^2\frac{\sqrt{x^2+y^2}}{z}}{z^2\sqrt{x^2+y^2}+(x^2+y^2)\sec^2\frac{\sqrt{x^2+y^2}}{z}}dx$

$+\frac{y\tan\frac{\sqrt{x^2+y^2}}{z}+zy\sqrt{x^2+y^2}\sec^2\frac{\sqrt{x^2+y^2}}{z}}{z^2\sqrt{x^2+y^2}+(x^2+y^2)\sec^2\frac{\sqrt{x^2+y^2}}{z}}dy$;

(5) $dz=\frac{-yz+x^2}{xy-z^2}dx+\frac{-xz+y^2}{xy-z^2}dy$; (6) $dz=\frac{y^2 z}{yz^2+xy^2}dx+\frac{z^3}{yz^2+xy^2}dy$;

(7) $d^2 y=-\frac{(2+\sin y)^2\sin x+\cos^2 x\cos y}{(2+\sin y)^3}dx^2$;

(8) $d^2 z=\frac{\sin(x+y+z)dx^2+\sin(x+y+z)dxdy+2\sin(x+y+z)dy^2}{(1-\cos(x+y+z))^3}$.

5. (1) $f^{(100)}=e^x(990+200x+x^2)$; (2) $f^{(n)}=\frac{1}{2}\sin\left(\frac{n\pi}{2}+2x\right)$;

(3) $f^{(n)} = -\dfrac{1}{4}\dfrac{(-1)^n n!}{(x+1)^{n+1}} + \dfrac{7}{4}\dfrac{(-1)^n n!}{(x-3)^{n+1}}$；(4) $\dfrac{\partial^{n+m}z}{\partial x^n \partial y^m} = \dfrac{(-1)^{n+1} n!}{(x+1)^{n+1}}\sin\left(\dfrac{m\pi}{2}+y\right)$；

(5) $\dfrac{\partial^{n+m}z}{\partial x^n \partial y^m} = \dfrac{(-1)^n 2^n n!}{(2x+1)^{n+1}} + \dfrac{(-1)^m 3^m m!}{(3y+1)^{m+1}}$；(6) $\dfrac{\partial^2 z}{\partial x \partial y} = \dfrac{z^5 - 2xyz^3 - x^2 y^2 z}{(z^2 - xy)^2}$.

6. 割线：$y = 4x - 3$；切线：$y = 4x - 4$. **7.** $-0.002, 2.95$. **8.** $y = x, z = 1 + x + y$.

9. $3 + x, \dfrac{50}{\sqrt{x}}, \dfrac{50}{\sqrt{x}} - 3 - x, -1$.

10. (1) $C(x) = 60\,000 + 20x, C'(x) = 20$；(2) $R(x) = 60x - \dfrac{x^2}{1\,000}, R'(x) = 60 - \dfrac{x}{500}$；

(3) $g(x) = 40x - \dfrac{x^2}{1\,000} - 60\,000, g'(x) = 40 - \dfrac{x}{500}$；(4) $E_{xp} = \dfrac{p}{p - 60}$.

第 4 章　微分中值定理与原函数

练习 4.1

1. 略. **2.** 略. **3.** 略. **4.** 略.

练习 4.2

1. (1) $a^a(\ln a - 1)$；(2) $2\ln a$；(3) 1；(4) 1；(5) $\dfrac{1}{3}$；(6) $+\infty$；

(7) ∞；(8) 1；(9) 1；(10) e^{-1}；(11) 0；(12) 1.

练习 4.3

1. 单调递增区间为 $\left(\dfrac{1}{\sqrt[3]{2}}, +\infty\right)$，递减区间为 $\left(-\infty, \dfrac{1}{\sqrt[3]{2}}\right)$；极小值为 $\dfrac{1}{\sqrt[3]{4}} + \sqrt[3]{2}$，无极大值；凹区间为 $(-\infty, -1), (0, +\infty)$，凸区间为 $(-1, 0)$；拐点为 $(-1, 0)$.

2. 最大值为 40，最小值为 8.

3. 略.

4. 极大值为 0，极小值为 -8.

5. 极大值为 $12\sqrt{2} - 7$，极小值为 $25 - 12\sqrt{2}$.

6. 最大值为 9，最小值为 0.

7. $Q = \dfrac{5}{4}$.

8. $p_1 = 65, p_2 = 105$.

9. (1) 最优批量 5 170 吨；(2) 最优批次为 1；(3) 最小费用 330.33 万元.

练习 4.4

1. (1) $10x, 10x + C$；(2) $2\sin x, 2\sin x + C$；(3) $2\tan x, 2\tan x + C$；

(4) $2\ln(x + \sqrt{x^2 + a^2}), 2\ln(x + \sqrt{x^2 + a^2}) + C$；

(5) $2\ln(x - \sqrt{x^2 - a^2}), 2\ln(x - \sqrt{x^2 - a^2}) + C$；(6) $2\cot x, 2\cot x + C$；

(7) $2\operatorname{arccot} x, 2\operatorname{arccot} x + C$；(8) $2\csc x, 2\csc x + C$.

2. (1) $\dfrac{x^2}{2} + 2\sqrt{x} + C$；(2) $x^3 - \dfrac{2}{\sqrt{x}} + C$；(3) $\dfrac{1}{7}x^7 + \dfrac{1}{2}x^4 + x + C$；

(4) $\dfrac{6}{23}x^{\frac{23}{6}} + \dfrac{8}{11}x^{\frac{11}{6}} - \dfrac{6}{5}x^{\frac{5}{6}} + C$；(5) $\dfrac{1}{\ln 4}4^x + \dfrac{1}{\ln 9}9^x + \dfrac{2}{\ln 6}6^x + C$；(6) $\tan x - x + C$.

(7) $-2\cot 2x + C$; (8) $\sin x + \cos x + C$; (9) $x + \operatorname{arccot} x + C$; (10) $\dfrac{a^x}{\ln a} + \cot x + C$;

(11) $\tan x - \cot x + C$; (12) $\dfrac{2x^{\frac{5}{2}}}{5} + x + C$; (13) $\arcsin x + C$; (14) $\dfrac{e^{2x}}{2} - e^x + x + C$.

3. $f(x) = \ln x + C$.

4. $f(x) = x - \dfrac{x^2}{2} + C$.

5. $y = x^2 + 1$.

6. $65x - 0.35x^2$, $Q = \dfrac{1\,300}{7} - \dfrac{20p}{7}$.

练习 4.5

1. (1) $\dfrac{3}{2}x^2 + 4e^x + C$; (2) $2\ln x - 4\cos x + C$; (3) $x + \operatorname{arccot} x + C$; (4) $\dfrac{1}{2}x - \dfrac{1}{4}\sin 2x + C$.

2. (1) $-\cos e^x + C$; (2) $\dfrac{1}{4}\arcsin x^2 + \dfrac{1}{4}x^2\sqrt{1-x^4} + C$; (3) $\arctan e^x + C$;

(4) $\dfrac{3}{2}x^{\frac{2}{3}} - 3\sqrt[3]{x} + 3\ln(1 + \sqrt[3]{x}) + C$; (5) $-\arcsin \dfrac{1}{x} + C$;

(6) $\dfrac{1}{2}x\sqrt{x^2+1} + \dfrac{1}{2}\ln(x + \sqrt{x^2+1}) + C$.

3. (1) $\dfrac{x^2 2^x}{\ln 2} - \dfrac{x 2^{x+1}}{\ln^2 2} + \dfrac{2^{x+1}}{\ln^3 2} + C$; (2) $-x\cos x + \sin x + C$;

(3) $x\arctan x - \dfrac{1}{2}\ln(1+x^2) + C$; (4) $\dfrac{1}{2}x^2 \ln x - \dfrac{1}{4}x^2 + C$;

(5) $x\tan x + \ln|\cos x| + C$; (6) $\ln(\sin x - \cos x) + C$;

4. (1) $(1+x)\ln(1+x) - x \ (|x| < 1)$;

(2) $\begin{cases} \ln(1+4x^2) - 2 + \dfrac{1}{x}\arctan 2x, & 0 < |x| < \dfrac{1}{2}, \\ 0, & x = 0; \end{cases}$

(3) $-\dfrac{\pi}{4}$; (4) 3.

习题 4

1. 作辅助函数 $F(x) = f(x) - x$. 2. 作辅助函数 $F(x) = e^x(f(x) - x)$.

3. 应用拉格朗日中值定理.

4. 对函数 $g(x) = \dfrac{f(x)}{x}$, $h(x) = \dfrac{1}{x}$ 在区间 $[a, b]$ 上使用柯西中值定理.

5. (1) 2; (2) -2; (3) 0; (4) 1/3; (5) 0; (6) 0; (7) $-1/2$; (8) 1/3; (9) $e^{-\frac{2}{\pi}}$; (10) $e^{-\frac{2}{\pi}}$;
(11) 1; (12) 1; (13) e; (14) 1; (15) $+\infty$; (16) 0.

6. (1) $(-\infty, 0]\uparrow$, $(0, 2)\downarrow$, $[2, +\infty)\uparrow$; (2) $(-\infty, -1)\downarrow$, $(-1, 1)\uparrow$, $[1, +\infty)\downarrow$;

(3) $(-\infty, +\infty)\uparrow$; (4) $(-\infty, -1]\downarrow$, $(-1, 0]\uparrow$, $(0, 1]\downarrow$, $(1, +\infty)\uparrow$.

7. (1) 极大值 0, 极小值 -4; (2) 极大值 $\dfrac{108}{3\,125}$, 极小值 0; (3) 极大值 $2^{\frac{2}{3}}$;

(4) 极小值 2, 极大值 -2; (5) 极小值 $-\dfrac{4}{3}$; (6) 极小值 $-\dfrac{1}{27}$.

8. (1) 最小值 2, 最大值 66; (2) 最大值 132, 最小值 0; (3) 最大值 9, 最小值 0; (4) 最大值 2, 最小值 -2.

9. (1) 凹区间为 $(-\infty, -1)$，凸区间为 $(1, +\infty)$，拐点为 $(1, 2)$；

(2) 凹区间为 $(0, +\infty)$，凸区间为 $(-\infty, 0)$，拐点位 $(0, 0)$；

(3) 凹区间为 $(-1, 1)$，凸区间为 $(-\infty, -1)$，$(1, +\infty)$，拐点为 $(-1, \ln 2)$，$(1, \ln 2)$；

(4) 凹区间为 $\left(-\infty, \dfrac{\sqrt{2}}{2}\right)$，$\left(\dfrac{\sqrt{2}}{2}, +\infty\right)$，凸区间为 $\left(-\dfrac{\sqrt{2}}{2}, \dfrac{\sqrt{2}}{2}\right)$，拐点为 $\left(-\dfrac{\sqrt{2}}{2}, \mathrm{e}^{-\frac{1}{2}}\right)$，$\left(\dfrac{\sqrt{2}}{2}, \mathrm{e}^{-\frac{1}{2}}\right)$.

10. 略.

11. $x = 250$.

12. $p = 6.5$，最大利润为 25 元.

13. $Q = 250$，最大利润为 850 元.

14. 边际收益 $MR = 26 - 4Q - 12Q^2$，边际成本 $MC = 8 + 2Q$，企业获得最大利润时的最优产量 $Q = 1$ 和最大利润为 11，企业平均成本最节省时的最优产量 $Q = 0$.

15. (1) 边际成本 $MC = 3 + Q$；(2) 边际收益 $MR = \dfrac{50}{\sqrt{Q}}$；(3) 边际利润为 $\dfrac{50}{\sqrt{Q}} - 3 - Q$；(4) 收益的价格弹性 $e = -1$.

16. (1) 收益函数 $R = p \ln 100 - p \ln p^2$，边际收益函数 $MR = \ln 100 - 2 - \ln p^2$；(2) 收益最大时的产量 $Q = 2$，最大收益为 $\dfrac{20}{\mathrm{e}}$ 和价格 $p = \dfrac{10}{\mathrm{e}}$；(3) 需求价格弹性 $e = \dfrac{1}{\ln p - \ln 10}$.

17. 最优产量 $Q_1 = 6$，$Q_2 = 4$，价格 $p = 80$ 及最大利润为 440.

18. 利润最大时每种产品的产出为 $x = 5$，$y = 7.5$ 及最大利润为 550.

19. (1) 利润最大时产量 $x = 3$，$y = 0.75$，最大利润为 511.25；(2) 利润最大时产量 $x = 3$，$y = 0.75$ 及最大利润 511.25.

20. (1) $\dfrac{2}{3} x^{\frac{3}{2}} + 2\sqrt{x} + C$；(2) $x + 2\arctan x + C$；(3) $\dfrac{4^x}{\ln 4} + \dfrac{2}{\ln 6} 6^x + \dfrac{9^x}{\ln 9} + C$；

(4) $-\dfrac{2}{\ln 5} \dfrac{1}{5^x} - \dfrac{5}{\ln 2} \dfrac{1}{2^x} + C$；(5) $\dfrac{1}{2\,000} (2x - 3)^{1\,000} + C$；(6) $2\arctan \sqrt{x} + C$；

(7) $\arcsin(2x - 1) + C$；(8) $\arccos \dfrac{1}{x} + C$；(9) $\ln \left| \dfrac{x \mathrm{e}^x}{1 + x \mathrm{e}^x} \right| + C$；

(10) $\ln \left| \dfrac{x^x}{1 + x^x} \right| + C$；(11) $\ln \left| \dfrac{x \mathrm{e}^x}{1 + \sqrt{1 + x^2 \mathrm{e}^{2x}}} \right| + C$；(12) $\dfrac{1}{3} \arccos^3 \dfrac{1}{x} + C$；

(13) $\dfrac{1}{2} \mathrm{arccot}(\cos^2 x) + C$；(14) $\dfrac{1}{2} \arctan(\sin^2 x) + C$；(15) $\ln |\sec x + \tan x| + C$；

(16) $-\cot x - \dfrac{1}{3} \cot^3 x + C$；(17) $-\dfrac{1}{2} \arctan(\cos 2x) + C$；(18) $-\dfrac{\sqrt{3}}{3} \arctan(\sqrt{3} \cos 2x) + C$；

(19) $x \tan \dfrac{x}{2} + C$；(20) $x(\tan x + \sec x) + C$；(21) $\ln \left| \dfrac{\sqrt{1 + \mathrm{e}^x} - 1}{\sqrt{1 + \mathrm{e}^x} + 1} \right| + C$；

(22) $6\sqrt{1 + \sqrt[3]{x}} + 3\sqrt{1 + \sqrt[3]{x}} \sqrt[6]{x} - 3\ln \left| \sqrt{1 + \sqrt[3]{x}} + \sqrt[6]{x} \right| + C$；

(23) $3\sqrt{1 + \sqrt[3]{x}} \sqrt[6]{x} - 3\ln \left| \sqrt{1 + \sqrt[3]{x}} + \sqrt[6]{x} \right| + C$；

(24) $\sqrt{x} + \dfrac{1}{2} x - \dfrac{1}{2}(1 + x)\sqrt{x} - \dfrac{1}{2} \ln |1 + x + \sqrt{x}| + C$；

(25) $-\dfrac{a^2}{2} \arccos \dfrac{x}{a} - \dfrac{1}{2} x \sqrt{a^2 - x^2} + C$；(26) $-\dfrac{1}{a^2} \dfrac{\sqrt{a^2 + x^2}}{x} + C$；

(27) $\dfrac{1}{2} \ln |x^2 + \sqrt{1 + x^4}| + \dfrac{1}{2} \ln \left| \dfrac{x^2}{1 + \sqrt{1 + x^4}} \right| + C$；

(28) $\frac{x}{2}\sqrt{9+x^2} - \frac{9}{2}\ln\left|\sqrt{1+\frac{x^2}{9}} + \frac{x}{3}\right| + C$;

(29) $-\frac{x^2+1}{9}\sqrt{x^2+1} + \frac{(x^2+1)^{\frac{3}{2}}}{3}\ln\sqrt{x^2-1} - \frac{\sqrt{2}}{3}\ln\frac{\sqrt{x^2+1}-\sqrt{2}}{\sqrt{x^2+1}+\sqrt{2}} + C$;

(30) $\left(\frac{1}{4}x^4 + \frac{1}{2}x^2\right)\arctan x - \frac{1}{12}x^3 - \frac{1}{4}x + \frac{1}{4}\arctan x + C$;

(31) $\frac{3}{5}x + \frac{1}{5}\ln|\sin x - 2\cos x| + C$;

(32) $\frac{3}{34}x + \frac{5}{34}\ln|5\sin x + 3\cos x| + C$;

(33) $\left(\frac{3-x}{1-x} - \ln\frac{x}{\sqrt{1-x}}\right)\sqrt{1-x^2} - \frac{1}{2}\arcsin x - \ln\frac{1+\sqrt{1-x^2}}{x} + C$;

(34) $\frac{1}{2(1-x^2)}\ln(x+\sqrt{1+x^2}) + \frac{1}{4\sqrt{2}}\ln\frac{\sqrt{1+x^2}-\sqrt{2}x}{\sqrt{1+x^2}+\sqrt{2}x} + C$.

21*. (1) $\frac{1+x}{(1-x)^3}(|x|<1)$; (2) $\frac{x(3-x)}{(1-x)^3}(|x|<1)$; (3) $\ln\frac{1}{1-x}(|x|<1)$;

(4) $-x\ln(1-x^2) + \ln\frac{1+x}{1-x}(|x|<1)$; (5) $2-\ln 4$; (6) 6; (7) $\ln 3 - \ln 2$; (8) $\ln 2$.

第5章 积　　分

练习5.1

1. $\frac{1}{4}$. 2. $\frac{1}{3}$e.

练习5.2

1. (1) 30; (2) $\frac{4e}{3} - 1$; (3) $\frac{\pi}{4}$; (4) $6\frac{2}{3}$; (5) $\frac{4}{3}$; (6) e; (7) $\frac{\pi}{3}$; (8) 1.

2. (1) $1 - \frac{2}{e}$; (2) $\frac{\pi}{2} - 1$; (3) $2 - \frac{2}{e}$; (4) $\frac{4e^3}{9} + \frac{2}{9}$; (5) $\frac{e^{\frac{\pi}{2}}}{2} + \frac{1}{2}$;

(6) $\frac{2}{7}$; (7) $\arctan e - \frac{\pi}{4}$; (8) $\frac{2^{2n}(n!)^2}{(2n+1)!}$; (9) $6 - 2e$; (10) $\frac{\pi^2}{4}$;

(11) $\sin\frac{\pi^2}{4} - \ln\left(1 + \sin\frac{\pi^2}{4}\right)$; (12) $\frac{\pi}{16}$.

3. (1) $-\sin x \cos(\pi\cos^2 x) - \cos x \cos(\pi\sin^2 x)$; (2) $\frac{3x^2}{\sqrt{1+x^{12}}} - \frac{2x}{\sqrt{1+x^8}}$; (3) $\frac{1}{4}$; (4) 1.

4. (1) $\int_0^{\frac{\pi}{2}}\sin^2 x\,dx$ 较大; (2) $\int_0^1 e^{x^2}\,dx$ 较大; (3) $\int_1^2 x\ln x\,dx$ 较大; (4) $\int_1^e \ln x\,dx$ 较大.

5. 用介值定理或用微分中值定理. 6. 令 $u = x^2$. 7. 令 $x = -t$. 8. 用柯西中值定理.

练习5.3

1. (1) $\frac{4}{3}$; (2) $\frac{\ln 2}{10}$; (3) $1 - \cos 1$; (4) $\frac{1-\cos 1}{2}$; (5) $\frac{45}{8}$; (6) $\frac{1}{4}(e-1)$.

2. (1) $\frac{1}{2}\sin 1$; (2) $e^{-\frac{1}{2}}$; (3) $4\pi^{-3}(\pi+2)$; (4) $\frac{e-1}{2}$; (5) $\frac{1}{4}(e-1)$; (6) $\frac{3}{2}e^4 + \frac{1}{2}$.

3. (1) $\dfrac{\pi}{4}(\ln 4-1)$；(2) $\pi-\dfrac{\pi}{e}$；(3) $\dfrac{\pi^2}{8}-\dfrac{\pi}{4}$；(4) $\dfrac{2\pi}{3}ab$；(5) $\dfrac{8}{5}\ln 8$；(6) $\dfrac{3}{2}\sin 1$.

4. 用介值定理． 5. 用绝对值定义．

6. 考虑实数 λ 的二次三项式 $[f(x,y)+\lambda g(x,y)]^2$． 7. 用介值定理．

练习 5.4

1. (1) $b-a$；(2) 2；(3) $2\sqrt{2}$；(4) $e+\dfrac{1}{e}-2$．

2. (1) $\dfrac{\pi}{5}$；(2) $\dfrac{3\pi}{10}$；(3) $160\pi^2$；(4) $\dfrac{128\pi}{7}$ 和 $\dfrac{64\pi}{5}$．

3. 36． 4. $\dfrac{4\pi}{3}abc$． 5. 8 年，12 百万元． 6. (1) 20 万元；(2) 3.2 万元；(3) 5.4 万元．

练习 5.5

1. (1) $\dfrac{1}{2}$；(2) $\dfrac{\sqrt{2}}{2}+\dfrac{\ln(\sqrt{2}-1)}{2}$；(3) 1；(4) $\ln\dfrac{3}{2}$；(5) $\dfrac{\pi}{2}$；

(6) $\ln\dfrac{1}{2}$；(7) $\dfrac{\pi}{2\sqrt{2}}$；(8) $\ln 2$；(9) $\dfrac{\pi}{2}-1$；(10) $\dfrac{b}{a^2+b^2}$．

2. (1) π；(2) -1；(3) $\dfrac{2}{3}\ln 2$；(4) $\dfrac{2\pi}{3\sqrt{3}}$；(5) $\dfrac{\pi}{3}(a+b)$；(6) π；(7) $\dfrac{\pi}{2}$；(8) $\dfrac{8}{3}$；(9) 1；(10) $\dfrac{\pi}{2}$；

(11) $-\dfrac{\pi}{2}\ln 2$；(12) $-\dfrac{\pi}{2}\ln 2$；(13) 3；(14) $\pi+2$；(15) $\pi+\dfrac{e^{-2}}{2}+1$；(16) $\dfrac{7}{18}+\dfrac{3e^{-2}}{4}$．

3. (1) 收敛；(2) 发散；(3) 收敛；(4) $m>-1,n>m+1$ 时，收敛；(5) 收敛；(6) $1<n<2$ 时，收敛；

(7) $p>0$，收敛；(8) $p>1,q<1$ 时，收敛；(9) $p>-1,q>-1$，收敛；(10) $q<1$ 和 $p<1$，收敛．

4*. 略． 5*. 略． 6*. 略．

习题 5

1. (1) $\dfrac{8}{3}$；(2) $2\sqrt{3}-1$；(3) $\dfrac{\sqrt{3}}{2}$；(4) $\dfrac{1}{2}$；(5) $\dfrac{\pi}{2}$；(6) $\dfrac{11}{3}-\ln\dfrac{4}{9}$；(7) $\sqrt{3}-\dfrac{\pi}{3}$；(8) $1-\dfrac{\pi}{4}$；(9) $\dfrac{\sqrt{3}}{6}$；

(10) $\dfrac{1}{4}\ln 3$；(11) $\dfrac{4}{5}$；(12) 1；(13) $\dfrac{1}{4}(e^2+1)$；(14) $6-2e$；(15) $\dfrac{\pi}{2}-1$；(16) $\dfrac{e(\sin 1-\cos 1)+1}{2}$；

(17) $\dfrac{1}{4}(e^\pi+1)$；(18) $2-e^{-1}$；(19) e^{-1}；(20) $\ln\dfrac{4}{3}$；(21) $\dfrac{76}{3}$；(22) $\dfrac{9}{4}$；(23) $e^{-\frac{1}{2}}$；(24) $1-\cos 1$；

(25) $\dfrac{45}{8}$；(26) $\sqrt{e}-1$；(27) $\dfrac{\pi}{2}\ln 2-\dfrac{\pi}{4}$；(28) $\dfrac{9}{4}$；(29) $\dfrac{2}{3}\pi ab$；(30) $\dfrac{e-1}{2}$；(31) $\dfrac{3}{2}\sin 1$；(32) $e-e^{-1}$；

(33) $\dfrac{\pi}{2}+2$；(34) $\ln(1+\sqrt{3})$；(35) $\dfrac{1}{(p-1)\ln^{p-1}2}$；(36) 2；(37) 9；(38) $1-\dfrac{\ln 2}{2}$；(39) $2-2\ln 2$；

(40) $\dfrac{\pi}{2}$；(41) 2；(42) $\dfrac{e^{-4}\sqrt{\pi}}{2}$；(43) $\dfrac{3\sqrt{\pi}}{2}$；(44) $\dfrac{e^{-2a}\sqrt{\pi}}{4}$；(45) $\dfrac{1}{2}$；(46) π；(47) $\dfrac{e}{2}$；(48) $\ln(1+\sqrt{2})$；

(49) $\dfrac{\pi}{2}$；(50) $\dfrac{\pi}{2}$．

2. (1) 收敛；(2) 发散；(3) 收敛；(4) 收敛；(5) 收敛；(6) 收敛；

(7) 收敛；(8) 收敛；(9) 收敛；(10) 发散；(11) 收敛；(12) 收敛；(13) 收敛；(14) 收敛；

(15) 收敛；(16) 收敛；(17) 收敛；(18) 发散．

3. $\dfrac{a^2}{3}$． 4. 18． 5. $\dfrac{4\pi ab^2}{3},\dfrac{4\pi a^2 b}{3}$． 6. $TC(x)=x^3-59x+1\,315x+2\,000$．

7. $TR(x)=100x\mathrm{e}^{-\frac{x}{10}}$． 8. 2 百台；减少；1.5 万元．

图书在版编目(CIP)数据

文科微积分/聂高辉编著. —上海：复旦大学出版社，2023.8
信毅教材大系. 通识系列
ISBN 978-7-309-16435-0

Ⅰ.①文… Ⅱ.①聂… Ⅲ.①微积分-高等学校-教材 Ⅳ.①O172

中国版本图书馆 CIP 数据核字(2022)第 186923 号

文科微积分
聂高辉　编著
责任编辑/李小敏

复旦大学出版社有限公司出版发行
上海市国权路 579 号　邮编：200433
网址：fupnet@fudanpress.com　http://www.fudanpress.com
门市零售：86-21-65102580　　团体订购：86-21-65104505
出版部电话：86-21-65642845
上海四维数字图文有限公司

开本 787×1092　1/16　印张 12.5　字数 296 千
2023 年 8 月第 1 版第 1 次印刷

ISBN 978-7-309-16435-0/O·725
定价：48.00 元

如有印装质量问题,请向复旦大学出版社有限公司出版部调换。
版权所有　　侵权必究